网络设备配置与管理项目教程（基于 Cisco）

田　钧　吴修庆　靳咏梅　主　编

祁　林　黄　勤　都　标　副主编

李小虎　李　辉　涂成娟　王　宁　参　编

北京理工大学出版社

BEIJING INSTITUTE OF TECHNOLOGY PRESS

内容简介

本书依托交换机、路由器和防火墙完成设备认知、部门网络、公司网络、公共网络、防火墙和局域网的搭建与使用。网络设备认知主要讲解了网络设备的管理和控制方式；部门网络主要讲解单 VLAN、多 VLAN 通信以及 MAC 与端口绑定；公司网络主要讲解了端口聚合、生成树、多实例生成树、DHCP、SSH、ACL、静态路由、动态路由、VoIP 知识；公共网络讲解了 PPP 封装、静态路由、动态路由、PAP 认证、CHAP 认证、NAT、策略路由和 VPN 知识；防火墙主要讲解了源地址转换、目的地址转换、PPPoE 网络连接、流量负载均衡、安全策略、过滤规则、SSLVPN 和日志管理等知识。这些知识囊括了交换机、路由器和防火墙的基本配置，能够充分体现网络设备的功能特点，可以支持网络管理员完成设备配置所需的基本技能。

本书可作为计算机相关专业教材，也可供计算机相关技术爱好者进行研究学习。

图书在版编目(CIP)数据

网络设备配置与管理项目教程：基于 Cisco / 田钧，吴修庆，靳咏梅主编. -- 北京：北京理工大学出版社，2021.11(2021.12 重印)

ISBN 978-7-5682-9806-3

Ⅰ.①网… Ⅱ.①田… ②吴… ③靳… Ⅲ.①网络设备-配置-高等职业教育-教材②网络设备-设备管理-高等职业教育-教材 Ⅳ.①TN915.05

中国版本图书馆 CIP 数据核字(2021)第 083265 号

出版发行 / 北京理工大学出版社有限责任公司
社　　址 / 北京市海淀区中关村南大街 5 号
邮　　编 / 100081
电　　话 / (010)68914775(总编室)
(010)82562903(教材售后服务热线)
(010)68944723(其他图书服务热线)
网　　址 / http://www.bitpress.com.cn
经　　销 / 全国各地新华书店
印　　刷 / 定州市新华印刷有限公司
开　　本 / 787 毫米×1092 毫米　1/16
印　　张 / 15
字　　数 / 350 千字
版　　次 / 2021 年 11 月第 1 版　2021 年 12 月第 2 次印刷
定　　价 / 49.80 元

责任编辑 / 王玲玲
文案编辑 / 王玲玲
责任校对 / 刘亚男
责任印制 / 施胜娟

Foreword 前言

2019 年 8 月 30 日，中国互联网络信息中心（CNNIC）在京发布第 44 次《中国互联网络发展状况统计报告》。截至 2019 年 6 月，我国 IPv6 地址数量为 50 286 块/32，较 2018 年年底增长 14.3%，已跃居全球第一位；我国网民规模达 8.54 亿，较 2018 年年底增长 2 598 万，互联网普及率达 61.2%，用户月均使用移动流量达 7.2 GB，为全球平均水平的 1.2 倍。随着网络技术的迅速发展，网络已深入人们的生活，与衣、食、住、行紧密结合在一起。网购、网络信息、网络电话、网络视频、论坛等聚集着相当的人气，改变了人们的购物、通信、娱乐、休闲等习惯。随着网络催化经济的发展，有关网络的职位也越来越多，公司对网络的使用及人才的培养也越来越重视。网络专业的主要岗位有系统集成工程师、网络管理员、销售技术支持人员等。

本书主要依托交换机、路由器和防火墙完成设备认知，以及公司网络、公共网络、防火墙和局域网的搭建与使用。网络设备认知主要讲解了网络设备的管理和控制方式。部门网络主要讲解了单 VLAN 通信、多 VLAN 通信及 MAC 与端口绑定。公司网络主要讲解了端口聚合、生成树、多实例生成树、DHCP、SSH、ACL、静态路由、动态路由、VoIP 知识。公共网络讲解了 PPP 封装、静态路由、动态路由、PAP 认证、CHAP 认证、NAT、策略路由和 VPN 知识。防火墙主要讲解了源地址转换、目的地址转换、PPPoE 网络连接、流量负载均衡、安全策略、过滤规则、SSLVPN 和日志管理等知识。这些知识囊括了交换机、路由器和防火墙的基本配置，能够充分体现网络设备的功能特点，可以支持网络管理员完成设备配置所需的基本技能。

本书在内容和形式上有以下特色：

1. 情境教学，应用明确。书中结合企业公司的网络布局进行讲解，针对其基础网络建设、公共网络需求及员工网络行为进行任务设计，通过设计的任务完成知识的掌握。

2. 任务驱动，结果验证。针对公司的应用需求进行网络配置设计，明确知识功能所解决的问题，每个任务都进行了结果验证，使学生对知识效果有明确的认识。

3. 本书是一本实训辅导教材，结合需求安排了任务引言、知识引入、工作任务实现、问题探究、知识拓展和项目拓展等环节，适合各类职业院校学生学习，让其在实训中完成对知识的掌握。

Contents 目录

项目概述

◉项目情境

企业 A 是总部设立在广州市的集团公司，经过多年的发展，需要在上海设立分公司。分公司落成后，集团公司由广州总公司和上海分公司组成，其中广州总公司有 5 个部门，分别是销售部、财务部、技术研发部、人事部和行政部，上海分公司有 4 个部门，分别是财务部、销售部、市场调研部和行政部。为了实现快捷的信息交流与资源共享，需要构建统一网络，整合公司所有相关业务员流程。

◉公司信息化现状及建设前景规划

➢ 公司信息化建设基本现状

企业 A 在成立之初就重视信息化工作，采购了基础信息搭建设备，完成了基础综合布线工程。但公司目前的计算机使用率只有 60%，信息系统的建设也没有完成。同时，公司也没有配备硬件防火墙，在现在网络中也没有实现安全通信，公司网络的安全性堪忧。在移动网络发展迅速的时代，公司仍没有搭建无线网络，公司网络层次较差。

➢ 信息系统规划及建设情况

针对公司信息化现状，公司提出信息化发展规划。促进公司计算机应用网络化水平显著提高，计算机网络设施进一步完善，宽带与数据传输速度有显著提高。建设公司按照集团公司的总体规划、分布实施的指导思想，力争在“十三五”期间实现信息化整体管理，建立基本能满足企业需求的信息化管理体系，逐步完善网络平台和应用体系，实现统一平台、统一标准、互连互通、资源共享。

◉项目需求

根据企业 A 的环境及相关业务关系，依据公司对可用性、性能及安全性等项目要求，总结公司网络需求如下：

①实现各个部门的内部通信；

②实现跨部门通信；

③加强部门内部网络结构的稳定性；

④实现公司带宽有效管理；
⑤实现公司内部安全通信；
⑥在总公司与分公司之间搭建高效的公共网络环境；
⑦公司无线网络环境搭建。

◉方案设计

根据企业 A 的环境及需求，搭建如图 0-1-1 所示网络拓扑。

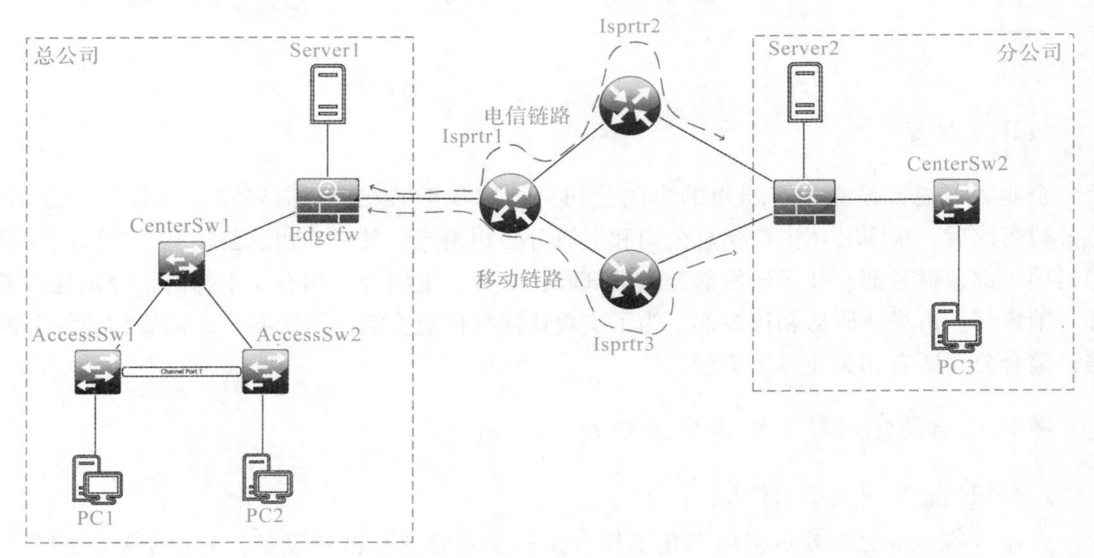

图 0-1-1　网络拓扑

以交换机搭建内部通信核心网络，以路由器搭建公共网络环境，配置防火墙实现总公司与分公司的网络安全及管理。

任务一
网络设备认知

网络设备是连接到网络中的物理实体，主要有交换机、路由器、网关设备(防火墙)等。下面对交换机、路由器和防火墙进行简单介绍。

子任务一　初识交换机

学习目标

- 熟悉交换机串口配置
- 理解交换机配置模式

任务引言

交换机是一种用于电信号转发的网络设备。交换(switching)是按照通信两端传输信息的需要，用人工或设备自动完成的方法，把要传输的信息送到符合要求的相应路由上的技术。

知识引入

交换机工作于OSI参考模型的第二层，即数据链路层。交换机内部的CPU会在每个端口成功连接时，通过将MAC地址和端口对应，形成一张MAC表。当前交换机有二层和三层两类，二层交换机为传统交换机，三层交换机是具有路由功能的交换机。

Console口：也叫配置口，用于接入交换机内部对交换机做配置。

Console线：交换机包装箱中标配线缆，用于连接Console口和配置终端。

工作任务——交换机Console配置

【工作任务背景】

企业A为了搭建公司网络，购买了一批交换机，现在要了解交换机的配置与使用方法。

【工作任务分析】

配置环境：一台 PC、一台交换机和一根 Console 线。

用 Console 线将 PC 和交换机相连，使用 PuTTY 或者其他的终端软件工具登录到交换机配置页面，了解交换机的配置模式。

【任务实现】

1. 连接 Console 线，使用 RJ-45 连接到设备的 Console 接口，如图 1-1-1 标记的接口所示。常见的 Console 线如图 1-1-2 所示。

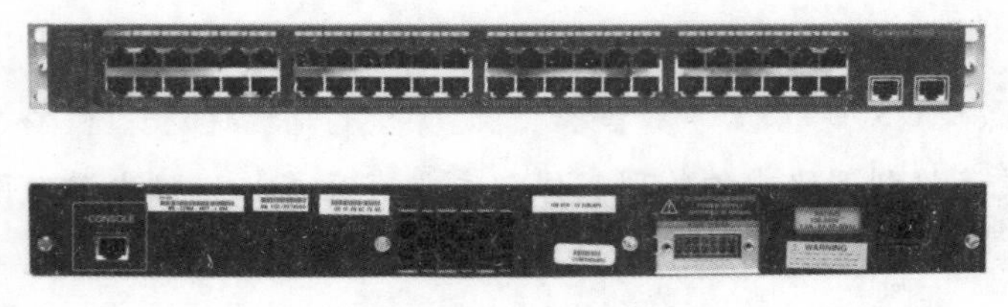

图 1-1-1　交换机面板

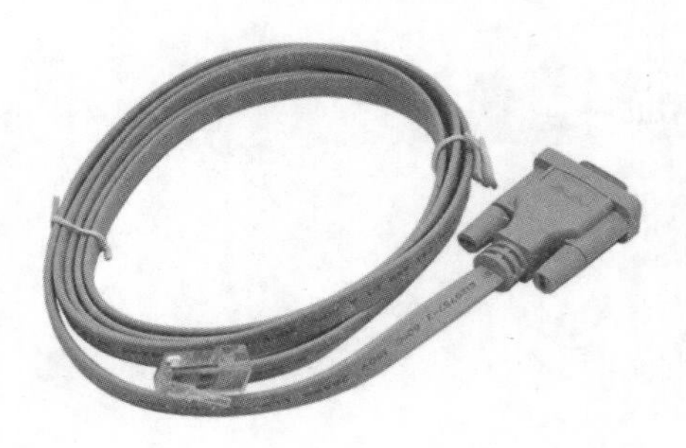

图 1-1-2　RJ-45 Console 线

2. 在 PC 下载 PuTTY 工具，双击打开，选择“Session”选项卡，选择“Serial”连接类型，并输入“COM3”接口，输入波特率为“9 600”。设置好连接参数后，单击“Open”按钮进行连接，如图 1-1-3 所示。

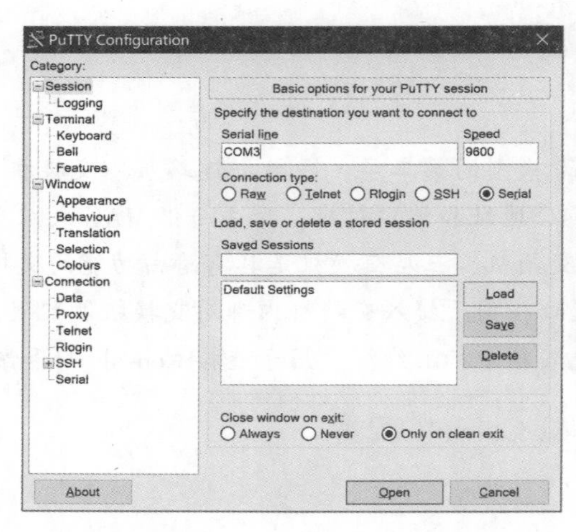

图 1-1-3　PuTTY 连接配置

3. 如图 1-1-4 所示，使用 Console 连接到交换机后，默认进入用户配置模式。在特权用户配置模式中，用户可以查询交换机配置信息、端口连接情况等。

图 1-1-4　交换机用户配置模式

4. 在交换机 CLI 中，输入“enable”指令即可提升为特权模式。特权模式用于提供更多的命令和权限，例如调试命令，以及更详细的测试，如图 1-1-5 所示。

图 1-1-5　交换机特权模式

5. 在特权模式下输入“conf terminal”，则可进入全局配置模式。全局配置模式是配置全局系统和相应的详细配置。当它应用于特定的配置细节时，例如管理 IP、创建 VLAN 和管理 VLAN 等，这里配置的命令会影响整体情况，如图 1-1-6 所示。

图 1-1-6　交换机全局配置模式

问题探究

用户配置模式、特权模式和全局配置模式的区别。

知识拓展

在各个配置模式下用“?”可查看当前模式下的可用命令。

项目拓展

利用交换机 Console 配置方法为交换机设置设备名称为“SW”，并配置相应的管理地址为“192. 168. 10. 1/24”。

子任务二　初识路由器

学习目标

- 了解路由器的功能
- 熟悉路由器配置

任务引言

路由器是连接局域网、广域网的设备，它会根据信道的情况自动选择和设定路由，以最佳路径，按前后顺序发送信号。

知识引入

路由器又称网关设备，是用于连接多个逻辑上分开的网络。所谓逻辑网络，是代表一个单独的网络或者一个子网。当数据从一个子网传输到另一个子网时，可通过路由器的路由功能完成。

工作任务——路由器 Console 配置

【工作任务背景】

企业 A 为了搭建公司网络，购买了一台路由器，配置与公共网络的通信。在进行功能配置前，先了解路由器的配置方法。

【工作任务分析】

配置环境：一台 PC、一台路由器和一根 Console 线。

用 Console 线将 PC 和路由器相连，使用 PuTTY 或者其他的终端软件工具登录到路由器配置页面，了解相应的配置模式。

【任务实现】

1. 连接 Console 线，使用 RJ-45 连接到设备的 Console 接口，如图 1-2-1 标记的接口所示。

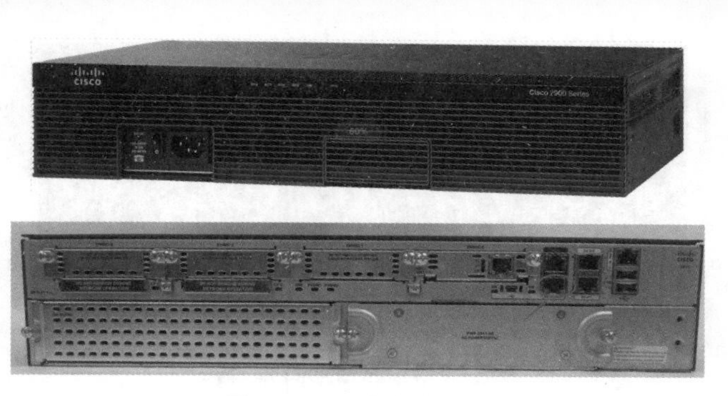

图 1-2-1 路由器面板

2. 在 PC 下载 PuTTY 工具，双击打开，选择“Session”选项卡，选择“Serial”连接类型，并输入“COM3”接口，输入波特率为“9 600”。设置好连接参数后，单击“Open”按钮进行连接，如图 1-2-2 所示。

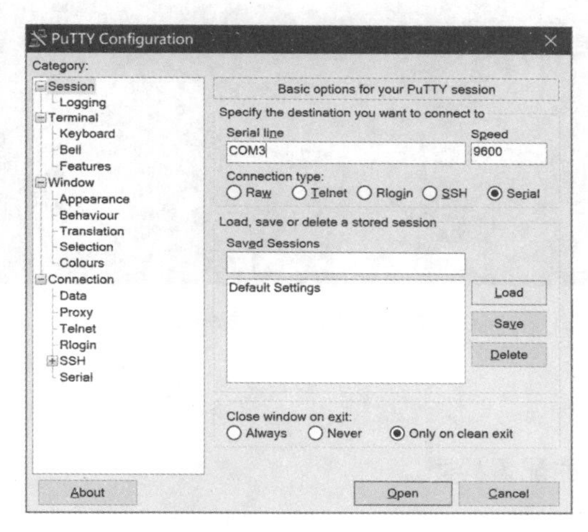

图 1-2-2 PuTTY 工具使用

3. 如图 1-2-3 所示，使用 Console 连接到路由器后，默认进入用户配置模式。在特权用户配置模式中，用户可以查询交换机配置信息、端口连接情况等。

图 1-2-3 路由器一般用户配置模式

4. 在路由器 CLI 中，输入“enable”指令即可提升为特权模式。特权模式用于提供更多的命令和权限，例如调试命令，以及更详细的测试，如图 1-2-4 所示。

图 1-2-4　路由器特权模式

5. 在特权模式下输入“conf igure terminal”，则可进入全局配置模式。全局配置模式是配置全局系统和相应的详细配置。当它应用于特定的配置细节时，例如接口 IP 和路由协议，这里配置的命令会影响整体情况，如图 1-2-5 所示。

图 1-2-5　路由器全局配置模式

问题探究

比较路由器与交换机的配置异同。

知识拓展

hostname R1：可以为路由器配置标识。
no ip routing：可以关闭路由器的路由功能。

项目拓展

利用 Console 配置进入路由器端口配置模式。

子任务三　初识防火墙

学习目标

- 了解防火墙的工作原理
- 熟悉防火墙配置方法

任务引言

防火墙是一种位于内部网络与外部网络之间的网络安全系统，它由软件与硬件设备组合而成。

知识引入

防火墙最基本的功能就是隔离网络，通过将网络划分成不同的区域，制定出不同区域间的访问控制策略来控制不同程度区域间传送的数据流。

防火墙的类型主要有网络层防火墙、应用层防火墙和代理服务。

工作任务——防火墙 Console 与 ASDM 配置

【工作任务背景】

防火墙是特殊的路由器，是保护内网进行内外网隔离的重要设备，如图 1-3-1 所示。本任务演示通过使用 Console 配置线和远程 ASDM 的方式管理防火墙。

图 1-3-1　防火墙面板

【工作任务分析】

配置环境：一台 PC、一台防火墙、一根双绞线和一根 Console 配置线。

用 Console 线将 PC 和防火墙相连，可进行防火墙的 Console 配置。

用双绞线将 PC 与防火墙相连，配置好 IP 地址，则可进行防火墙的 ASDM 配置。

【任务实现——防火墙的 Console 配置】

1. 在 PC 下载 PuTTY 工具，双击打开，选择“Session”选项卡，选择“Serial”连接类型，并输入“COM3”接口，输入波特率为“9 600”。设置好连接参数后，单击“Open”按钮进行连接，如图 1-3-2 所示。

2. 如图 1-3-3 所示，使用 Console 连接到防火墙后，默认进入用户配置模式。在特权用户配置模式中，用户可以查询防火墙配置信息、端口连接情况等。

3. 在防火墙的 CLI 界面，输入“enable”，然后会提示输入密码，默认情况，防火墙密码为空，此时按 Enter 键，就能进入特权模式，如图 1-3-4 所示。

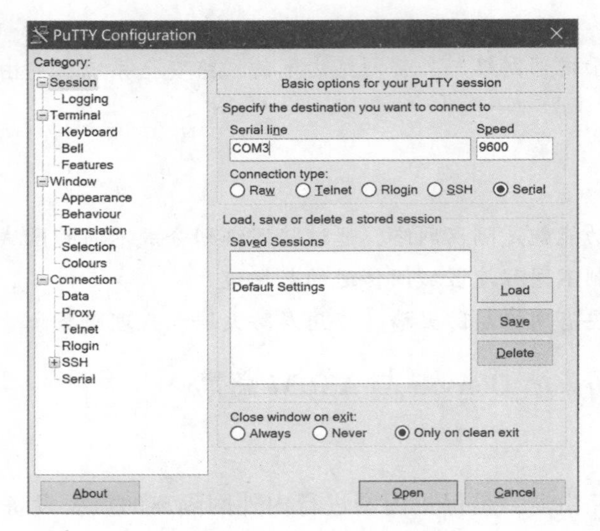

图 1-3-2　防火墙 Console 接线图

图 1-3-3　防火墙一般用户配置模式

图 1-3-4　防火墙 Console 配置模式

4. 在特权模式下输入“configure terminal”，则可进入全局配置模式。全局配置模式是配置全局系统和相应的详细配置。当它应用于特定的配置细节时，例如防火墙访问规则、黑名单和白名单、网络地址转换等，这里配置的命令会影响整体情况，如图 1-3-5 所示。

图 1-3-5　防火墙全局配置模式

【任务实现——防火墙的 ASDM 配置】

1. 为 ASA 防火墙设备配置接口名称、安全等级及网络地址信息。

```
ciscoasa(config)# interface gigabitEthernet 0/0
ciscoasa(config-if)# nameif Inside
ciscoasa(config-if)# security-level 100
ciscoasa(config-if)# ip address 192.168.10.254 255.255.255.0
ciscoasa(config-if)#no shutdown
```

2. 使用 ASDM 指令关联图形管理固件“ASDM-792-152. bin”。该固件需要提前通过 TFTP 的方式传输到防火墙的 Flash 中。使用 HTTP 指令授权 192. 168. 10. 0/24 网段主机通过 Inside 接口进行访问，并且创建管理用户“admin”，密码为“P@ ssw0rd123”，用户等级为“15”，该用户用于登录 ASDM 管理防火墙。

```
ciscoasa(config)# asdm image flash:/asdm-792-152.bin
ciscoasa(config)# http 192.168.10.0 255.255.255.0 Inside
ciscoasa(config)# username admin passwordP@ ssw0rd123 privilege 15
```

3. 用直通双绞线连接 PC 与防火墙，然后修改 PC 的 IP 地址：192. 168. 10. 100/24，如图 1-3-6 所示。

4. 在 PC 主机上打开 IE 浏览器，并在地址栏中输入“https://192. 168. 10. 254/admin”，进入防火墙 ASDM 下载页面，如图 1-3-7 所示。默认情况下，防火墙采用自签名证书运行管理站点。此时单击“转到此网页”，即可跳转到管理页面。

5. 此时打开 ASDM 的说明页面，安装防火墙管理软件之前，需要单击“Install Java Web Start”下载安装 Java 程序，以支持 Java，如图 1-3-8 所示。也可以通过“https://www.java.com/zh_CN/download/”进行下载。

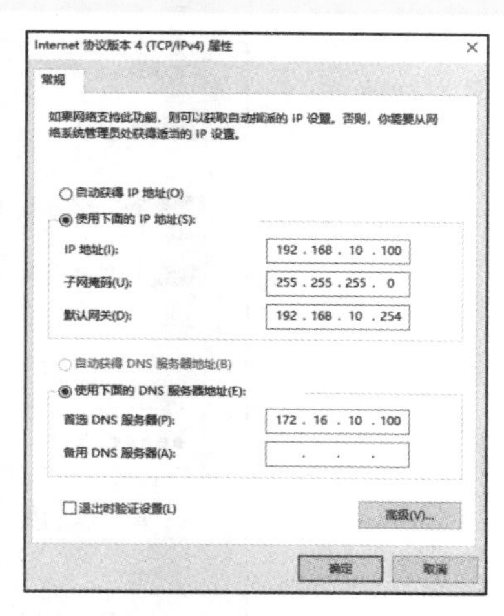

图 1-3-6　配置 PC 主机的网络地址

6. 安装好 Java 后，单击“Install ASDM Launcher”进行安装。会提示需要输入用户名和密码验证。输入预设的用户名“admin”和密码“P@ ssw0rd123”，如图 1-3-9 所示。

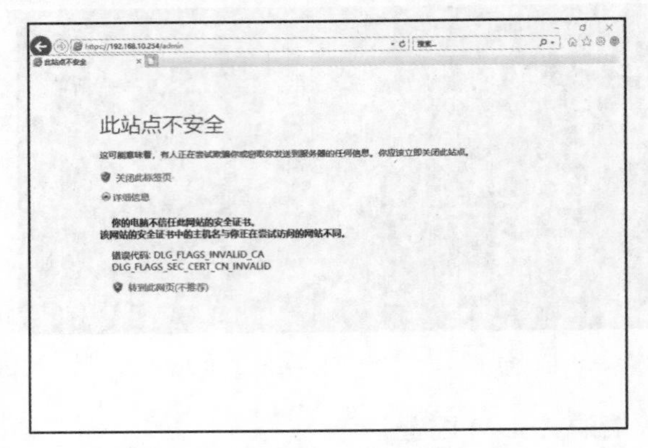

图 1-3-7　默认站点证书不信任

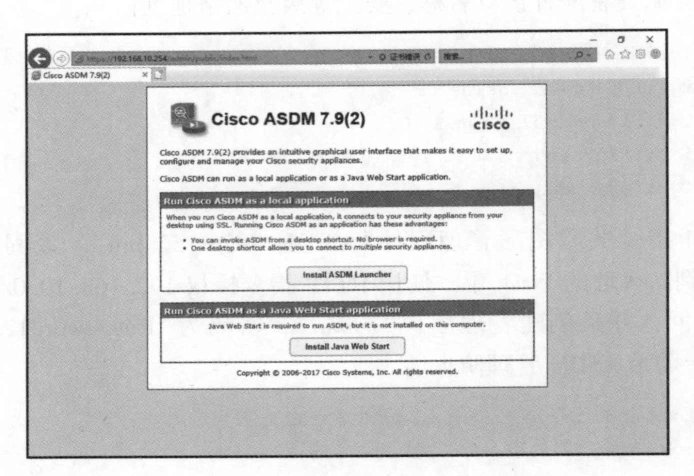

图 1-3-8　ASDM 下载页面

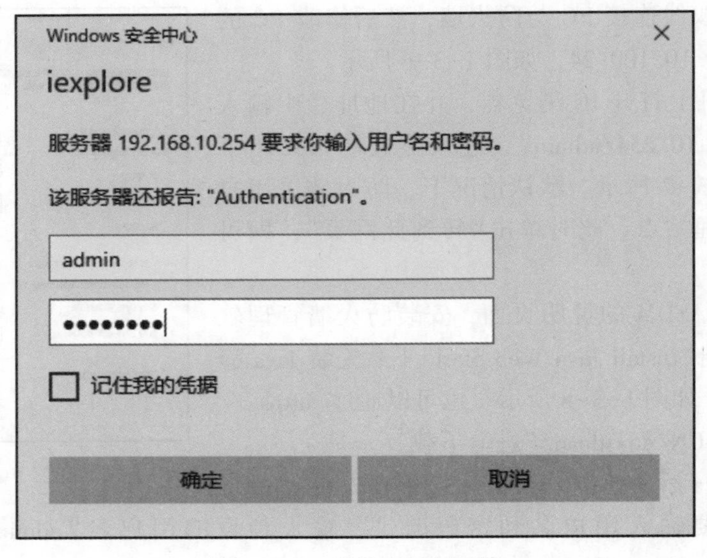

图 1-3-9　身份证验证页面

7. 登录成功后，浏览器自动下载“dm-launcher.mis”文件，单击“保存”按钮。等待下载，如图 1-3-10 所示。

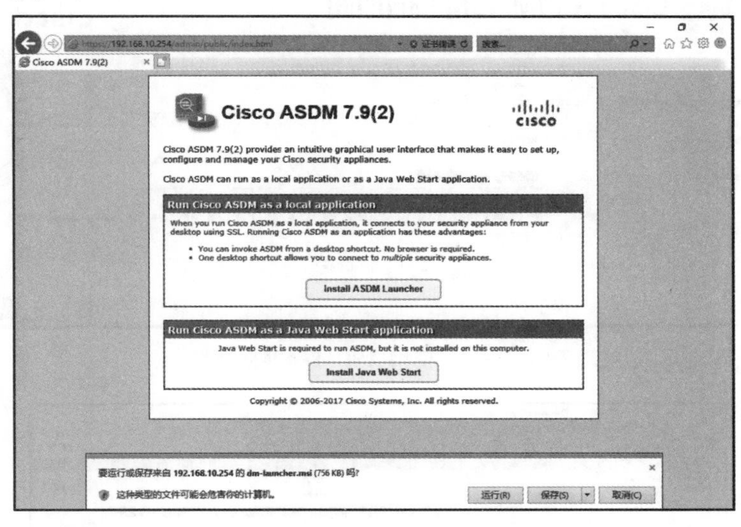

图 1-3-10　下载 ASDM 管理工具

8. 双击运行下载好的“dm-launcher.msi”程序，进行 ASDM 管理工具安装。安装过程中，单击“Next”按钮进入安装过程，整个过程保持默认安装即可，如图 1-3-11 所示。

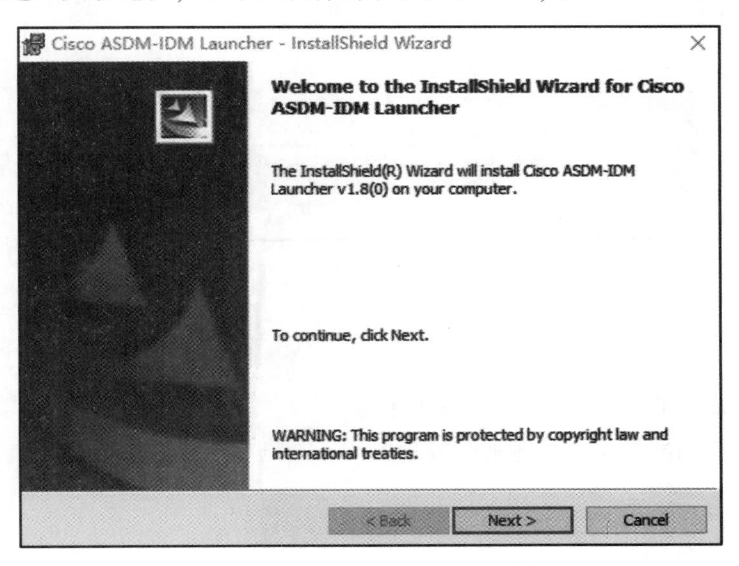

图 1-3-11　安装 ASDM（开始安装）

9. 安装成功后打开该软件，在“Device IP Address/Name”栏中输入防火墙的地址，在“Username”栏中输入预设的用户名“admin”，在“Password”栏中输入预设的该用户密码“P@ssw0rd123”。单击“OK”按钮进行登录，如图 1-3-12 所示。

10. 登录成功后，可以看到，通过 ASDM 管理工具可以进行接口属性管理、VLAN 管理、VPN 远程访问管理等，如图 1-3-13 所示。

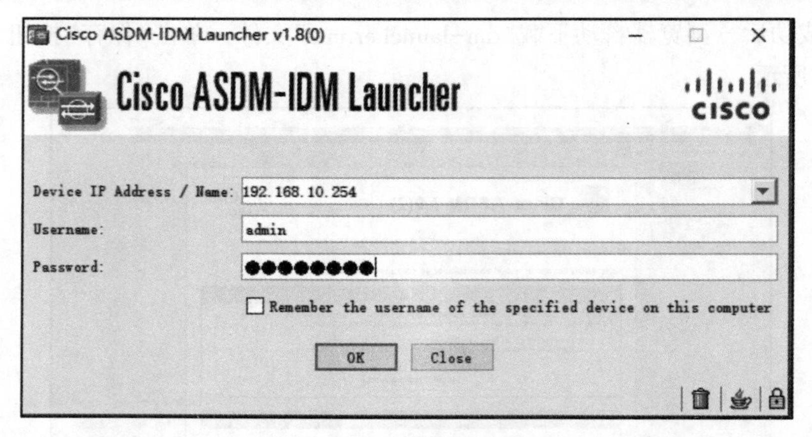

图 1-3-12　使用 ASDM 登录防火墙

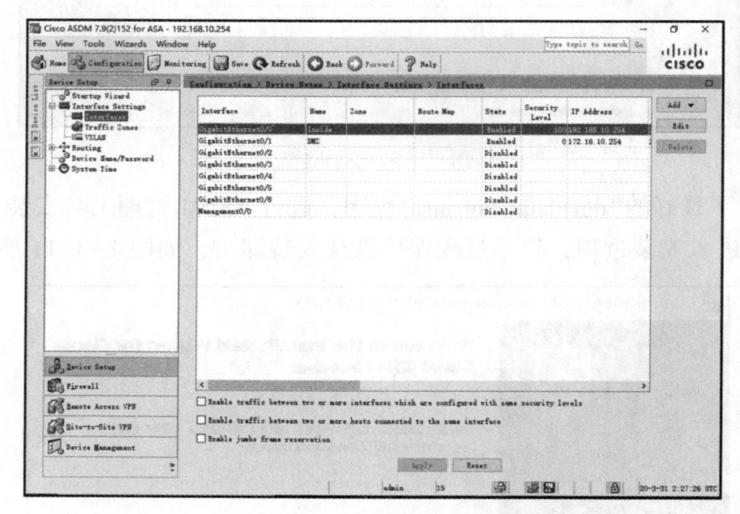

图 1-3-13　防火墙 ASDM 登录界面

问题探究

1. 比较防火墙的 Console 配置与 Web 配置。
2. 交换机和路由器是否支持图形化管理?

知识拓展

超文本传输协议 HTTP 被用于在 Web 浏览器和网站服务器之间传递信息，HTTP 协议以明文方式发送内容，不提供任何方式的数据加密，如果攻击者截取了 Web 浏览器和网站服务器之间的传输报文，就可以直接读懂其中的信息，因此，HTTP 协议不适合传输一些敏感信息，比如信用卡号、密码等支付信息。

为了解决 HTTP 协议的这一缺陷，需要使用另一种协议：安全套接字层超文本传输协议 HTTPS。为了数据传输的安全，HTTPS 在 HTTP 的基础上加入了 SSL 协议，SSL 依靠证书来

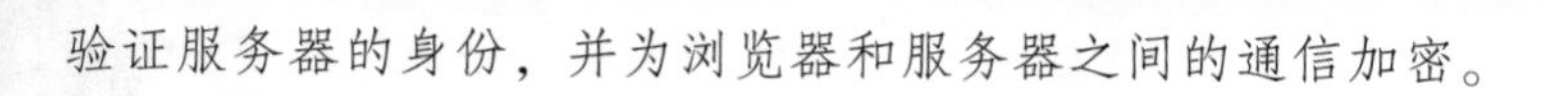

验证服务器的身份，并为浏览器和服务器之间的通信加密。

项目拓展

1. 使用 ASDM 完成防火墙名称的更改。
2. 使用 ASDM 完成接口名称、安全等级、网络地址等的配置。

任务二
搭建部门网络

随着信息化进程的开展，计算机网络已遍布我们的生活，类似公司部门的网络也越来越多。部门网络是最小局域网组织单元，它通过相同 VLAN 通信、VLAN 间通信、端口与 MAC 地址绑定等网络技术实现部门内的通信与资源共享，保障公司日常功能部门工作顺利进行。部门网络的搭建是组建公司复杂网络的基础，是进行策略规范的控制粒度。

子任务一　单部门通信

学习目标

- 能理解 VLAN 的基本概念
- 能理解 VLAN 与端口的关系
- 能实现相同 VLAN 的通信

任务引言

部门网络是公司网络的重要组成部分，是内部网络的核心。要实现部门网络通信，就是要实现单区域多台计算机的信息沟通与资源共享等功能。利用网络中的 VLAN(Virtual Local Area Network)技术进行部门网络规划，一个 VLAN 对应一个部门，相同部门通信就是实现单 VLAN 内通信。

知识引入

虚拟局域网(VLAN)：

VLAN(Virtual Local Area Network)的中文名为“虚拟局域网”。VLAN 是一种将局域网设备从逻辑上划分成一个个网段，从而实现虚拟工作组的新兴数据交换技术。这一新兴技术主要应用于交换机和路由器中，但主流应用还是在交换机之中。虚拟局域网是根据应用的功

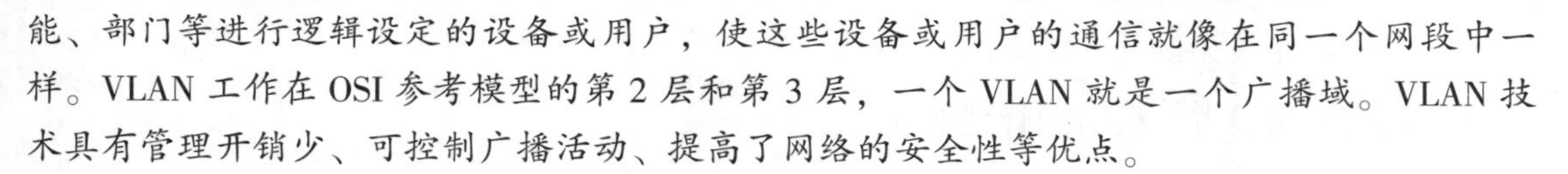

能、部门等进行逻辑设定的设备或用户，使这些设备或用户的通信就像在同一个网段中一样。VLAN 工作在 OSI 参考模型的第 2 层和第 3 层，一个 VLAN 就是一个广播域。VLAN 技术具有管理开销少、可控制广播活动、提高了网络的安全性等优点。

ping 命令：

ping 是通信协议之一，主要作用是检查网络是否连通。使用举例：ping 192. 168. 10. 2。

工作任务——单部门通信

【工作任务背景】

企业 A 广州总公司有 5 个部门，分别是销售部、财务部、技术研发部、人事部和行政部。根据需求，在交接机 AccessSw1 中划分部门 VLAN，实现部门内能通信。拓扑图如图 2-1-1 所示。

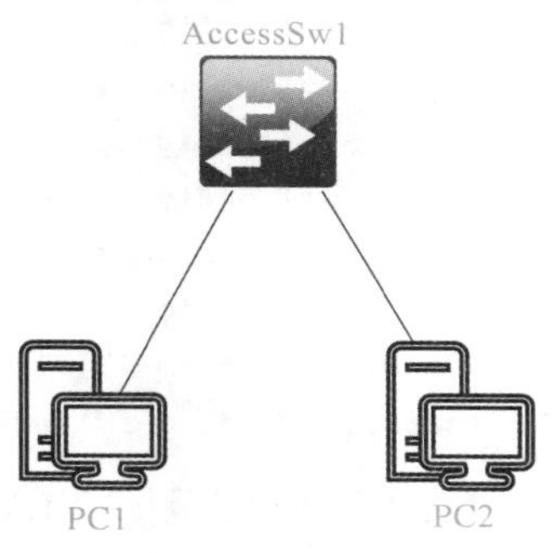

图 2-1-1　单部门通信

【工作任务分析】

在交换机 AccessSw1 中划分 5 个 VLAN：VLAN10、VLAN20、VLAN30、VLAN40 和 VLAN50，分别命名为 xiaoshou、caiwu、jishu、renshi 和 xingzheng，代表销售部、财务部、技术研发部、人事部和行政部。相关 VLAN 信息和接口划分信息见表 2-1-1。

表 2-1-1　VLAN 划分

VLAN_ID	Interface_name
VLAN10(xiaoshou)	Fa0/1~Fa0/4
VLAN20(caiwu)	Fa0/5~Fa0/8
VLAN30(jishu)	Fa0/9~Fa0/12
VLAN40(renshi)	Fa0/13~Fa0/16
VLAN50(xingzheng)	Fa0/17~Fa0/20

计算机接入相同 VLAN 的端口，则能通信；接入不同 VLAN 的端口，则不能通信。这样就实现了相同部门能通信，不同部门不能通信。

【任务实现】

1. 将交换机 AccessSw1 恢复出厂设置，删除“vlan.dat”和“startup-config”文件。

```
Switch#delete flash:/vlan.dat
Delete filename[vlan.dat]?
Delete flash0:/vlan.dat? [confirm]
Switch#erase startup-config
Erasing the nvram filesystem will remove all configuration files! Continue? [confirm]
Switch#reload
System configuration has been modified.Save? [yes/no]:no
```

```
Proceed with reload? [confirm]
```

2. 给交换机设置主机名和管理地址。

```
Switch>enable
Switch#configure terminal
Switch(config)#hostname AccessSw1
AccessSw1(config)#line con 0
AccessSw1(config-line)#logging synchronous
AccessSw1(config-line)#exit
AccessSw1(config)#interface vlan 1
AccessSw1(config-if)#no shutdown
AccessSw1(config-if)#ip address
AccessSw1(config-if)#ip address 192.168.254.10 255.255.255.0
AccessSw1(config-if)#exit
```

3. 在交换机中创建 VLAN10、VLAN20、VLAN30、VLAN40 和 VLAN50，并根据表 2-1-1 配置 VLAN 名称。

```
AccessSw1(config)#vlan 10
AccessSw1(config-vlan)#name xiaoshou
AccessSw1(config-vlan)#exit
AccessSw1(config)#vlan 20
AccessSw1(config-vlan)#name caiwu
AccessSw1(config-vlan)#exit
AccessSw1(config)#vlan 30
AccessSw1(config-vlan)#name jishu
AccessSw1(config-vlan)#exit
AccessSw1(config)#vlan 40
AccessSw1(config-vlan)#name renshi
AccessSw1(config-vlan)#exit
AccessSw1(config)#vlan 50
AccessSw1(config-vlan)#name xingzheng
AccessSw1(config-vlan)#exit
```

4. 根据表 2-1-1 进行接口 VLAN 划分。

```
AccessSw1(config)#interface range fastEthernet 0/1-4
AccessSw1(config-if-range)#switchport mode Access
AccessSw1(config-if-range)#switchport Access vlan 10
AccessSw1(config-if-range)#exit
AccessSw1(config)#interface range fastEthernet 0/5-8
AccessSw1(config-if-range)#switchport mode Access
AccessSw1(config-if-range)#switchport Access vlan 20
AccessSw1(config-if-range)#exit
AccessSw1(config)#interface range fastEthernet 0/9-12
AccessSw1(config-if-range)#switchport mode Access
AccessSw1(config-if-range)#switchport Access vlan 30
```

```
AccessSw1(config-if-range)#exit
AccessSw1(config)#interface range fastEthernet 0/13-16
AccessSw1(config-if-range)#switchport mode Access
AccessSw1(config-if-range)#switchport Access vlan 40
AccessSw1(config-if-range)#exit
AccessSw1(config)#interface range fastEthernet 0/17-20
AccessSw1(config-if-range)#switchport mode Access
AccessSw1(config-if-range)#switchport Access vlan 50
AccessSw1(config-if-range)#exit
```

5. 使用相关指令验证配置，如图 2-1-2 和图 2-1-3 所示。

```
AccessSw1#show vlan brief

VLAN Name                             Status    Ports
---- -------------------------------- --------- -------------------------------
1    default                          active    Fa0/21, Fa0/22, Fa0/23, Fa0/24
                                                Gig0/1, Gig0/2
10   xiaoshou                         active    Fa0/1, Fa0/2, Fa0/3, Fa0/4
20   caiwu                            active    Fa0/5, Fa0/6, Fa0/7, Fa0/8
30   jishu                            active    Fa0/9, Fa0/10, Fa0/11, Fa0/12
40   renshi                           active    Fa0/13, Fa0/14, Fa0/15, Fa0/16
50   xingzheng                        active    Fa0/17, Fa0/18, Fa0/19, Fa0/20
```

图 2-1-2　VLAN 信息检查

```
C:\>ping 192.168.10.1

Pinging 192.168.10.1 with 32 bytes of data:

Reply from 192.168.10.1: bytes=32 time<1ms TTL=128
Reply from 192.168.10.1: bytes=32 time=1ms TTL=128
Reply from 192.168.10.1: bytes=32 time<1ms TTL=128
Reply from 192.168.10.1: bytes=32 time=5ms TTL=128
```

图 2-1-3　主机通信测试

6. PC1 和 PC2 主机接口到交换机 AccessSw1 的不同接口的测试结果见表 2-1-2。

表 2-1-2　测试结果

PC1 位置	PC2 位置	动作	结果
Fa0/1～Fa0/4	Fa0/1～Fa0/4	PC1 ping PC2	通
Fa0/1～Fa0/4	除 Fa0/1～Fa0/4 外的端口	PC1 ping PC2	不通
Fa0/5～Fa0/8	Fa0/5～Fa0/8	PC1 ping PC2	通
Fa0/5～Fa0/8	除 Fa0/5～Fa0/8 外的端口	PC1 ping PC2	不通
Fa0/9～Fa0/12	Fa0/9～Fa0/12	PC1 ping PC2	通
Fa0/9～Fa0/12	除 Fa0/9～Fa0/12 外的端口	PC1 ping PC2	不通
Fa0/13～Fa0/16	Fa0/13～Fa0/16	PC1 ping PC2	通
Fa0/13～Fa0/16	除 Fa0/13～Fa0/16 外的端口	PC1 ping PC2	不通
Fa0/17～Fa0/20	Fa0/17～Fa0/20	PC1 ping PC2	通
Fa0/17～Fa0/20	除 Fa0/17～Fa0/20 外的端口	PC1 ping PC2	不通

问题探究

1. 如果将 VLAN1 的 IP 地址设置为 192. 168. 10. 253/24，则通信结果如何？为什么？

2. 如果将 PC1 和 PC2 均接入 VLAN1 端口，设置 PC1 的 IP 地址为 192. 168. 254. 11/24，设置 PC2 的 IP 地址为 192. 168. 10. 12/24，则通信结果如何？为什么？

知识拓展

Access 接口：Access 接口只能承载一个 VLAN 的流量，通常用于交换机与 PC 相连的接口。当 Access 接口收到一个数据帧时，先判断是否有 VLAN 信息，如果没有，则打上自己的 PVID，如果有，则直接丢弃；当 Access 接口要转发一个数据帧时，先判断该数据帧的 VLAN 是否和自己在一个 VLAN，如果是，则剥离 VLAN 信息再转发，如果不是，则丢弃。

Trunk 接口：允许多个 VLAN 的流量通信，用于与其他交换机相连的接口。当 Trunk 接口收到一个数据帧时，先判断是否允许该 VLAN 的流量通过，如果允许，则转发到相应的接口，由相应的接口进行处理；如果不允许，则丢弃。Trunk 接口发送数据帧时，同样判断是否允许该 VLAN 通过，如果允许，则转发到相应的接口，由相应的接口进行处理，如果不允许，则直接丢弃。

Nonegotiate 接口：将接口设定为永久的链路聚集模式，并且禁止接口产生 DTP 帧。为了建立 Trunk 链路，管理员必须手动将邻接接口配置为 Trunk 接口。如果相连设备不支持 DTP，那么就适合采用这种模式。

Dynamic Desirable：使得接口主动尝试将链路转换为 Trunk 链路。如果邻接接口被设置为 Trunk、Desirable 或 Auto 模式，那么此接口就会成为 Trunk 接口。这种模式是采用 Cisco IOS 软件的所有以太网接口的默认模式。

Dynamic Auto：使得接口愿意将链路转换为 Trunk 链路。如果邻接接口被设置为 Trunk 或 Desirable 模式，那么此接口就会成为 Trunk 接口。

不同接口模式的组合见表 2-1-3。

表 2-1-3 不同接口模式的组合

接口	Dynamic Auto	Dynamic Desirable	Trunk	Access
Dynamic Auto	Access	Trunk	Trunk	Access
Dynamic Desirable	Trunk	Trunk	Trunk	Access
Trunk	Trunk	Trunk	Trunk	Limited connectivity
Access	Access	Access	Limited connectivity	Access

工作任务——单部门跨交换机通信

【工作任务背景】

企业 A 在广州总公司有 5 个部门，分别是销售部、财务部、技术研发部、人事部和行政部。根据需求，在交接机 AccessSw1 和 AccessSw2 划分部门 VLAN，实现部门内能通信。拓扑图如图 2-1-4 所示。AccessSw2 交换机的 VLAN 划分参考表 2-1-4。AccessSw1 和 AccessSw2 均使用 Fa0/24 接口进行连接。

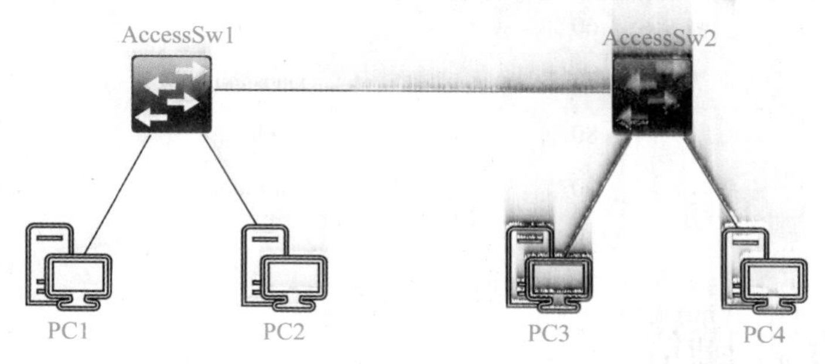

图 2-1-4　单部门跨交换机通信

【任务实现】

1. 配置交换机 AccessSw1 和 AccessSw2 之间的接口模式为 Trunk。

```
AccessSw1(config)#interface fastEthernet 0/24
AccessSw2(config-if)#switchport mode trunk
AccessSw2(config)#interface fastEthernet 0/24
AccessSw2(config-if)#switchport mode trunk
```

2. 限制特定的 VLAN 通过该接口，默认允许所有 VLAN 通行。

```
AccessSw1(config)#interface fastEthernet 0/24
AccessSw1(config-if)#switchport trunk allowed vlan 1,10,20,30,40,50
AccessSw2(config)#interface fastEthernet 0/24
AccessSw2(config-if)#switchport trunk allowed vlan 1,10,20,30,40,50
```

3. 使用相关指令验证配置，如图 2-1-5 所示。

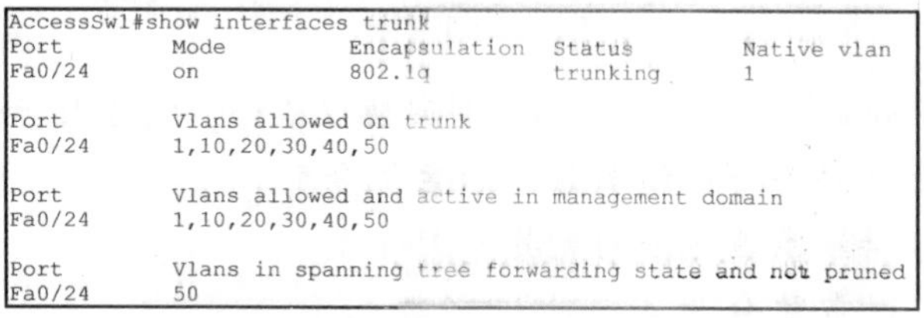

```
AccessSw1#show interfaces trunk
Port        Mode          Encapsulation  Status        Native vlan
Fa0/24      on            802.1q         trunking      1

Port        Vlans allowed on trunk
Fa0/24      1,10,20,30,40,50

Port        Vlans allowed and active in management domain
Fa0/24      1,10,20,30,40,50

Port        Vlans in spanning tree forwarding state and not pruned
Fa0/24      50
```

图 2-1-5　Trunk 接口状态检查

项目拓展

上海分公司有四个部门，分别是财务部、销售部、市场调研部和行政部。请根据所学知识，在交换机 AccessSw2 上实现单部门通信。VLAN 信息见表 2-1-4。

表 2-1-4 部门 VLAN 信息

部门	VLAN	命名	端口
财务部	60	caiwu	Fa0/1 ~ Fa0/5
销售部	70	xiaoshou	Fa0/6 ~ Fa0/10
市场调研部	80	shichang	Fa0/11 ~ Fa0/15
行政部	90	xingzheng	Fa0/16 ~ Fa0/20

子任务二 跨部门通信

学习目标

- 加深对 VLAN 应用的认识
- 掌握 VLAN 间通信的配置方法
- 理解冲突域和广播域的定义

任务引言

在公司里，多个部门之间的业务既有分别，也有联系，因此，在网络设置中既需要进行分离，也需要进行必要的信息传递。一个 VLAN 代表一个部门，要实现跨部门通信，就要实现不同 VLAN 间的通信。

知识引入

IP 地址：

IP 地址(Internet Protocol Address)是指互联网协议地址。它是 IP 协议提供的一种统一的地址格式，为互联网上的每一个网络和每一台主机分配一个逻辑地址，以此来屏蔽物理地址的差异。IPv4 是一个 32 位的二进制数，通常被分为 4 个十进制数表示，如 192. 168. 1. 2。

工作任务——跨部门通信

【工作任务背景】

在企业 A 广州总公司的 5 个部门中，除了部门内需要通信外，部门间也要通信，如销售部需发送财务汇总表给财务部，技术研究部将需求表发送给行政部等。利用网络技术实现 5 个部门间的通信，拓扑图如图 2-2-1 所示。

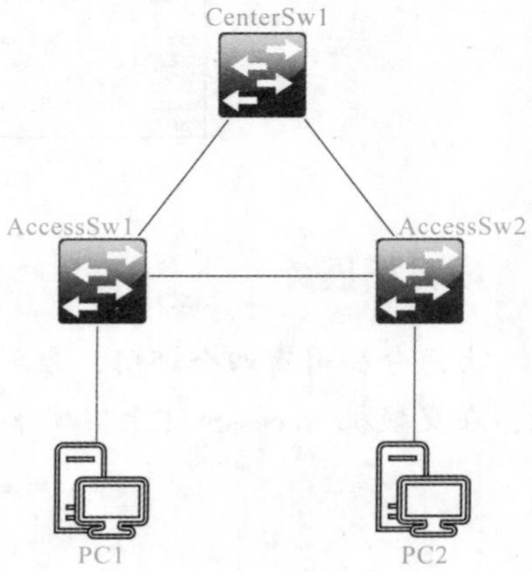

CenterSw1
AccessSw1
AccessSw2
PC1
PC2

图 2-2-1 跨部门通信

【工作任务分析】

在任务一中，在交接机 AccessSw1 中划分 VLAN，并将端口归至所属 VLAN。在各个 VLAN 中设置 SVI 接口的 IP 地址，当配置正确时，则不同 VLAN 间能通信。详细的 VLAN 划分见表 2-2-1。

表 2-2-1　端口归属

VLAN_ID	Interface_name
VLAN10(xiaoshou)	Fa0/1~Fa0/4
VLAN20(caiwu)	Fa0/5~Fa0/8
VLAN30(jishu)	Fa0/9~Fa0/12
VLAN40(renshi)	Fa0/13~Fa0/16
VLAN50(xingzheng)	Fa0/17~Fa0/20

【任务实现】

1. 将交换机 CenterSw1 恢复出厂设置。

```
Switch#delete flash:/vlan.dat
Delete filename[vlan.dat]?
Delete flash0:/vlan.dat? [confirm]
Switch#erase startup-config
Erasing the nvram filesystem will remove all configuration files! Continue? [confirm]
Switch#reload
System configuration has been modified.Save? [yes/no]:no
Proceed with reload? [confirm]
```

2. 在 CenterSw1 上创建 VLAN，并将端口归至相应 VLAN。

3. 配置 Trunk 连接，实现交换机之间多个 VLAN 通行。

```
CenterSw1(config)#interface range gigabitEthernet 1/0/1-2
CenterSw1(config-if-range)#switchport trunk encapsulation dot1q
CenterSw1(config-if-range)#switchport mode trunk
AccessSw1(config)#interface gigabitEthernet 0/1
AccessSw1(config-if)#switchport mode trunk
AccessSw2(config)#interface gigabitEthernet 0/1
AccessSw2(config-if)#switchport mode trunk
```

4. 配置 SVI 接口 IP。

```
CenterSw1(config)#ip routing
CenterSw1(config)#interface vlan 10
CenterSw1(config-if)#ip address 192.168.10.254 255.255.255.0
CenterSw1(config-if)#no shutdown
CenterSw1(config-if)#exit
CenterSw1(config)#interface vlan 20
CenterSw1(config-if)#ip address 192.168.20.254 255.255.255.0
```

```
CenterSw1(config-if)#no shutdown
CenterSw1(config-if)#exit
CenterSw1(config)#interface vlan 30
CenterSw1(config-if)#ip address 192.168.30.254 255.255.255.0
CenterSw1(config-if)#no shutdown
CenterSw1(config-if)#exit
CenterSw1(config)#interface vlan 40
CenterSw1(config-if)#ip address 192.168.40.254 255.255.255.0
CenterSw1(config-if)#no shutdown
CenterSw1(config-if)#exit
CenterSw1(config)#interface vlan 50
CenterSw1(config-if)#ip address 192.168.50.254 255.255.255.0
CenterSw1(config-if)#no shutdown
CenterSw1(config-if)#exit
```

5. 在 CenterSw1 上检查干道协议建立情况及 VLAN 通行限制情况，如图 2-2-2 所示。

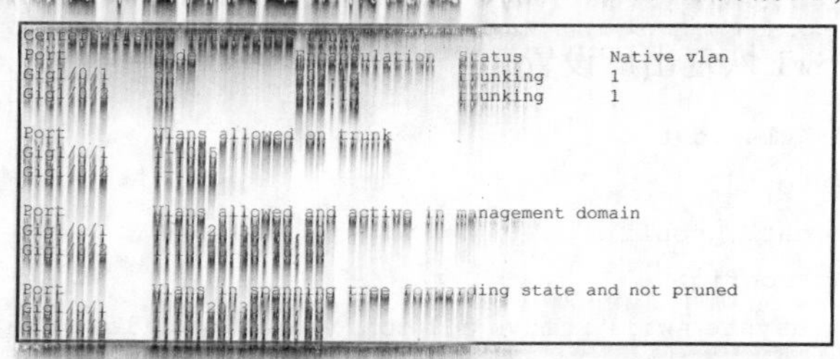

图 2-2-2 检查 Trunk 接口

6. 在 CenterSw1 上检查交换机的 SVI 接口配置情况和路由表功能启用情况，如图 2-2-3 所示。

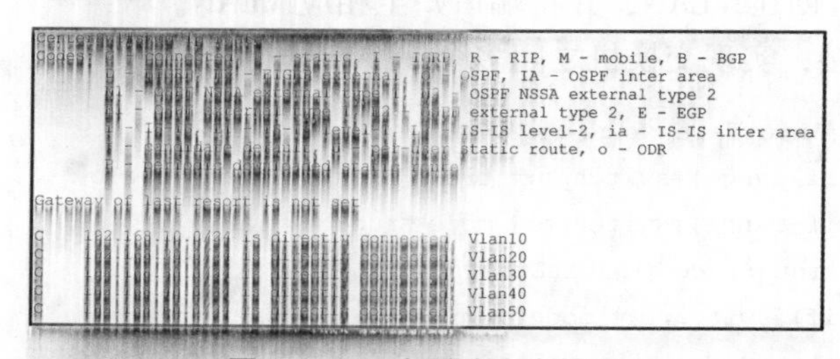

图 2-2-3 查看路由表情况

7. 验证 VLAN10 和 VLAN20 间通信。在 PC1 上配置 IP 地址 192.168.10.10/24，在 PC2 上配置 IP 地址 192.168.20.10/24，在 PC1 上使用“tracert”指令检查到达 PC2 的网络连通性情况，并打印路由经过的节点信息，如图 2-2-4 所示，表明 VLAN10 和 VLAN20 能够通信。同理，可进行 VLAN30、VLAN40、VLAN50 等通信。

图 2-2-4 PC2 访问 PC1

问题探究

1. 简述 VLAN 的 SVI 接口的 IP 地址的作用。
2. 简述不同 VLAN 间的通信原理。

知识拓展

交换机 AccessSw1 和 AccessSw2 均有两个 VLAN：VLAN10 和 VALN20，PC1 接在 AccessSw1的 VLAN10，PC2 接在 AccessSw2 的 VLAN20。实现 PC1 和 PC2 通信，则实现了跨交换机跨 VLAN 通信。核心是需要在交换机 CenterSw1 上配置 VLAN10 和 VLAN20 的 SVI 接口地址，同时配置 Trunk 接口和启用路由功能。

项目拓展

1. 利用所学知识在上海分公司的四个部门(财务部、销售部、市场调研部和行政部)中实现跨部门通信。详细的 VLAN 信息、接口划分和网络地址规划见表 2-2-2。

表 2-2-2 部门 VLAN 信息

部门	VLAN	命名	端口	SVI 接口地址
财务部	60	caiwu	Fa0/1 ~ Fa0/5	172. 16. 10. 1/24
销售部	70	xiaoshou	Fa0/6 ~ Fa0/10	172. 16. 20. 1/24
市场调研部	80	shichang	Fa0/11 ~ Fa0/15	172. 16. 30. 1/24
行政部	90	xingzheng	Fa0/16 ~ Fa0/20	172. 16. 40. 1/24

2. 某学校校园的三栋建筑物分别是行政楼、教学楼和实验楼，各部门按网络要求进行 VLAN 划分，以控制广播风暴，提高网络传输效率。整个校园网的 VLAN 要进行统一规划，由网络管理中心进行集中管理。

3. 行政、教学各部门可能位于不同的大楼或不同楼层，通过 VLAN 的逻辑划分，可以实现一部分在一个 VLAN，并拥有同一网络地址。网络信息中心的核心交换机控制整个校园网的 VLAN 划分。实验室机房的 VLAN 可以在实验室交换机上完成，如图 2-2-5 和图 2-2-6 所示。

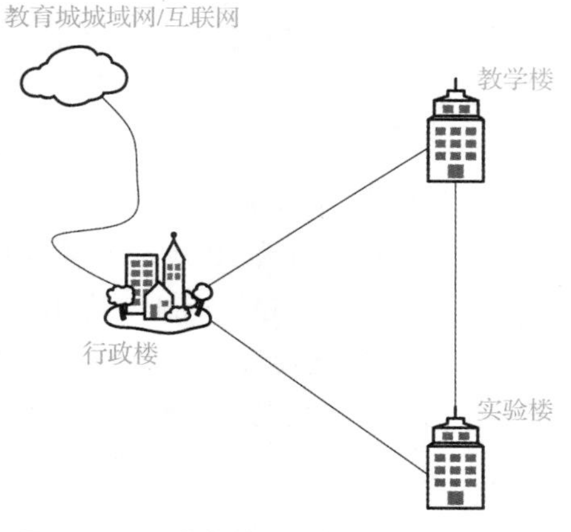

图 2-2-5 学校校园网络规划(物理图)

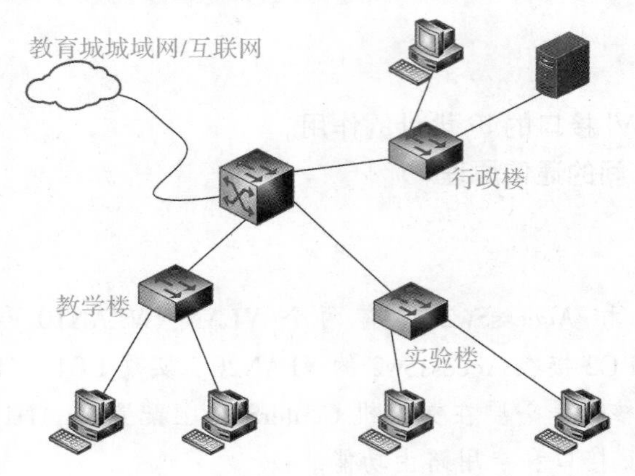

图 2-2-6　学校校园网络规划(拓扑图)

子任务三　部门计算机特定端口通信

学习目标

- 了解交换机 MAC 与端口绑定原理
- 熟练掌握 MAC 与端口绑定的静态、动态方式

任务引言

部门计算机特定端口通信可通过端口与 MAC 地址绑定实现。端口与 MAC 地址绑定是指在设备中记录主机的物理地址与端口信息，使被绑定的主机只能在特定的端口连接才能发出数据帧。如果主机连接到非绑定端口，则无法实现正常连网。

知识引入

MAC(Media Access Control)地址，是物理地址，用来定义网络设备的位置。在 OSI 模型中，第三层网络层负责 IP 地址，第二层数据链路则负责 MAC 地址。每一块网卡都有其固定不变的 MAC 地址。MAC 地址共有 48 位，可用 6 个十六进制数进行表示。

MAC 地址和交换机端口绑定是交换机端口的安全功能之一，通过设置，使一个端口只允许一台或几台确定的设备访问。

工作任务——部门计算机特定端口通信

【工作任务背景】

企业 A 广州总公司的网络管理员发现公司网络出现乱搭乱接现象，例如有些员工将自己的笔记本接入公司网络，造成重要数据流失。为保证公司网络稳定，共享数据安全，需将员工工作计算机与交换机端口进行绑定。拓扑图如图 2-3-1 所示。

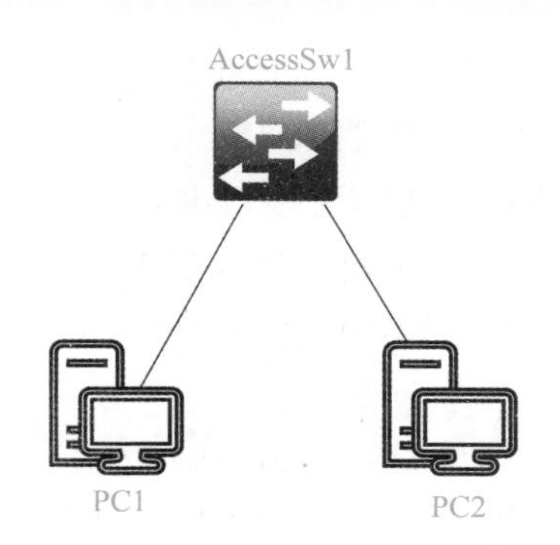

图 2-3-1　端口与 MAC 地址绑定

【工作任务分析】

不同主机在 Fa0/1 端口 ping 交换机 VLAN10 的 IP，当接入主机为 PC1 时能通，其他主机时不通，则说明绑定成功。为了体现对比效果，PC2 设置不同 IP 地址，接入 Fa0/1，ping 交换机的 IP 地址，进行测试。测试主机配置信息，见表 2-3-1。

表 2-3-1　PC 信息

PC	IP 地址	所属 VLAN	是否需要绑定	绑定端口
PC1	192. 168. 10. 11/24	10	是	Fa0/1
PC2	192. 168. 10. 12/24	10	否	

【任务实现】

1. 在 PC1 上执行“ipconfig(物理地址)/all”，获取 PC1 主机的 MAC 地址。如图 2-3-2 所示，PC1 的 MAC 地址为 00-03-E4-0A-D8-22。

表 2-3-2　PC1 物理地址

2. 在 AccessSw1 上将指定的接口划分到 VLAN10，为 VLAN10 创建相应的 SVI 接口，并设置其地址为 192. 168. 10. 1。

```
AccessSw1(config)#interface fastEthernet 0/1-4
AccessSw1(config-if)#switchport mode Access
AccessSw1(config-if)#switchport Access vlan 10
AccessSw1(config-if)#exit
AccessSw1(config)# interface vlan 10
AccessSw1(config-if)#no shutdown
AccessSw1(config-if)#ip add 192.168.10.1 255.255.255.0
AccessSw1(config-if)#exit
```

3. 在 AccessSw1 的 Fa0/1 接口上开启端口安全特性。

```
AccessSw1(config)#interface range fastEthernet 0/1
AccessSw1(config-if)#switchport port-security
```

4. 在 AccessSw1 上通过手动的方式，为接口绑定静态的 MAC 地址，并配置最大安全 MAC 地址数为 1(默认情况下，最大安全地址数也是 1)。请注意，由于 Windows 和 Cisco 的 MAC 地址表示方式不一样，所以在这里需要将地址改为 Cisco 能够识别的格式。

```
AccessSw1(config)#interface fastEthernet 0/1
AccessSw1(config-if)#switchport port-security maximum 1
AccessSw1(config-if)#switchport port-security mac-address0003.E40A.D822
AccessSw1(config-if)#exit
```

5. 在 AccessSw1 上使用指令验证配置是否生效。如图 2-3-3 所示，当前端口安全功能已启用，端口状态为“Secure-up”，违规处理方式为“Shutdown”，允许通信的最大地址数为“1”，当前接口记录地址数为“1”，上一次通信的 MAC 地址为“0003. E40A. D822:10”(其中此处 MAC 后面的“:10”代表的是当前地址所处的 VLAN ID)。

```
AccessSw1#show port-security interface fastEthernet 0/1
Port Security                 : Enabled
Port Status                   : Secure-up
Violation Mode                : Shutdown
Aging Time                    : 0 mins
Aging Type                    : Absolute
SecureStatic Address Aging    : Disabled
Maximum MAC Addresses         : 1
Total MAC Addresses           : 1
Configured MAC Addresses      : 1
Sticky MAC Addresses          : 0
Last Source Address:Vlan      : 0003.E40A.D822:10
Security Violation Count      : 0
```

图 2-3-3　端口安全启用情况

6. 当 AccessSw1 的 Fa0/1 接口替换为 PC2 时，实验结果见表 2-3-2。

表 2-3-2　测试结果

PC	接入接口	动作(ping)	结果
PC1	Fa0/1	192. 168. 10. 1/24	通
PC2	Fa0/1	192. 168. 10. 1/24	不通，并且接口会自动关闭

问题探究

1. 如果不知道 MAC 地址，如何进行端口与 MAC 地址的绑定?
2. 如何清空端口与 MAC 地址的绑定?

知识拓展

1. 在一个以太口上静态捆绑多个 MAC 地址。

```
AccessSw1(config)#interface fastEthernet 0/2
AccessSw1(config-if)#switchport port-security maximum 4
AccessSw1(config-if)#switchport port-security mac-address0003.E40A.D822
AccessSw1(config-if)#switchport port-security mac-address0003.E40A.6932
AccessSw1(config-if)#switchport port-security mac-address0003.E40A.D032
AccessSw1(config-if)#switchport port-security mac-address0003.E40A.A002
AccessSw1(config-if)#exit
```

2. 清空端口与 MAC 地址的绑定。

```
AccessSw1(config)#interface range fastEthernet 0/1-4
AccessSw1(config-if)#no switchport port-security
AccessSw1(config-if)#exit
```

3. 接口启用 Port Security 功能，最多允许 4 个 MAC 地址通行，接口学习 MAC 地址时，使用 Sticky 方式动态绑定到接口。

```
AccessSw1(config)#interface range fastEthernet 0/2
AccessSw1(config-if)#switchport port-security
AccessSw1(config-if)#switchport port-security maximum 4
AccessSw1(config-if)#switchport port-security mac-address sticky
AccessSw1(config-if)#exit
```

项目拓展

根据所学端口与 MAC 地址绑定技术完成企业 A 广州总公司其他部门(销售部、财务部、技术研发部、人事部、行政部)和上海分公司部门(财务部、销售部、市场调研部、行政部)的 MAC 地址绑定，要求如下：

(1)MAC 绑定方式为自动学习。

(2)每个端口的最大绑定数为 2。

(3)安全违例方式为丢弃非法 MAC 的流量，合法 MAC 的流量不受影响。

任务三 搭建公司网络

局域网(Local Area Network, LAN)用于将有限范围内(例如一个实验室、一层办公楼或者校园)的各种计算机、终端与外部设备互联成网。公司网络由多个功能部门组成，为部门和员工提供资源共享服务平台，是一种具有较复杂应用的局域网。公司网络各计算机间具有快速交换能力，并对网络资源的访问提供完善的权限控制。主要组网技术有生成树、链路聚合、DHCP、Telnet 方式管理、访问控制列表、QoS、静态路由、动态路由等。

子任务一　拓展部门间通信带宽

学习目标

- 了解链路聚合的原理
- 熟悉链路聚合的配置与应用

任务引言

局域网具有数据通信量大的特点，在组建公司网时，拓展部门带宽是需要重要考虑的因素。拓展部门间通信带宽有多种方式，如更换通信介质、更改通信方式等，其中链路聚合技术是性价比最高的一种方式。

知识引入

链路聚合：

EtherChannel(以太通道)是由 Cisco 研发的，应用于交换机之间的多链路捆绑技术。其工作原理是：将两个或更多的数据信道结合成一个单个的信道，该信道以一个单个的更高带宽的逻辑链路出现。交换机链路聚合将多个物理端口捆绑在一起，成为一个逻辑端口，当其中一个成员端口的链路发生故障时，就停止在此端口发送报文，并根据负荷分担策略在剩下链路中重新计算报文发送的端口，故障端口恢复后再发送数据。

在 EtherChannel 中，负载在各个链路上的分布可以根据源 IP 地址、目的 IP 地址、源 MAC 地址、目的 MAC 地址、源 IP 地址和目的 IP 地址组合，以及源 MAC 地址和目的 MAC 地址组合等来进行分布。两台交换机之间除了可以强制开启形成 EtherChannel 以外，还可以通过协议自动协商形成。目前有两个协商协议：PAgP 和 LACP，PAgP（端口汇聚协议，Port Aggregation Protocol）是 Cisco 私有的协议，而 LACP（链路汇聚控制协议，Link Aggregation Control Protocol）是基于 IEEE 802.3ad 的国际标准。

Auto：这种模式会使端口进入被动协商状态。在这种模式下，接口会对 PAgP 数据包做出响应，但端口并不会主动发起协商。

Desirable：这种模式会使端口进入主动协商状态。在这种模式下，接口会发送 PAgP 数据包来主动与其他接口进行协商。

On：强制端口不使用任何链路汇聚协议协商，从而形成 EtherChannel。

Passive：这种模式会使端口进入被动协商状态。在这种模式下，接口会对 LACP 数据包做出响应，但端口并不会主动发起协商。

Active：这种模式会使端口进入主动协商状态。在这种模式下，接口会通过发送 LACP 数据包来主动与其他接口进行协商。

工作任务——拓展部门间通信带宽

【工作任务背景】

企业 A 广州总公司在原有的基础上增加交换机 AccessSw2，提供更多的主机接入。部门之间通信具有用户量大的特点，公司技术研发部传输文件时，经常会出现网络拥堵的问题。为了解决这一问题，公司决定在技术研发部所在交换机 AccessSw1 和 AccessSw2 之间增加一条链路，以增加信道带宽。拓扑图如图 3-1-1 所示。

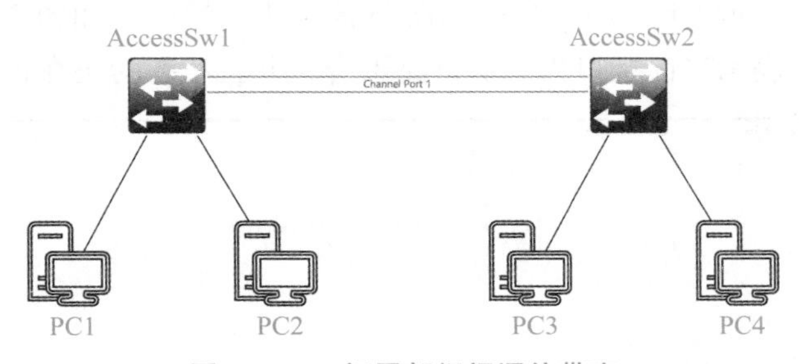

图 3-1-1 拓展部门间通信带宽

【工作任务分析】

在 AccessSw1 和 AccessSw2 交换机之间，均使用 Fa0/23 和 Fa0/24 接口配置链路聚合。使用手动强制开启的方式建立链路汇聚，若链路聚合成功，则交换机 AccessSw1 和 AccessSw2 带宽增加，PC1 与 PC4 的网络应用速度增加。参数信息见表 3-1-1 和表 3-1-2。

表 3-1-1 部门网络设备信息

部门	VLAN	所属设备	IP 地址	聚合端口
技术研发部	30	AccessSw1	192. 168. 30. 251/24	Fa0/23-24
技术研发部	30	AccessSw2	192. 168. 30. 252/24	Fa0/23-24

表 3-1-2 部门 PC 信息

设备	所属部门	所属设备	IP 地址	接入端口
PC1	技术研发部	AccessSw1	192. 168. 30. 2/24	Fa0/9
PC2	技术研发部	AccessSw1	192. 168. 30. 3/24	Fa0/10
PC3	技术研发部	AccessSw2	192. 168. 30. 12/24	Fa0/9
PC4	技术研发部	AccessSw2	192. 168. 30. 13/24	Fa0/10

【任务实现】

1. 根据所学知识，在指定的交换机设备上创建 VLAN 和划分 VLAN。

2. 在 AccessSw1 和 AccessSw2 上配置链路聚合，并启用干道协议。

```
AccessSw1(config)#interface range fastEthernet 0/23-24
AccessSw1(config-if-range)#channel-group 1 mode on
AccessSw1(config-if-range)#switchport mode trunk
AccessSw1(config-if-range)#exit
AccessSw2(config)#interface range fastEthernet 0/23-24
AccessSw2(config-if-range)#channel-group 1 mode on
AccessSw2(config-if-range)#switchport mode trunk
AccessSw2(config-if-range)#exit
```

3. 在 AccessSw1 交换机上使用指令检查链路聚合建立情况。如图 3-1-2 所示，当前链路聚合状态为“SU”，表示当前接口为二层链路聚合，并且状态为正在正常使用。

```
AccessSw1#show etherchannel summary
Flags:  D - down        P - in port-channel
        I - stand-alone s - suspended
        H - Hot-standby (LACP only)
        R - Layer3      S - Layer2
        U - in use      f - failed to allocate aggregator
        u - unsuitable for bundling
        w - waiting to be aggregated
        d - default port


Number of channel-groups in use: 1
Number of aggregators:           1

Group  Port-channel  Protocol    Ports
------+-------------+-----------+----------------------------------------------

1      Po1(SU)           -        Fa0/23(P) Fa0/24(P)
```

图 3-1-2 链路汇聚状态

4. 此时可以使用 PC1 ping PC3，可看到结果是通的。如果拔掉 Fa0/23 或 Fa0/24 口的网线，仍然可通。为了进一步测试链路聚合后的带宽变化情况，可以尝试利用测速工具进行前后对比。

问题探究

1. 若要使 Port Channel 正常工作，成员端口需要什么条件?
2. 端口聚合最多能聚合多少个端口?

知识拓展

链路聚合负载均衡：
Cisco 默认为源 MAC 地址负载均衡方式。使用以下指令可以更改链路聚合的负载方式：

```
AccessSw1(config)#port-channel load-balance ?
dst-ip      //目标 IP 地址负载均衡
dst-mac      //目标 MAC 地址负载均衡
src-dst-ip      //源 IP 和目标 IP 地址负载均衡
src-dst-mac      //源 MAC 和目标 MAC 地址负载均衡
src-ip      //源 IP 地址负载均衡
src-mac      //源 MAC 地址负载均衡
```

项目拓展

假设企业 A 广州总公司管理部与行政管理部增加通信带宽，修改上面的案例，以实现目标。

子任务二　调整公司成环网络

学习目标

- 了解生成树协议的作用
- 熟悉生成树协议的配置
- 熟悉使用快速生成树实现流量负载均衡的方法

任务引言

在公司网络中，冗余链路提高了公司数据安全性、完整性和可用性，但其缺点也非常明显。如果网络中存在冗余链路，则会形成环路。交换机在成环网络中会周而复始地转发帧，形成一个“死循环”。利用生成树技术可以解决这个问题。

知识引入

生成树协议是将一个存在物理环路的网络变成一个没有环路的逻辑树形网络。它启用 BPDU 消息来监测环路，通过关闭选择的接口来取消环路。IEEE 802.1d 协议通过在交换机上运行一套复杂的算法 STA(spanning-tree algorithm)，使冗余端口置于“阻断状态”，使得接入网络的计算机在与其他计算机通信时，只有一条链路生效，而当这个链路出现故障无法使用时，IEEE 802.1d 协议会重新计算网络链路，将处于“阻断状态”的端口重新开启，从而既保障了网络正常运转，又保证了冗余能力。

生成树角色和身份：

1. 桥 ID：STP 使用桥 ID 跟踪网络中的所有交换机，最小的桥 ID 称为桥根（Cisco 交换机默认优先级为 32768）。

2. 桥根：拥有最优桥 ID 的交换机，桥根选举出来后，作为当前网络转发的参考点。

3. 非桥根：就是除了桥根以外的交换机，它们会通过交换 BPUD 在所有交换机中更新拓扑，确认最优的路径，进行数据包的转发。

4. 端口开销：取决于接口的带宽的大小。通过交换机之间的开销、累积的路径开销，计算去往根桥交换机最优的路径。

5. 根端口：去往根桥交换机最优的端口。

6. 指定端口：通过其根端口到达桥根开销最低的端口，其后会被标记为转发端口。

7. 非指定端口：将会被设置为阻塞状态，不能进行转发数据。

生成树角色选举过程：

1. 选“根”，作为全网的参考点。

2. 在每个非根桥交换机上选一个根端口。

3. 每一条链路选一个指定接口。

4. 其余端口都设置为阻塞端口。

工作任务——调整公司成环网络

【工作任务背景】

企业 A 广州总公司在部署好冗余网络后，发现 CenterSw1、AccessSw1 和 AccessSw2 三台交换机形成环形网络，出现了广播风暴，严重影响公司网络的使用。为了解决这一问题，公司决定在成环网络中启用生成树协议，使原来的环形网络变成树形网络。拓扑图如图 3-2-1所示。

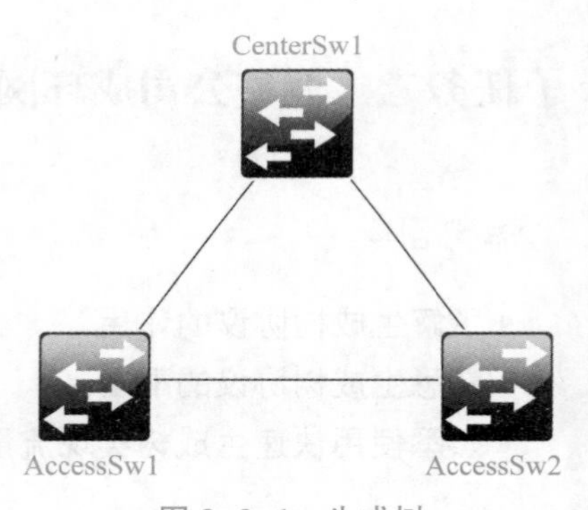

图 3-2-1 生成树

【工作任务分析】

进行生成树规划，CenterSw1 作为 VLAN10、VLAN20、VLAN30、VLAN40 和 VLAN50 的根，AccessSw1 作为 VLAN10、VLAN20 和 VLAN30 的备份根，AccessSw2 作为 VLAN40 和 VLAN50 的备份根。

【任务实现】

1. 初始化配置，给所有交换机配置主机命名，设置交换机相连接口模式等。

```
Switch>enable
Enter configuration commands,one per line.End with CNTL/Z.
Switch(config)#line Console 0
Switch(config-line)#logging synchronous
Switch(config-line)#exit
Switch(config)#hostname CenterSw1
CenterSw1(config)#interface range gigabitEthernet 1/0/1-2
CenterSw1(config-if-range)#switchport trunk encapsulation dot1q
CenterSw1(config-if-range)#switchport mode trunk
CenterSw1(config-if-range)#end
Switch>enable
Switch#configure terminal
Switch(config)#hostname AccessSw1
AccessSw1(config)#line Console 0
AccessSw1(config-line)#logging synchronous
AccessSw1(config-line)#exit
AccessSw1(config)#interface range gigabitEthernet 0/1-2
AccessSw1(config-if-range)#switchport mode trunk
AccessSw1(config-if-range)#end
Switch>enable
Switch#configure terminal
Switch(config)#hostname AccessSw2
AccessSw2(config)#line Console 0
AccessSw2(config-line)#logging synchronous
AccessSw2(config-line)#exit
AccessSw2(config)#interface range gigabitEthernet 0/1-2
AccessSw2(config-if-range)#switchport mode trunk
AccessSw2(config-if-range)#end
```

2. 在 CenterSw1、AccessSw1 和 AccessSw2 上创建对应的 VLAN。

```
(config)#vlan 10
(config-vlan)#vlan 20
(config-vlan)#vlan 30
(config-vlan)#vlan 40
(config-vlan)#vlan 50
```

3. 在所有交换机上配置生成树的模式为快速生成树。

```
CenterSw1(config)#spanning-tree mode rapid-pvst
AccessSw1(config)#spanning-tree mode rapid-pvst
AccessSw2(config)#spanning-tree mode rapid-pvst
```

4. 根据要求，CenterSw1 作为 VLAN10、VLAN20、VLAN30、VLAN40、VLAN50 的根，AccessSw1 作为 VLAN10、VLAN20、VLAN30 的备份根，AccessSw2 作为 VLAN4、VLAN50 的备份根。

```
CenterSw1(config)#spanning-tree vlan 10,20,30,40,50 root primary
AccessSw1(config)#spanning-tree vlan 10,20,30 root secondary
AccessSw2(config)#spanning-tree vlan 40,50 root secondary
```

5. 在 CenterSw1 上使用指令验证配置是否生效，如图 3-2-2 所示。CenterSw1 为 VLAN10、VLAN20、VLAN30、VLAN40、VLAN50 的根交换机。

```
CenterSw1#show spanning-tree summary
Switch is in rapid-pvst mode
Root bridge for: VLAN0010 VLAN0020 VLAN0030 VLAN0040 VLAN0050
Extended system ID          is enabled
```

图 3-2-2　生成树根桥状态

6. 在 AccessSw1 上检查 VLAN10、VLAN20 和 VLAN30 生成树状态，如图 3-2-3~图 3-2-5 所示。

```
AccessSw1#show spanning-tree vlan 10
VLAN0010
  Spanning tree enabled protocol rstp
  Root ID    Priority    24586
             Address     0090.2B8B.8506
             Cost        4
             Port        25(GigabitEthernet0/1)
             Hello Time  2 sec  Max Age 20 sec  Forward Delay 15 sec

  Bridge ID  Priority    28682  (priority 28672 sys-id-ext 10)
             Address     0090.2B60.5A36
             Hello Time  2 sec  Max Age 20 sec  Forward Delay 15 sec
             Aging Time  20

Interface        Role Sts Cost      Prio.Nbr Type
---------------- ---- --- --------- -------- --------------------------------
Gi0/2            Desg FWD 4         128.26   P2p
Gi0/1            Root FWD 4         128.25   P2p
```

图 3-2-3　VLAN10 备份根交换机状态

```
AccessSw1#show spanning-tree vlan 20
VLAN0020
  Spanning tree enabled protocol rstp
  Root ID    Priority    24596
             Address     0090.2B8B.8506
             Cost        4
             Port        25(GigabitEthernet0/1)
             Hello Time  2 sec  Max Age 20 sec  Forward Delay 15 sec

  Bridge ID  Priority    28692  (priority 28672 sys-id-ext 20)
             Address     0090.2B60.5A36
             Hello Time  2 sec  Max Age 20 sec  Forward Delay 15 sec
             Aging Time  20

Interface        Role Sts Cost      Prio.Nbr Type
---------------- ---- --- --------- -------- --------------------------------
Gi0/2            Desg FWD 4         128.26   P2p
Gi0/1            Root FWD 4         128.25   P2p
```

图 3-2-4　VLAN20 备份根交换机状态

```
AccessSw1#show spanning-tree vlan 30
VLAN0030
  Spanning tree enabled protocol rstp
  Root ID    Priority    24606
             Address     0090.2B8B.8506
             Cost        4
             Port        25(GigabitEthernet0/1)
             Hello Time  2 sec  Max Age 20 sec  Forward Delay 15 sec

  Bridge ID  Priority    28702  (priority 28672 sys-id-ext 30)
             Address     0090.2B60.5A36
             Hello Time  2 sec  Max Age 20 sec  Forward Delay 15 sec
             Aging Time  20

Interface        Role Sts Cost      Prio.Nbr Type
---------------- ---- --- --------- -------- --------------------------------
Gi0/2            Desg FWD 4         128.26   P2p
Gi0/1            Root FWD 4         128.25   P2p
```

图 3-2-5　VLAN30 备份根交换机状态

7. 在 AccessSw2 上检查 VLAN40 和 VLAN50 生成树状态，如图 3-2-6 和图 3-2-7 所示。

```
AccessSw2#show spanning-tree vlan 40
VLAN0040
  Spanning tree enabled protocol rstp
  Root ID    Priority    24616
             Address     0090.2B8B.8506
             Cost        4
             Port        25(GigabitEthernet0/1)
             Hello Time  2 sec  Max Age 20 sec  Forward Delay 15 sec

  Bridge ID  Priority    28712  (priority 28672 sys-id-ext 40)
             Address     0060.2F19.3EAE
             Hello Time  2 sec  Max Age 20 sec  Forward Delay 15 sec
             Aging Time  20

Interface        Role Sts Cost      Prio.Nbr Type
---------------- ---- --- --------- -------- --------------------------------
Gi0/1            Root FWD 4         128.25   P2p
Gi0/2            Desg FWD 4         128.26   P2p
```

图 3-2-6 VLAN40 备份根交换机状态

```
AccessSw2#show spanning-tree vlan 50
VLAN0050
  Spanning tree enabled protocol rstp
  Root ID    Priority    24626
             Address     0090.2B8B.8506
             Cost        4
             Port        25(GigabitEthernet0/1)
             Hello Time  2 sec  Max Age 20 sec  Forward Delay 15 sec

  Bridge ID  Priority    28722  (priority 28672 sys-id-ext 50)
             Address     0060.2F19.3EAE
             Hello Time  2 sec  Max Age 20 sec  Forward Delay 15 sec
             Aging Time  20

Interface        Role Sts Cost      Prio.Nbr Type
---------------- ---- --- --------- -------- --------------------------------
Gi0/1            Root FWD 4         128.25   P2p
Gi0/2            Desg FWD 4         128.26   P2p
```

图 3-2-7 VLAN50 备份根交换机状态

问题探究

1. 生成树协议将环形网络变成树形网络的原理。
2. 生成树协议是否是解决广播风暴的唯一方法?

知识拓展

spanning-tree vlan [vlan_ id] hello-time：设置交换机 Hello 时间值。在交换机中发送 BPDU 的时间间隔称为 Hello 时间。Hello 时间和转发延迟时、最大老化时间之间是有关联的。

STP 是由 Radia Perlman 在 1985 年于 DEC(数据设备公司)开发出来的。1990 年，IEEE 公布了首个协议标准。公有生成树和 Cisco 私有生成树协议标准对照表见表 3-2-1。

表 3-2-1 生成树版本对比

协议	标准	所需资源	收敛速度	维护方式
CST	802. 1d	低	慢	所有 VLAN
PVST+	Cisco	高	慢	每一个 VLAN
RSTP	802. 1w	中	快	所有 VLAN
PVRST+	Cisco	很高	快	每一个 VLAN
MSTP	802. 1s	中/高	快	VLAN 列表

工作任务——部署 MSTP 解决公司内部环路网络

【工作任务背景】

企业 A 广州总公司在部署好冗余网络后，发现 CenterSw1、AccessSw1 和 AccessSw2 三台交换机形成环形网络，出现了广播风暴，严重影响公司网络的使用。为了解决这一问题，公司决定在环形网络中启用生成树协议，使原来的环形网络变成树形网络。在远程方案中，使用 PVRST+模式来解决生成树的环路问题。后来发现，由于每一个 VLAN 维护一棵生成树，交换设备的开销非常大。利用多实例生成树技术实现流量负载均衡，并且可以有效地减少生成树的开销。拓扑图如图 3-2-8 所示。

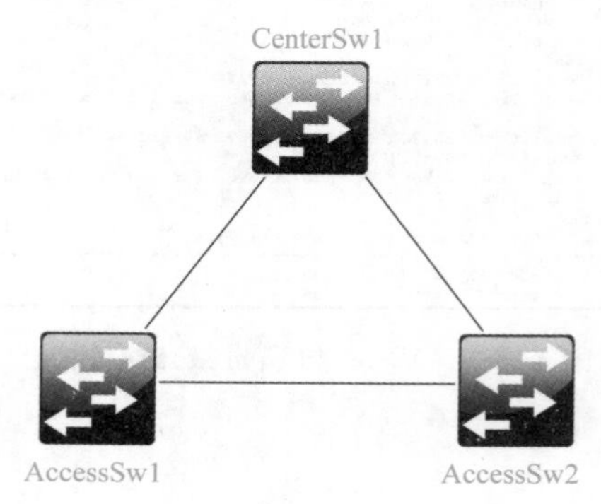

图 3-2-8　生成树

【工作任务分析】

进行生成树规划，将 VLAN10、VLAN20、VLAN30 合并到生成树 instance1，将 VLAN40 和 VLAN50 合并到生成树 instance2。将 CenterSw1 作为两个合并后的生成树的根桥，AccessSw1 作为生成树 instance1 的备份根，AccessSw2 作为生成树 instance2 的备份根。

【任务实现】

1. 在所有交换机上修改生成树的模式，创建对应的实例。

```
(config)#spanning-tree mode mst
(config)#spanning-tree mst configuration
(config-mst)#name cisco
(config-mst)#revision 1
(config-mst)#instance 1 vlan 10,20,30
(config-mst)#instance 2 vlan 30,40
(config-mst)#exit
```

2. 在 CenterSw1 上配置生成树的桥 ID 优先级，使其成为根桥。

```
CenterSw1(config)#spanning-tree mst 1 root primary
CenterSw1(config)#spanning-tree mst 2 root primary
AccessSw1(config)#spanning-tree mst 1 root secondary
AccessSw2(config)#spanning-tree mst 2 root secondary
```

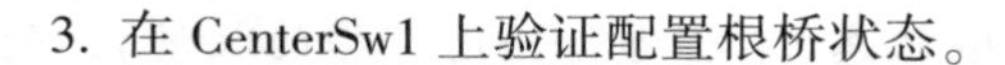

3. 在 CenterSw1 上验证配置根桥状态。

```
CenterSw1#show spanning-tree summary
Switch is in mst mode(IEEE Standard)
Root bridge for:MST1-MST2
```

项目拓展

根据生成树配置知识完成图 3-2-9 所示的环形网络改造，并进行验证。

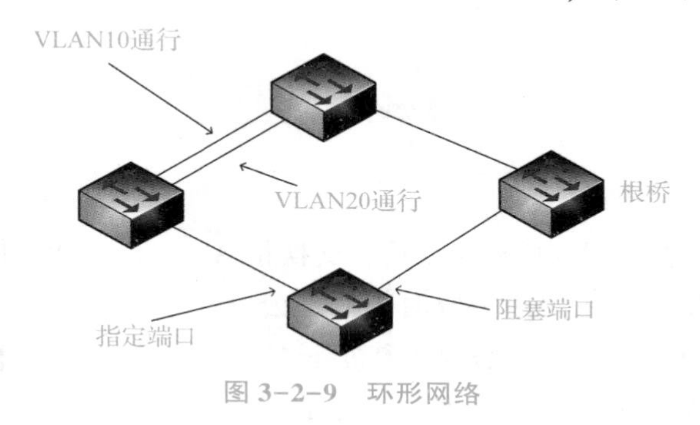

图 3-2-9　环形网络

子任务三　生成树特性

学习目标

- 了解多实例生成树协议原理
- 熟悉生成树安全控制的部署方式

任务引言

随着网络多元化的发展，网络的优化成为一大课题。负载均衡是解决分布式系统流量控制、网络冗余等问题的关键，是网络优化的重要措施。在交换网络中，通过使用负载均衡解决方案解决了网络冗余等问题，同时也衍生了网络环路的问题。

知识引入

PortFast：交换机接口都可以配置 PortFast 功能。如果将交换机连接交换机的接口开启了 PortFast 功能，接口上收到 BPDU 后，就认为对端连接的是交换机，而并非主机或服务器，因此，默认在接口收到 BPDU 后会立即关闭该接口的 PortFast 功能。而 PortFast 功能主要应用在连接非交换机设备的接口上，减少生成树收敛过程中的等待时间，使交换机接口能够快速进入数据转发状态。

BPDU Guard：是对 BPDU 的一个保护机制，来防止网络环路的产生。BPDU Guard 在启用 PortFast 模式的接口中配置。如果端口配置了 BPDU Guard，当端口收到 BPDU 后，则接口安全特性被激活，这时端口将会置为Errdisable状态(不会进行任何数据的收发)。处于Errdisable状态的接口，需要手动进行恢复或者配置相应的恢复机制才能恢复到正常数据收发状态。

BPDU Filter：BPDU Filter和BPDU Guard一样，需要与PortFast配合使用。当PortFast功能在端口开启以后，端口会正常接收和发送BPDU报文。BPDU Guard的工作是阻止接收BPDU报文，但是不阻止发送BPDU报文。BPDU Filter的工作则是阻止该端口的BPDU报文的接收和发送。并且，接口如果启用了BPDU Filter，那么接口上的BPDU Guard将不会生效。

工作任务——实现公司内部无环网络

【工作任务背景】

企业A广州总公司在配置生成树协议后，交换机AccessSw1和交换机AccessSw2之间的通信效率有了很大提高，但在使用一段时间后，公司员工发现每次连接到网络后，都需要等待很长的时间才能上网。公司查看网络数据发现，不管是交换机AccessSw1还是交换机AccessSw2的数据，都有这样的问题。因此，要提高接入层主机的访问速度，要在接入层接口配置相应的生成树特性，并且要满足生成树网络的安全规范。拓扑图如图3-3-1所示。

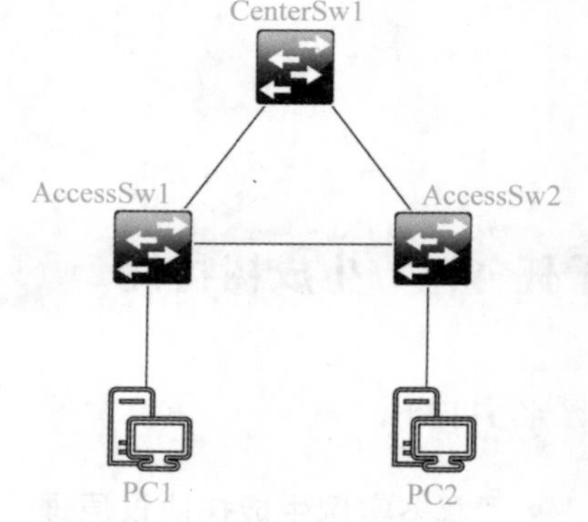

图3-3-1　交换机生成树协议特性配置

【工作任务分析】

本任务采用三台交换机，在三台交换机之间形成一个环路，并分别在两台二层交换机连接PC1和PC2作为测试。当配置多生成树协议后，三台交换机之间的线路全部处于转发状态，并且转发数据能根据不同VLAN进行负载均衡。这就避免了当只在交换机上启用生成树协议时，三台交换机之间有一条链路是阻塞状态而给某台交换机增加负荷的问题。另外，在部署好生成树网络后，要求接入主机的交换机端口启用快速生成树模式，并且要设置接口接收BPDU的安全管理。详情参数配置见表3-3-1。

表3-3-1　交换接口模式分配

设备	接口	PortFast	BPDU Guard	BPDU Filter
AccessSw1	Fa0/1~10	启用	启用	不启用
AccessSw1	Fa0/11~20	启用	启用	启用
AccessSw2	Fa0/1~10	启用	启用	不启用
AccessSw2	Fa0/11~20	启用	启用	启用

【任务实现】

1. 正确连接网线，恢复出厂设置之后，初始化配置。

2. 配置好基础的交换机接口模式后，在 AccessSw1 和 AccessSw2 的接入层接口上启用 PortFast 功能。

```
AccessSw1(config)#interface range fastEthernet 0/1-20
AccessSw1(config-if-range)#switchport host
switchport mode will be set to Access
spanning-tree portfast will be enabled
channel group will be disabled
AccessSw2(config)#interface range fastEthernet 0/1-20
AccessSw2(config-if-range)#switchport host
switchport mode will be set to Access
spanning-tree portfast will be enabled
channel group will be disabled
```

3. 在 AccessSw1 和 AccessSw2 交换机特定接口上启用 BPDU Guard，限制该接口接收 BPDU 消息，一旦收到 BPDU 消息，该接口会自动设置为 Err-disabled 状态。

```
AccessSw1(config)#interface range fastEthernet 0/1-20
AccessSw1(config-if-range)#spanning-tree bpduguard enable
AccessSw2(config)#interface range fastEthernet 0/1-20
AccessSw2(config-if-range)#spanning-tree bpduguard enable
```

4. 在 AccessSw1 和 AccessSw2 交换机特定接口上启用 BPDU Filter，限制该接口不接收也不发送 BPDU，当接口收到 BPDU 时，直接丢弃该数据包，接口不做任何的违规操作。

```
AccessSw1(config)#interface range fastEthernet 0/11-20
AccessSw1(config-if-range)#spanning-tree bpdufilter enable
AccessSw2(config)#interface range fastEthernet 0/11-20
AccessSw2(config-if-range)#spanning-tree bpdufilter enable
```

5. 在 AccessSw1 上使用指令验证配置。

```
AccessSw1#show spanning-tree interface fastEthernet 0/10 detail
  Port 4(FastEthernet 0/10)of MST1 is designated forwarding
    Port path cost 20000,Port priority 128,Port Identifier 128.10.
    Designated root has priority 24586,address 0090.2B8B.8507
    Designated bridge has priority 24586,address 0090.2B8B.8507
    Designated port id is 128.10,designated path cost 0
    Timers:message age 0,forward delay 0,hold 0
    Number of transitions to forwarding state:1
The port is in the portfast edge mode
    Link type is point-to-point by default
Bpdu guard is enabled
    Bpdu filter isdisabled
    PVST Simulation is enabled by default
```

```
  BPDU:sent 123,received 0
AccessSw1#show spanning-tree interface fastEthernet 0/11 detail
  Port 4(FastEthernet 0/11)of MST1 is designated forwarding
    Port path cost 20000,Port priority 128,Port Identifier 128.11.
    Designated root has priority 24586,address 0090.2B8B.8506
    Designated bridge has priority 24586,address 0090.2B8B.8506
    Designated port id is 128.11,designated path cost 0
    Timers:message age 0,forward delay 0,hold 0
    Number of transitions to forwarding state:1
  The port is in the portfast edge mode
    Link type is point-to-point by default
    Bpdu guard isdisabled
  Bpdu filter is enabled
    PVST Simulation is enabled by default
  BPDU:sent 0,received 0
```

问题探究

1. 启用 BPDU Guard 的接口，如果违规了，怎么在 30 s 后自动回复?
2. Root Guard 和 Loop Guard 特性功能的作用是什么?

知识拓展

1. STP 生成树协议。

目的：防止冗余时产生环路。

原理：所有 VLAN 都加入一棵树里面，将备份链路的端口设为 BLOCK，直到主链路出问题之后，BLOCK 的链路才成为 UP，端口的状态转换：

BLOCK>LISTEN>LERARN>FORWARD>DISABLE

总共经历 50 s。

缺点：收敛速度慢，效率低。

2. MSTP 多生成树协议。

目的：解决 STP 与 RSTP 中的效率低、占用资源的问题。

原理：部分 VLAN 为一棵树。

如果想在交换机上运行 MSTP，首先必须打开全局 MSTP 开关。在没有打开全局 MSTP 开关之前，打开端口的 MSTP 开关是不允许的。MSTP 定时器参数之间是有相关性的，错误配置可能导致交换机不能正常工作。用户在修改 MSTP 参数时，应该清楚所产生的各个拓扑。除了全局的基于网桥的参数配置外，其他的是基于各个实例的配置，在配置时，一定要注意参数对应的事例是否正确。

项目拓展

根据所学多实例生成树知识，完成图 3-3-2 所示网络的流量负载均衡设计与实现。

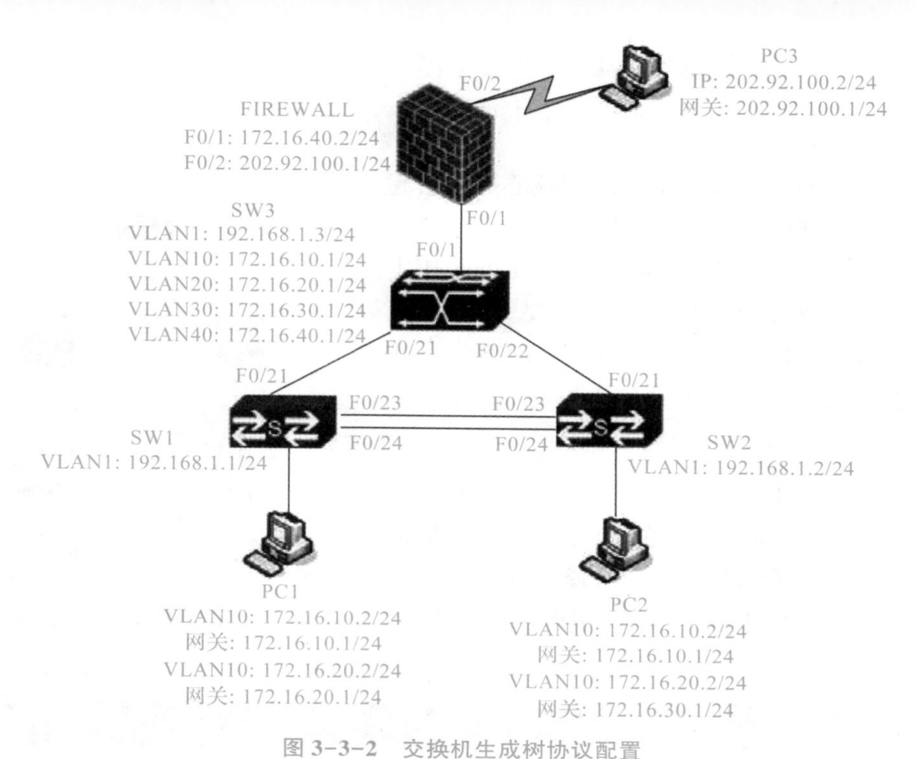

图 3-3-2　交换机生成树协议配置

子任务四　动态主机配置协议

学习目标

- 了解 DHCP 的原理
- 熟练掌握交换机作为 DHCP 服务器的配置方法
- 了解 DHCP 的应用

任务引言

在拥有多台计算机的局域网中手动设置 IP 地址很麻烦，针对这样的环境，更多的是使用 DHCP 协议为计算机分配 IP 地址。DHCP 服务器可以为网络管理员和用户减少配置的负担。因此，DHCP 服务器的搭建在网络中是非常常见的。

知识引入

DHCP(Dynamic Host Configuration Protocol，动态主机配置协议)使用 UDP 协议工作，是局域网的网络协议。DHCP 协议采用客户端/服务器模型，主机地址的动态分配任务由网络主机驱动。网络主机主动向 DHCP 服务器发出地址申请，DHCP 服务器应答并分配 IP 地址。

工作任务——配置交换机 DHCP 服务器

【工作任务背景】

企业 A 广州总公司在完成局域网核心网络搭建后，发现部门计算机较多，手工配置 IP 地址工作量大，并且易出问题，所以决定在交换机 CenterSw1 上配置 DHCP 服务器。DHCP 服务器主要为销售部、财务部、技术研发部、人事部和行政部动态分配 IP 地址。拓扑图如图 3-4-1 所示。

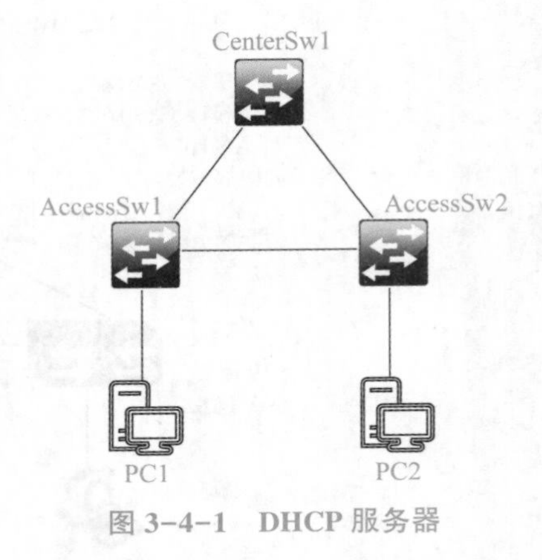

图 3-4-1　DHCP 服务器

【工作任务分析】

销售部、财务部、技术研发部、人事部和行政部分别对应交换机 CenterSw1 的 VLAN10、VLAN20、VLAN30、VLAN40 和 VLAN50。配置 DHCP 服务器时，需为不同 VLAN 的 PC 指派不同网段的 IP 地址。更详细的参数配置信息见表 3-4-1。

表 3-4-1　DHCP 地址池信息

VLAN	地址范围	DNS	地址池名称
10	192. 168. 10. 10-199/24	114. 114. 114. 114	VLAN10-POOL
20	192. 168. 20. 10-199/24	114. 114. 114. 114	VLAN20-POOL
30	192. 168. 30. 10-199/24	114. 114. 114. 114	VLAN30-POOL
40	192. 168. 40. 10-199/24	114. 114. 114. 114	VLAN40-POOL
50	192. 168. 50. 10-199/24	114. 114. 114. 114	VLAN50-POOL

【任务实现】

1. 初始化网络设备，然后在 CenterSw1 上为 VLAN10、VLAN20、VLAN30、VLAN40 和 VLAN50 创建 SVI 接口，配置网络地址作为当前 VLAN 的网关设备。

```
CenterSw1(config)#ip routing
CenterSw1(config)#interface vlan 10
CenterSw1(config-if)#ip add 192.168.10.254 255.255.255.0
CenterSw1(config-if)#no shutdown
CenterSw1(config-if)#exit
CenterSw1(config)#interface vlan 20
CenterSw1(config-if)#ip add 192.168.20.254 255.255.255.0
CenterSw1(config-if)#no shutdown
CenterSw1(config-if)#exit
CenterSw1(config)#interface vlan 30
CenterSw1(config-if)#ip add 192.168.30.254 255.255.255.0
CenterSw1(config-if)#no shutdown
```

```
CenterSw1(config-if)#exit
CenterSw1(config)#interface vlan 40
CenterSw1(config-if)#ip add 192.168.40.254 255.255.255.0
CenterSw1(config-if)#no shutdown
CenterSw1(config-if)#exit
CenterSw1(config)#interface vlan 50
CenterSw1(config-if)#ip add 192.168.50.254 255.255.255.0
CenterSw1(config-if)#no shutdown
CenterSw1(config-if)#exit
```

2. 根据表 3-4-1，创建和配置 DHCP 地址池。

```
CenterSw1(config)#ip dhcp pool VLAN10-POOL
CenterSw1(dhcp-config)#network 192.168.10.0 /24
CenterSw1(dhcp-config)#default-router 192.168.10.254
CenterSw1(dhcp-config)#dns-server 114.114.114.114
CenterSw1(dhcp-config)#exit
CenterSw1(config)#ip dhcp pool VLAN20-POOL
CenterSw1(dhcp-config)#network 192.168.20.0 /24
CenterSw1(dhcp-config)#default-router 192.168.20.254
CenterSw1(dhcp-config)#dns-server 114.114.114.114
CenterSw1(dhcp-config)#exit
CenterSw1(config)#ip dhcp pool VLAN30-POOL
CenterSw1(dhcp-config)#network 192.168.30.0 /24
CenterSw1(dhcp-config)#default-router 192.168.30.254
CenterSw1(dhcp-config)#dns-server 114.114.114.114
CenterSw1(dhcp-config)#exit
CenterSw1(config)#ip dhcp pool VLAN40-POOL
CenterSw1(dhcp-config)#network 192.168.40.0 /24
CenterSw1(dhcp-config)#default-router 192.168.40.254
CenterSw1(dhcp-config)#dns-server 114.114.114.114
CenterSw1(dhcp-config)#exit
CenterSw1(config)#ip dhcp pool VLAN50-POOL
CenterSw1(dhcp-config)#network 192.168.50.0 /24
CenterSw1(dhcp-config)#default-router 192.168.50.254
CenterSw1(dhcp-config)#dns-server 114.114.114.114
CenterSw1(dhcp-config)#exit
```

3. 可以使用以下指令检查 DHCP 地址池配置情况，查看客户端地址获取情况。

```
CenterSw1#show ip dhcp pool
CenterSw1#show ip dhcp binding
```

4. 配置好 DHCP 服务器端后，配置 DHCP 客户端。在 Windows 客户端使用 ncpa.cpl 打开网络管理中心，找到对应的网卡，勾选“Internet 协议版本 4(TCP/IPv4)”，单击“属性”按钮，如图 3-4-2 所示。

5. 在图 3-4-3 所示窗口中选择“自动获得 IP 地址”，选择“自动获得 DNS 服务器地址”，单击“确定”按钮，如图 3-4-3 所示。

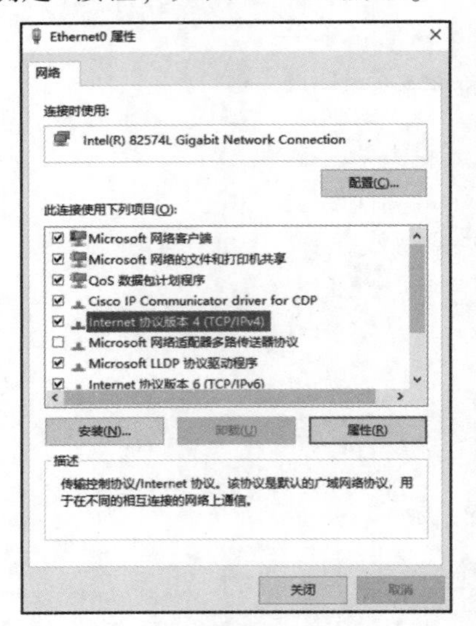

图 3-4-2　客户端网卡“属性”面板

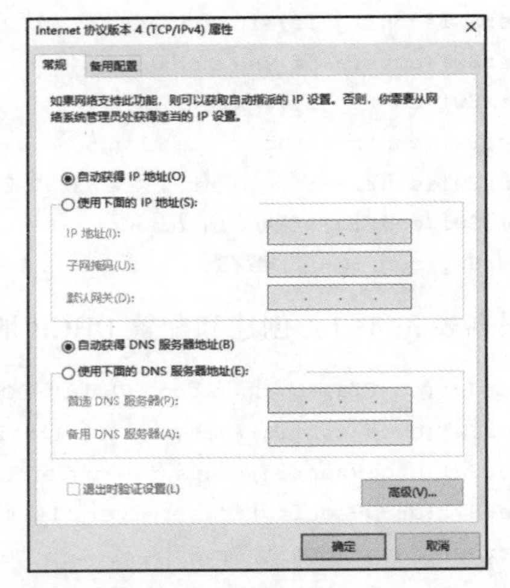

图 3-4-3　自动获取网络地址和 DNS 服务器地址

6. 检查客户端地址获取情况。利用“ipconfig/release && ipconfig/renew”命令获取 DHCP 服务器 IP 地址。可以使用“ipconfig /all”查看完整信息，如图 3-4-4 所示。

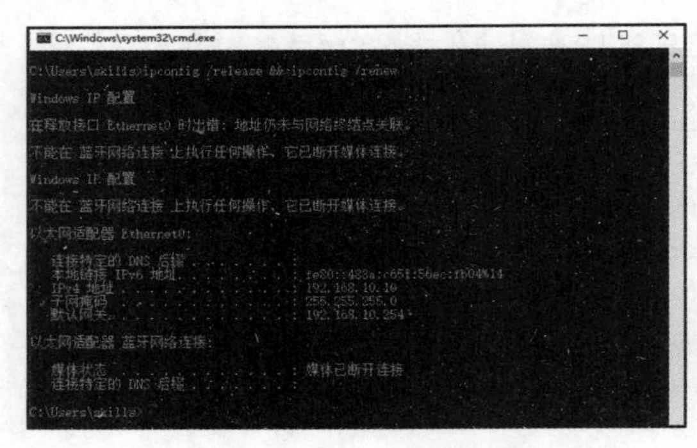

图 3-4-4　自动获取地址成功

7. 客户端接入不同的交换机端口，将获取不同的网络地址，详细的测试结果见表 3-4-2。

表 3-4-2　客户端测试结果

设备	位置	执行命令	获取 IP 地址
PC1	Fa0/1～4	ipconfig /renew	192.168.10.0/24
PC1	Fa0/5～8	ipconfig /renew	192.168.20.0/24
PC1	Fa0/9～12	ipconfig /renew	192.168.30.0/24
PC1	Fa0/13～16	ipconfig /renew	192.168.40.0/24
PC1	Fa0/17～20	ipconfig /renew	192.168.50.5/24

问题探究

1. 若不配置 Default-Router，DHCP 服务器是否正确工作?
2. 有哪些情况会使 PC 获取不到 DHCP 服务器中的地址?

知识拓展

当需要在一个网段中排除某个或某些 IP 地址时，可用 ip dhcp excluded-address 将地址池中不用于分配的地址剔除。

举例：ip dhcp excluded-address 192.168.10.10

项目拓展

1. 公司有一台交换机 A，需要架设 DHCP 服务器，地址池为 192.168.10.0/24，将其中的 192.168.10.10/24 排除在外。

2. 将交换机划分四个 VLAN 进行 DHCP 实验，地址池分别为 192.168.10.10～192.168.10.100（255.255.255.0）、192.168.20.10～192.168.20.100（255.255.255.0）、192.168.30.10～192.168.30.100（255.255.255.0）和 192.168.40.10～192.168.40.100（255.255.255.0），VLAN 端口分别是 Fa0/1～4、Fa0/5～8、Fa0/9～13 和 Fa0/14～18。

子任务五　配置公司网络设备远程管理

学习目标

- 了解 Telnet 和 SSH 远程管理的概念与原理
- 熟练掌握交换机 Telnet 和 SSH 的配置

任务引言

网络设备远程管理方式有多种，主要的有 Telnet 和 SSH 远程访问等。其中，SSH 是远程管理最重要的方式，是网络远程登录服务标准协议和主要方式，可以从一台设备登录到另一台设备。对设置距离较远或不方便配置的设备有很大的帮助。Telnet 是一种不安全的协议，因此密码会以明文的形式在网络上传递，任何嗅探流量的人都可以清晰地看到它。所以，SSH 才是远程管理的首选。

知识引入

Telnet 协议是 TCP/IP 协议族中的一员，是 Internet 远程登录服务的标准协议。它为用户提供了在本地计算机上完成远程主机工作的能力。在终端使用者的电脑上使用 Telnet 程序，用它连接到服务器。终端使用者可以在 Telnet 程序中输入命令，这些命令会在服务器上运行，就像直接在服务器的控制台上输入一样。在本地就能控制服务器。要开始一个 Telnet 会话，必须输入用户名和密码来登录服务器。Telnet 是常用的远程控制 Web 服务器的方法。

使用 Telnet 协议进行远程登录时，需要满足以下条件：在本地计算机上必须装有包含 Telnet 协议的客户程序；必须知道远程主机的 IP 地址或域名；必须知道登录标识与口令。

Telnet 远程登录服务分为以下 4 个过程：

①本地与远程主机建立连接。该过程实际上是建立一个 TCP 连接，用户必须知道远程主机的 IP 地址或域名。

②将本地终端上输入的用户名和口令及以后输入的任何命令或字符以 NVT(Net Virtual Terminal)格式传送到远程主机。该过程实际上是从本地主机向远程主机发送一个 IP 数据包。

③将远程主机输出的 NVT 格式的数据转化为本地所接受的格式送回本地终端，包括输入命令回显和命令执行结果。

④最后，本地终端对远程主机进行撤销连接。该过程是撤销一个 TCP 连接。

SSH 协议框架中最主要的部分是三个协议：传输层协议、用户认证协议和连接协议。同时，SSH 协议框架中还为许多高层的网络安全应用协议提供扩展的支持。它们之间的层次关系如图 3-5-1 所示。

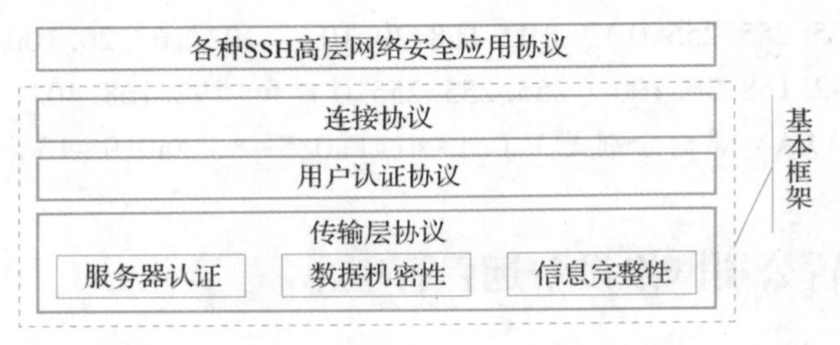

图 3-5-1　SSH 协议的层次结构示意图

在 SSH 的协议框架中，传输层协议(The Transport Layer Protocol)提供服务器认证、数据机密性、信息完整性等的支持；用户认证协议(The User Authentication Protocol)则为服务器提供客户端的身份鉴别；连接协议(The Connection Protocol)将加密的信息隧道复用成若干个逻辑通道，提供给更高层的应用协议使用；各种高层应用协议可以相对地独立于 SSH 基本体系之外，并依靠这个基本框架，通过连接协议使用 SSH 的安全机制。

SSH 的工作方式是利用客户端-服务器模型来对两个远程系统进行身份验证，并对在它们之间传递的数据进行加密，如图 3-5-2 所示。

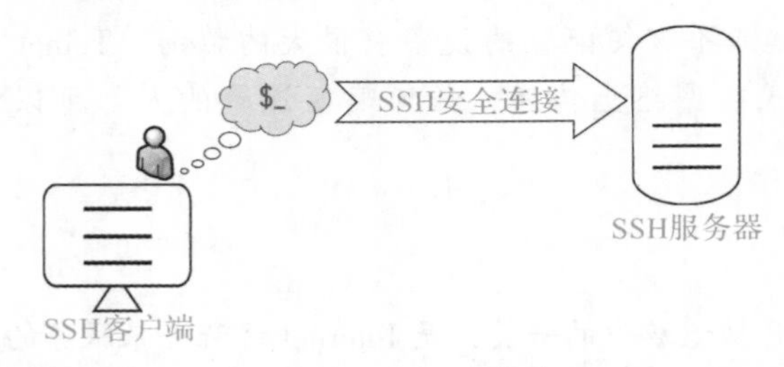

图 3-5-2　SSH 连接建立

SSH 默认情况下在 TCP 端口 22 上运行(尽管可以根据需要更改)。主机(服务器)在端口 22(或任何其他 SSH 分配的端口)上侦听传入的连接。如果验证成功，它将通过对客户端进行身份验证并打开正确的外壳环境来组织安全连接。

客户端必须通过与服务器启动 TCP 握手，确保安全的对称连接，验证服务器显示的身份是否与以前的记录(通常记录在 RSA 密钥存储文件中)匹配，并提供所需的用户凭据来开始 SSH 连接。验证连接。

建立连接有两个阶段：首先，两个系统都必须同意加密标准，以保护将来的通信；其次，用户必须对自己进行身份验证。如果凭据匹配，则授予用户访问权限。

SSH Version 1 中，服务器端单纯地接受来自客户端的 private key，如果在连接过程中取得 private key 后，攻击者就可能在既有的连接中插入一些攻击码，使得连接发生问题。

为了改进这个缺点，在 SSH Version 2 中，SSH 服务器端不再重复产生 server key，而是在与客户端搭建 private key 时，利用 Diffie-Hellman 的演算方式，共同确认来搭建 private key，然后将该 private key 与 public key 组成一组加解密的金钥。同样，这组金钥也仅是在本次连接中有效。

通过这个机制可见，由于服务器端/客户端两者之间共同搭建了 private key，若 private key 落入别人手中，由于服务器端还会确认连接的一致性，使攻击者没有机会插入有问题的攻击码，所以 SSH Version 2 是比较安全的。

工作任务——Telnet 配置

【工作任务背景】

企业 A 总公司主要由 3 栋建筑物组成：建筑物 A，放置网络设备，有交换机 AccessSw1 及各功能部门；建筑物 B 与建筑物 C，分别放置交换机 AccessSw2 和 AccessSw3。完成基础配置后，如果要更改配置，就需要到各个建筑物间去修改，非常不方便。于是公司决定在各交换机中配置 Telnet 服务，以便于网络设备的管理。拓扑图如图 3-5-3 所示。

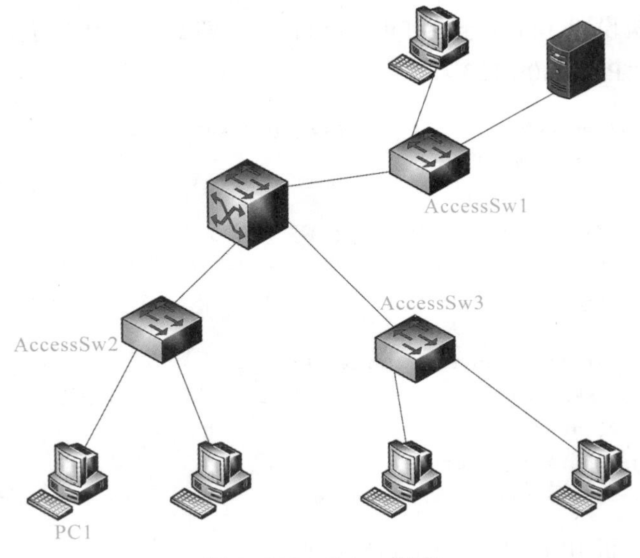

图 3-5-3　Telnet 配置

【工作任务分析】

根据表 3-5-1 配置交换机管理 IP 地址，并为所有设备启用远程 Telnet 管理。配置成功后，则可以在 PC1 上通过 Telnet 远程登录到所有的交换机。

表 3-5-1　交换机 IP 地址

VLAN	所属交接机	IP
99	AccessSw1	192. 168. 99. 251/24
99	AccessSw2	192. 168. 1. 252/24
99	AccessSw3	192. 168. 3. 253/24

【任务实现】

1. 初始化设置，在所有网络设备上设置管理 IP 地址。

```
AccessSw1(config)#interface vlan 99
AccessSw1(config-if)#ip add 192.168.99.251 255.255.255.0
AccessSw1(config-if)#no shutdown
AccessSw1(config)#ip default-gateway 192.168.99.254
AccessSw2(config)#interface vlan 99
AccessSw2(config-if)#ip add 192.168.99.252 255.255.255.0
AccessSw2(config-if)#no shutdown
AccessSw2(config)#ip default-gateway 192.168.99.254
AccessSw3(config)#interface vlan 99
AccessSw3(config-if)#ip add 192.168.99.253 255.255.255.0
AccessSw3(config-if)#no shutdown
AccessSw3(config)#ip default-gateway 192.168.99.254
```

2. 为所有交换机设置 Telnet 连接许可，允许通过 VTY 0~4 接口进行登录。创建本地用户“admin”，密码为“P@ ssw0rd123”。

```
AccessSw1(config)#username admin1 privilege 15password P@ ssw0rd123
AccessSw1(config)#line vty 0 4
AccessSw1(config-line)#login local
AccessSw1(config-line)#transport input telnet
AccessSw2(config)#username admin2 privilege 15 password P@ ssw0rd123
AccessSw2(config)#line vty 0 4
AccessSw2(config-line)#login local
AccessSw2(config-line)#transport input telnet
AccessSw3(config)#username admin3 privilege 15password P@ ssw0rd123
AccessSw3(config)#line vty 0 4
AccessSw3(config-line)#login local
AccessSw3(config-line)#transport input telnet
```

3. 配置 PC1 的主机 IP 地址，如图 3-5-4 所示。

4. 在 PC1 上运行 PuTTY 软件，选择使用 Telnet 协议进行连接。测试交换机 AccessSw1

的 Telnet 登录。输入服务器地址 192. 168. 99. 251。连接成功后，提示输入用户名和登录口令即可登录。登录成功后，执行“show privilege”指令查看当前用户界面的管理等级，如图 3-5-5 所示。

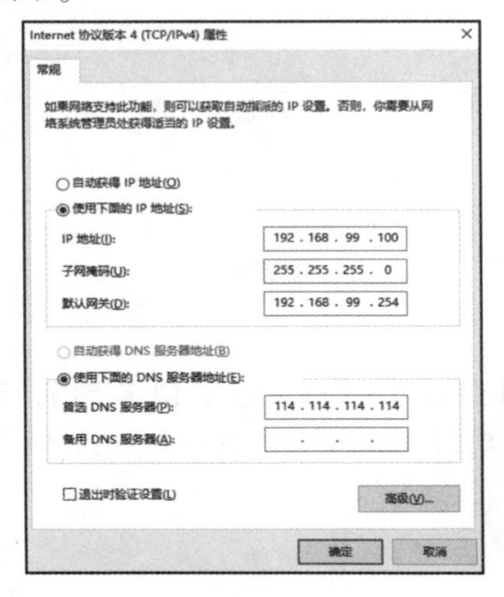

图 3-5-4 配置主机 IP 地址

图 3-5-5 Telnet 远程管理登录界面

工作任务——SSH 配置

【工作任务背景】

使用 Telnet 协议远程控制网络设备时，其传输的数据和登录口令都是以明文的形式传输的，因此网络攻击者很容易得到用户的登录口令和数据。SSH 是替代 Telnet 和其他远程控制台管理应用程序的行业标准。SSH 协议是加密协议，用户窃取到的数据都是经过加密处理的密文，无法查看真正的数据。企业 A 总公司的网络设备已经部署了远程管理 Telnet 服务，综合考虑，于是公司决定在各交换机中替换原有的 Telnet，配置 SSH 服务，以便于网络设备的安全管理。

【工作任务分析】

根据表 3-5-2 配置交换机管理 IP 地址，并为所有设备启用远程 SSH 管理。配置成功后，则可以在 PC1 上通过 SSH 远程登录到所有的交换机。

表 3-5-2 交换机 IP 地址

VLAN	所属交接机	IP
99	AccessSw1	192. 168. 99. 251/24
99	AccessSw2	192. 168. 1. 252/24
99	AccessSw3	192. 168. 3. 253/24

【任务实现】

1. 初始化设置，在所有网络设备上设置管理 IP 地址。

```
AccessSw1(config)#interface vlan 99
AccessSw1(config-if)#ip add 192.168.99.251 255.255.255.0
AccessSw1(config-if)#no shutdown
AccessSw1(config)#ip default-gateway 192.168.99.254
AccessSw2(config)#interface vlan 99
AccessSw2(config-if)#ip add 192.168.99.252 255.255.255.0
AccessSw2(config-if)#no shutdown
AccessSw2(config)#ip default-gateway 192.168.99.254
AccessSw3(config)#interface vlan 99
AccessSw3(config-if)#ip add 192.168.99.253 255.255.255.0
AccessSw3(config-if)#no shutdown
AccessSw3(config)#ip default-gateway 192.168.99.254
```

2. 在交换机上启用SSH服务，首先需要创建SSH服务所需的密码。要创建密码，需要更改设备的主机名和域名。密码创建成功后，在交换机的VTY接口处设置SSH接入许可，最后创建SSH登录用户凭据。

```
Switch(config)#hostname AccessSw1
AccessSw1(config)#ip domain-name cisco.com
AccessSw1(config)#crypto key generate rsa modulus 2048 label ssh.key
AccessSw1(config)#ip ssh version 2
AccessSw1(config)#username admin1 privilege 15password P@ ssw0rd123
AccessSw1(config)#line vty 0 4
AccessSw1(config-line)#login local
AccessSw1(config-line)#transport inputssh
Switch(config)#hostname AccessSw2
AccessSw2(config)#ip domain-name cisco.com
AccessSw2(config)#crypto key generate rsa modulus 2048 label ssh.key
AccessSw2(config)#ip ssh version 2
AccessSw2(config)#username admin2 privilege 15 password P@ ssw0rd123
AccessSw2(config)#line vty 0 4
AccessSw2(config-line)#login local
AccessSw2(config-line)#transport input ssh
Switch(config)#hostname AccessSw3
AccessSw3(config)#ip domain-name cisco.com
AccessSw3(config)#crypto key generate rsa modulus 2048 label ssh.key
AccessSw3(config)#ip ssh version 2
AccessSw3(config)#username admin3 privilege 15password P@ ssw0rd123
AccessSw3(config)#line vty 0 4
AccessSw3(config-line)#login local
AccessSw3(config-line)#transport input ssh
```

3. 配置PC1主机的IP地址，如图3-5-6所示。

4. 在PC1上运行PuTTY软件，选择使用SSH协议进行连接。测试交换机AccessSw1的SSH登录。输入服务器地址“192.168.99.251”。首次连接会提示密钥信任信息，如图3-5-7所示。连接成功后，提示输入用户名和登录口令即可登录。登录成功后，执行“show

privilege”指令查看当前用户界面的管理等级，如图 3-5-8 所示。

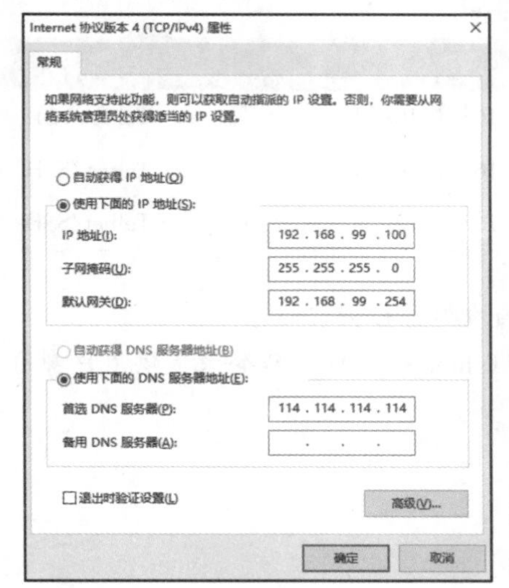

图 3-5-6　配置主机 IP 地址

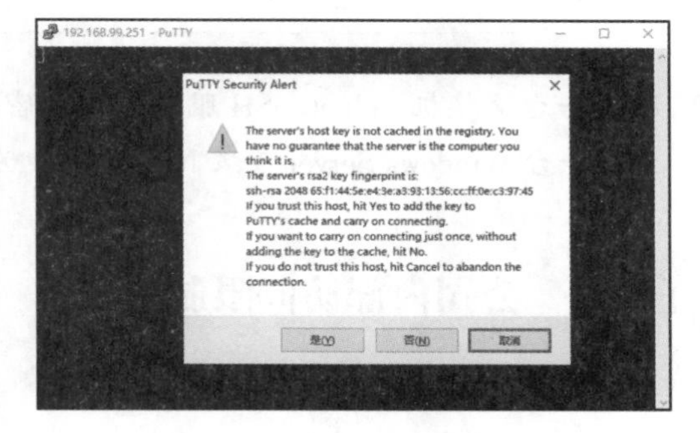

图 3-5-7　提示 SSH 密钥信任

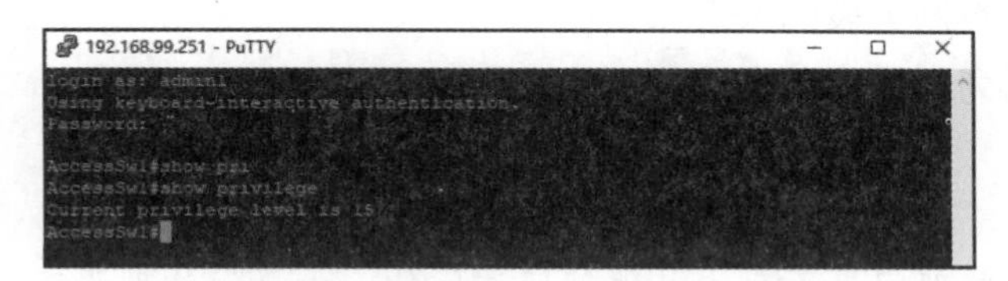

图 3-5-8　SSH 远程管理登录界面

问题探究

1. 在 Telnet 和 SSH 配置中，用户名或密码的长度要求是什么。
2. 如何删除 Telnet 和 SSH 配置?
3. 如何为不同的 Telnet 和 SSH 用户授予不同的登录权限?

知识拓展

为 Telnet 和 SSH 用户设置加密密码：

```
AccessSw1(config)#username admin1 privilege 15 secret P@ ssw0rd123
AccessSw1(config)#do show run | sec admin1
username admin1 privilege 15 secret 5 $1$aEZi$.v2vMO2c1TCvi94VHO7Q3.
```

项目拓展

1. 公司使用三台交换机作为核心交换机，请利用 Telnet 和 SSH 技术进行配置。详情见表 3-5-3。

表 3-5-3 交换机信息

设备	命名	IP	配置技术
交换机 1	Switch A	192. 168. 1. 10/24	Telnet/SSH
交换机 2	Switch B	192. 168. 1. 11/24	Telnet/SSH
交换机器	Switch C	192. 168. 1. 12/24	Telnet/SSH

2. 配置一台交换机 Telnet/SSH 服务，要求密码为加密存储。

3. 使用一台 Windows Server 安装 NPS 服务，为 Telnet 和 SSH 远程登录提供用户身份验证。

子任务六　公司内部访问限制

学习目标

- 了解标准访问控制列表的概念
- 掌握标准控制列表的配置方法

任务引言

在公司内部，有些部门是不允许其他部门访问的，如果做物理隔离，则被保护的部门对局域网的访问也会被限制。可以通过通信手段去限制，其中标准访问控制列表是重要的手段。标准访问控制列表检查数据包的源地址，从而允许或拒绝基于网络、子网或主机的 IP 地址的所有通信流量通过交换机或路由器的出口。

知识引入

1. 访问列表概述。

访问控制列表(Access Control，ACL)由匹配条件和采取的动作(允许或禁止)的语句组成。在对应的网络设备的接口中应用访问控制列表，则通过匹配数据包信息与访问表参数来决定允许数据包是通过还是拒绝。访问控制列表判断数据包的依据是源地址、目的地址、源端口、目的端口和协议等。

访问控制列表可以限制网络流量，提高网络性能，控制网络通信流量等。同时，ACL 也是网络访问控制的基本安全手段。

2. 访问列表类型。

访问列表可分为标准 IP 访问列表和扩展 IP 访问列表。

标准访问列表：其只检查数据包的源地址，从而允许或拒绝基于网络、子网或主机的 IP 地址的所有通信流量通过路由器的出口。

扩展 IP 访问列表：它不仅检查数据包的源地址，还要检查数据包的目的地址、特定协议类型、源端口号、目的端口号等。

3. ACL 的相关特性。

每一个接口可以在进入(inbound)和离开(outbound)两个方向上分别应用一个 ACL，并且每个方向上只能应用一个 ACL。

ACL 语句包括两个动作：一个是拒绝(deny)，即拒绝数据包通过，过滤掉数据包；一个是允许(permit)，即允许数据包通过，不过滤数据包。

在路由选择进行以前，应用在接口进入方向的 ACL 起作用。

在路由选择进行以后，应用在接口离开方向的 ACL 起作用。

每个 ACL 的结尾有一个隐含的“拒绝的所有数据包(deny all)”的语句。

工作任务——部门网络对外访问限制

【工作任务背景】

企业 A 技术研究部的数据很重要，保密级别非常高。公司要求对该部门进行逻辑隔离，即在不影响其他部门通信的情况下，该部门的计算机不能被其他部门访问。实验拓扑图如图 3-6-1 所示。

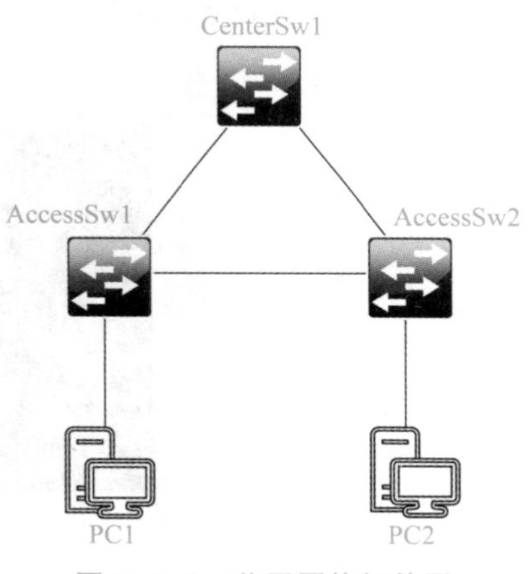

图 3-6-1　公司网络拓扑图

【工作任务分析】

将 PC1 接入技术研发部，即交换机 AccessSw1 VLAN30 的端口，PC2 为测试计算机，可以接到交换机的任何一个 VLAN。按照总公司网络完成连线，当配置成功后，如果 PC2 在 VLAN30 和 VLAN10 的端口，PC2 能 ping 通 PC1；否则，PC2 ping 不通 PC1。更详细的参数要求参见表 3-6-1。测试结果对照，参见表 3-6-2。

表 3-6-1　部门网络信息

VLAN	所属设备	网关地址	端口
10	AccessSw1，AccessSw2	192. 168. 10. 254/24	Fa0/1～4
20	AccessSw1，AccessSw2	192. 168. 20. 254/24	Fa0/5～8
30	AccessSw1，AccessSw2	192. 168. 30. 254/24	Fa0/9～12
40	AccessSw1，AccessSw2	192. 168. 40. 254/24	Fa0/13～16
50	AccessSw1，AccessSw2	192. 168. 50. 254/24	Fa0/17～20

表 3-6-2　部门网络信息

设备	IP 地址	接入端口
PC1	192.168.30.100/24	Fa0/9
PC2	若接到 VLAN30 或者 VLAN10，为 192.168.30.101/24 或者 192.168.10.101/24；否则，为 192.168.X0.101/24。注：X 为 1~5 中除 1 和 3 的数字	若接到 VLAN30，为 Fa0/10；否则，为 Fa0/Y。注：Y 为 1~20 中除 1~4 及 9~12 的数字

在配置标准访问控制列表前，无论 PC2 接到哪个 VLAN，都能 ping 通 PC1，但配置相应 ACL 后，则除 VLAN10 和 VLAN30 外，PC2 都 ping 不通 PC1。

【任务实现】

1. 在测试客户端上执行"netsh firewall set icmp 8 enable"放行 ICMP 访问，并进行初步测试。测试显示，当前网络设备未配置访问控制列表，主机之间是可以互通的，如图 3-6-2 和图 3-6-3 所示。

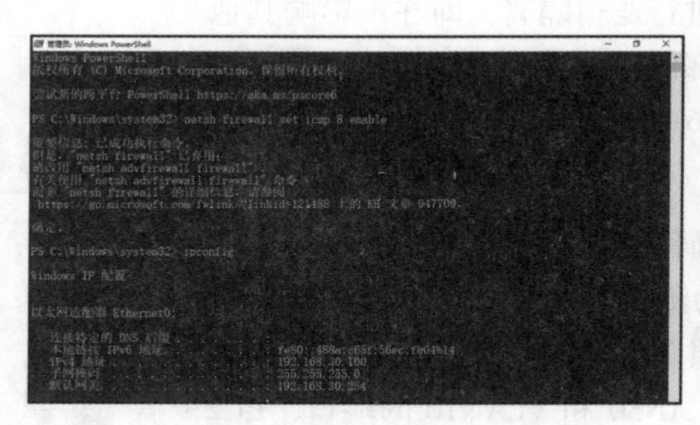

图 3-6-2　PC1 允许 ICMP 访问

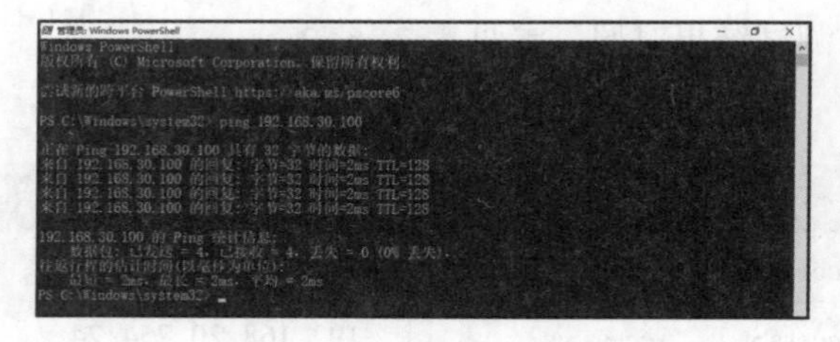

图 3-6-3　PC2 ping PC1

2. 在 CenterSw1 网关设备上配置访问控制列表，仅允许 192.168.30.0/24 和 192.168.10.0/24 访问。

```
CenterSw1(config)#Access-list 10 permit 192.168.10.0 0.0.0.255
CenterSw1(config)#Access-list 10 permit 192.168.30.0 0.0.0.255
CenterSw1(config)#Access-list 10 deny any
```

3. 创建成功的 ACL 规则必须应用到指定的接口才能生效。

```
CenterSw1(config)#interface vlan 30
CenterSw1(config-if)#ip Access-group 10 in
```

4. 把客户端接入 Fa0/5，把 IP 地址更改为“192.168.20.101”，ping PC1 进行测试。如图 3-6-4 所示，网络无法 ping 通。

```
Windows PowerShell
版权所有 (C) Microsoft Corporation。保留所有权利。

尝试新的跨平台 PowerShell https://aka.ms/pscore6

PS C:\WINDOWS\system32> ping 192.168.30.100

正在 Ping 192.168.30.100 具有 32 字节的数据:
请求超时。
请求超时。
请求超时。
请求超时。

192.168.30.100 的 Ping 统计信息:
    数据包: 已发送 = 4，已接收 = 0，丢失 = 4 (100% 丢失)，
PS C:\WINDOWS\system32>
```

图 3-6-4　测试 PC1 的连通性

5. 把客户端接入 Fa0/1，把 IP 地址更改为“192.168.10.101”，ping PC1 进行测试。如图 3-6-5 所示，可以 ping 通 PC1。

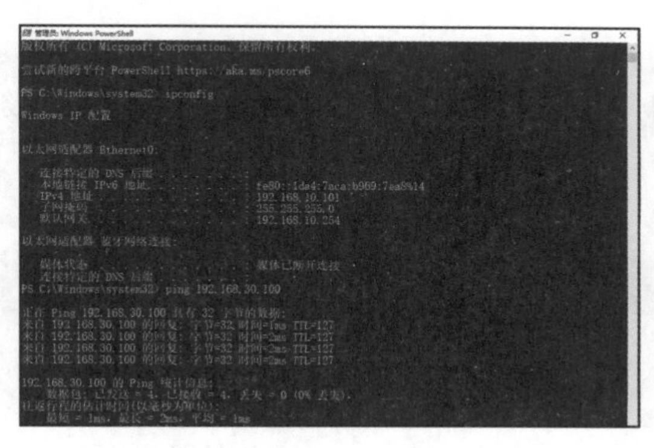

图 3-6-5　测试 PC1 的连通性

6. 当 PC2 位于不同的接口时，设置对应的 IP 地址进行测试。结果对比参见表 3-6-3。

表 3-6-3　测试结果对比

PC1 IP 地址	PC1 所在端口	PC2 IP 地址	PC2 所在端口	结果
192.168.30.100/24	Fa0/9	192.168.10.101/24	Fa0/1	通
192.168.30.100/24	Fa0/9	192.168.20.101/24	Fa0/5	不通
192.168.30.100/24	Fa0/9	192.168.30.102/24	Fa0/10	通
192.168.30.100/24	Fa0/9	192.168.40.101/24	Fa0/13	不通
192.168.30.100/24	Fa0/9	192.168.50.101/24	Fa0/17	不通

问题探究

1. 能否将标准 ACL 绑定到其他 VLAN 的端口？为什么？

2. 简述标准 ACL 的具体应用。

知识拓展

配置数字和命名标准访问控制列表。

```
acces-list <num>{deny |permit}{<IPAddr><Mask>}
Access-list <num>{deny |permit}host-source <IPAddr>>
ip Access-list standard<name>
  {deny |permit}{{<IPAddr><Mask>}
  {deny |permit}host-source <IPAddr>>
```

说明：num 为数字。应用举例：

```
CenterSw1(config)#Access-list 1 permit 192.168.1.0 0.0.0.255
CenterSw1(config)#Access-list 1 permit host 192.168.2.1
CenterSw1(config)#ip Access-list standard test_acl
CenterSw1(config-std-nacl)#permit 192.168.1.0 0.0.0.255
CenterSw1(config-std-nacl)#permit host 192.168.2.1
```

项目拓展

请利用所学知识限制分公司销售部、市场调研部和行政部对财务部的访问，详细要求参见表 3-6-4。

表 3-6-4　部门 VLAN 信息

部门	VLAN	命名	端口	SVI 接口地址
财务部	60	caiwu	Fa0/1～Fa0/5	172. 16. 10. 1/24
销售部	70	xiaoshou	Fa0/6～Fa0/10	172. 16. 20. 1/24
市场调研部	80	shichang	Fa0/11～Fa0/15	172. 16. 30. 1/24
行政部	90	xingzheng	Fa0/16～Fa0/20	172. 16. 40. 1/24

子任务七　公司内部网络深度限制

学习目标

- 了解扩展访问控制列表的概念
- 了解标准和扩展 ACL 的区别
- 掌握扩展 ACL 的实现方法

任务引言

标准控制列表往往不能针对子网进行限制，这很难达到公司的实际要求。扩展访问控制列表则具有更多的匹配项，包括协议类型、源地址、目的地址、源端口、目的端口。扩展ACL是细颗粒限制，使公司能对网络进行更深入的限制。

知识引入

ACL使用包过滤技术，在设备中读取数据包中的源地址、目的地址、源端口、目的端口等，根据预先定义好的规则，对数据包进行过滤。

在实施ACL的过程中，应当遵循如下三个基本原则：

①最小特权原则：只给受控对象完成任务的最小权限。

②最靠近受控对象原则：所有的网络层访问权限控制尽可能离受控对象最近。

③默认丢弃原则：在Cisco设备中，每个访问控制列表的最后一个隐藏规则为deny any any。

工作任务——配置扩展访问控制列表

【工作任务背景】

企业A技术研究部的数据很重要，保密级别非常高。但是，该部门中的服务器仍需给公司的所有人提供门户网站的访问。即在不影响其他部门通信的情况下，该部门的计算机不能被其他部门访问，仅允许访问Server1的HTTP(TCP:80)和HTTPS(TCP:443)服务。拓扑图如图3-7-1所示。

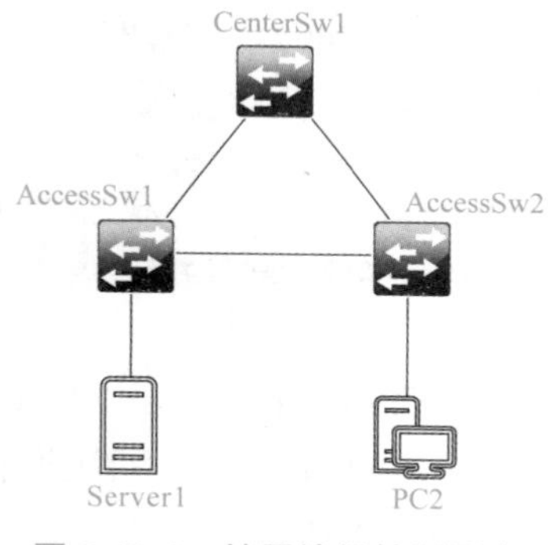

图3-7-1　扩展访问控制列表

【工作任务分析】

在部门交换机CenterSw1上配置扩展访问控制列表，并将其应用在接口的In方向，仅允许所有部门客户端能够访问SERVER1服务器的HTTP(TCP:80)和HTTPS(TCP:443)服务。详细的实验参数要求见表3-7-1。

表3-7-1　设备连接

VLAN	所属设备	网关地址	端口
10	AccessSw1，AccessSw2	192.168.10.254/24	Fa0/1~4
20	AccessSw1，AccessSw2	192.168.20.254/24	Fa0/5~8
30	AccessSw1，AccessSw2	192.168.30.254/24	Fa0/9~12
40	AccessSw1，AccessSw2	192.168.40.254/24	Fa0/13~16
50	AccessSw1，AccessSw2	192.168.50.254/24	Fa0/17~2
30	Server1	192.168.30.100/24	

【任务实现】

1. 根据标准访问控制列表实训，进行基础环境的设置，并移除VLAN30 SVI接口应用的Access-list 10规则。

2. PC2 无论接入哪个交换机端口，均能登录访问 Web 服务器，同时也能够进行 ping 连通性测试，如图 3-7-2 和图 3-7-3 所示。

图 3-7-2　初步 Web 测试

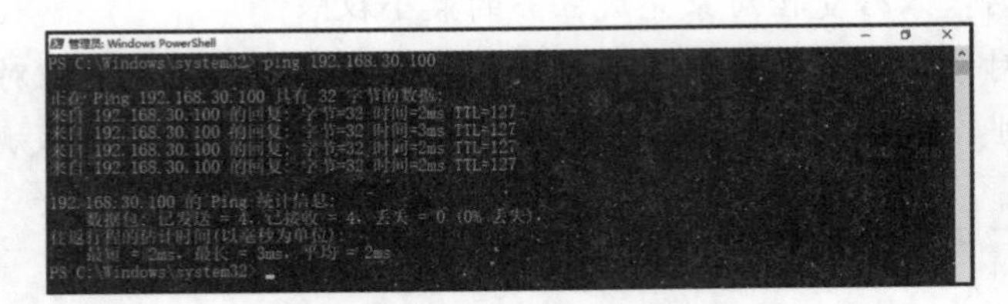

图 3-7-3　初步 ping 测试

3. 在 CenterSw1 上创建扩展 ACL，并应用到指定的接口。

```
CenterSw1(config)#Access-list 100 permit tcp host 192.168.30.100 eq www any
CenterSw1(config)#Access-list 100 permit tcp host 192.168.30.100 eq 443 any
CenterSw1(config)#Access-list 100 deny ip any any
CenterSw1(config)#interface vlan 30
CenterSw1(config-if)#ip Access-group 100 in
```

4. 把 PC2 连接到 VLAN10 的接口 Fa0/1 下，设置网络地址为“192.168.10.101”。使用 ping 访问 Server1，无法通信；使用 IE 浏览器访问 Server1 上的 Web 站点，访问成功，如图 3-7-4 所示。

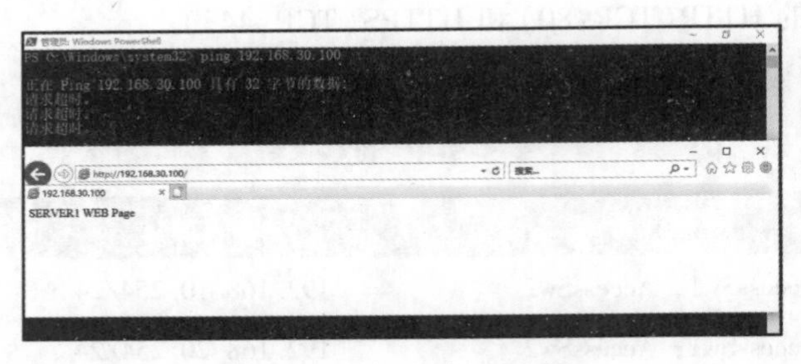

图 3-7-4　客户端测试

问题探究

1. 扩展 ACL 具体应用。
2. 标准 ACL 与扩展 ACL 的区别。

知识拓展

基于时间的 ACL 功能类似于扩展 ACL，但它允许根据时间执行访问控制。要使用基于

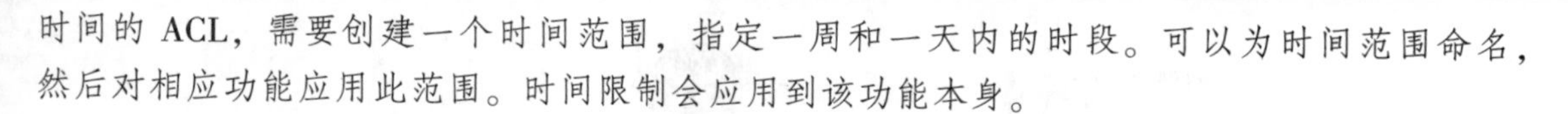

时间的 ACL，需要创建一个时间范围，指定一周和一天内的时段。可以为时间范围命名，然后对相应功能应用此范围。时间限制会应用到该功能本身。

项目拓展

企业 A 总公司要求只有在上班时间内才允许访问公司的门户网站，其他时间一律不允许访问。利用时间 ACL 和扩展 ACL 实现。

子任务八　公司网络静态路由配置

学习目标

- 了解路由表
- 掌握静态路由的配置方法

任务引言

公司网络越来越复杂，简单的 VLAN 通信已不能满足部门通信需求，需要引入路由协议对公司网络进行调整。路由是指路由器或有路由功能的交换机从一个接口上收到数据包，根据数据包的目的地址进行定向并转发到另一个接口的过程。配置路由是网络实现连通的基础。

知识引入

静态路由是指由用户或网络管理员手动配置路由信息，当网络的拓扑结构或链路的状态发生变化时，需要手动修改路由表中的静态路由信息。

路由表指的是路由器或者其他互联网网络设备上存储的表，该表中存有到达特定网络终端的路径，在某些情况下，还有一些与这些路径相关的度量。

在计算机网络中，路由表(RIB)是一个存储在路由器或者联网计算机中的电子表格(文件)或类数据库。路由表存储着指向特定网络地址的路径(在有些情况下，还记录有路径的路由度量值)。路由表中含有网络周边的拓扑信息。路由表建立的主要目的是实现路由协议和静态路由选择。

工作任务——公司网络静态路由配置

【工作任务背景】

随着专业化发展的推进，企业 A 总公司决定改造公司网络，引入静态路由，以保证公司网络的有效拓展。拓扑图如图 3-8-1 所示。

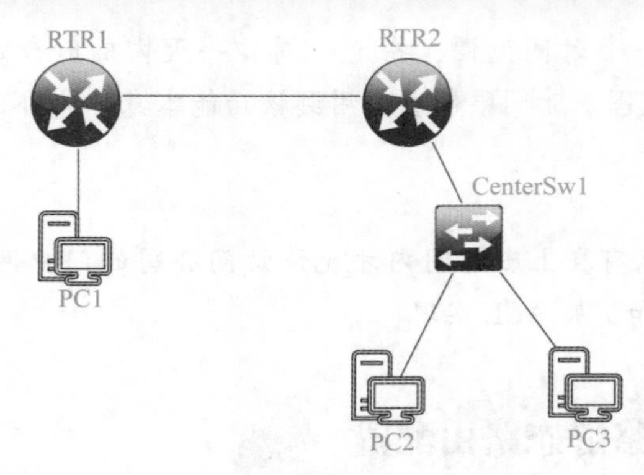

图 3-8-1　公司网络静态路由配置

【工作任务分析】

配置静态路由后，公司局域网内部全网互通，见表 3-8-1。

表 3-8-1　部门网络信息

部门	VLAN	所属设备	IP 地址
销售部	10	RTR2	192. 168. 10. 254/24
财务部	20	RTR2	192. 168. 20. 254/24
技术研发部	30	RTR2	192. 168. 30. 254/24
人事部	40	RTR2	192. 168. 40. 254/24
行政部	50	RTR2	192. 168. 50. 254/24
信息中心	—	RTR1	172. 16. 10. 254/24
管理 IP	99	CenterSw1	192. 168. 99. 1/24
PC1	—	RTR1	IP：172. 16. 10. 100 网关：172. 16. 10. 254
PC2	20	CenterSw1	IP：192. 168. 20. 101 网关：192. 168. 20. 254
PC3	30	CenterSw1	IP：192. 168. 30. 101 网关：192. 168. 30. 254

【任务实现】

1. 首先对路由器进行初始化设置。配置 RTR1 路由器的主机名、日志自动换行、禁止域名查询、配置安全加密的特权密码，并根据表 3-8-1 配置网络地址。

```
Router>enable
Router#configure terminal
Router(config)#hostname RTR1
RTR1(config)#line Console 0
RTR1(config-line)#logging synchronous
RTR1(config-line)#exit
```

```
RTR1(config)#no ip domain-look
RTR1(config)#enable secret P@ ssw0rd
RTR1(config)#interface gigabitEthernet 0/1
RTR1(config-if)#ip address 172.16.10.254 255.255.255.0
RTR1(config-if)#no shutdown
RTR1(config-if)#exit
RTR1(config)#interface gigabitEthernet 0/0
RTR1(config-if)#no shutdown
RTR1(config-if)#ip address 10.0.0.1 255.255.255.252
RTR1(config-if)#exit
```

2. 配置 RTR2 路由器的主机名、日志自动换行、禁止域名查询、配置安全加密的特权密码，并根据表 3-8-1 配置网络地址。

```
Router>enable
Router#configure terminal
Router(config)#hostname RTR2
RTR2(config)#line Console 0
RTR2(config-line)#logging synchronous
RTR2(config-line)#exit
RTR2(config)#no ip domain-look
RTR2(config)#enable secret P@ ssw0rd
RTR2(config)#interface gigabitEthernet 0/0
RTR2(config-if)#no shutdown
RTR2(config-if)#ip address 10.0.0.2 255.255.255.252
RTR2(config-if)#exit
RTR2(config)#interface gigabitEthernet 0/1
RTR2(config-if)#no shutdown
RTR2(config-if)#exit
RTR2(config)#interface gigabitEthernet 0/1.10
RTR2(config-subif)#encapsulation dot1Q 10
RTR2(config-subif)#ip address 192.168.10.254 255.255.255.0
RTR2(config-subif)#exit
RTR2(config)#interface gigabitEthernet 0/1.20
RTR2(config-subif)#encapsulation dot1Q 20
RTR2(config-subif)#ip address 192.168.20.254 255.255.255.0
RTR2(config-subif)#exit
RTR2(config)#interface gigabitEthernet 0/1.30
RTR2(config-subif)#encapsulation dot1Q 30
RTR2(config-subif)#ip address 192.168.30.254 255.255.255.0
RTR2(config-subif)#exit
RTR2(config)#interface gigabitEthernet 0/1.40
RTR2(config-subif)#encapsulation dot1Q 40
RTR2(config-subif)#ip address 192.168.40.254 255.255.255.0
RTR2(config-subif)#exit
RTR2(config)#interface gigabitEthernet 0/1.50
```

```
RTR2(config-subif)#encapsulation dot1Q 50
RTR2(config-subif)#ip address 192.168.50.254 255.255.255.0
RTR2(config-subif)#exit
RTR2(config)#interface gigabitEthernet 0/1.99
RTR2(config-subif)#encapsulation dot1Q 99
RTR2(config-subif)#ip address 192.168.99.254 255.255.255.0
RTR2(config-subif)#exit
```

3. 配置 CenterSw1 三层交换机的主机名、日志自动换行、禁止域名查询、配置安全加密的特权密码，并根据表 3-8-1 配置网络地址。

```
Switch>enable
Switch#configure terminal
Switch(config)#hostname CenterSw1
CenterSw1(config)#no ip domain-lookup
CenterSw1(config)#line Console 0
CenterSw1(config-line)#logging synchronous
CenterSw1(config-line)#exit
CenterSw1(config)#vlan 10
CenterSw1(config-vlan)#name xiaoshou
CenterSw1(config-vlan)#vlan 20
CenterSw1(config-vlan)#name caiwu
CenterSw1(config-vlan)#vlan 30
CenterSw1(config-vlan)#name jishu
CenterSw1(config-vlan)#vlan 40
CenterSw1(config-vlan)#name renshi
CenterSw1(config-vlan)#vlan 50
CenterSw1(config-vlan)#name xingzheng
CenterSw1(config-vlan)#vlan 99
CenterSw1(config-vlan)#name guanli
CenterSw1(config-vlan)#exit
CenterSw1(config)#interface gigabitEthernet 1/0/1
CenterSw1(config-if)#switchport trunk encapsulation dot1q
CenterSw1(config-if)#switchport mode trunk
CenterSw1(config-if)#exit
CenterSw1(config)#interface vlan 99
CenterSw1(config-if)#no shutdown
CenterSw1(config-if)#ip address 192.168.99.1 255.255.255.0
CenterSw1(config-if)#exit
CenterSw1(config)#ip default-gateway 192.168.99.254
CenterSw1(config)#interface gigabitEthernet 1/0/2
CenterSw1(config-if)#switchport host
CenterSw1(config-if)#switchport Access vlan 20
CenterSw1(config-if)#exit
CenterSw1(config)#interface gigabitEthernet 1/0/3
CenterSw1(config-if)#switchport host
```

```
CenterSw1(config-if)#switchport Access vlan 30
CenterSw1(config-if)#end
```

4. 在 RTR1 上配置静态路由，实现节点互通。

```
RTR1(config)#ip route 192.168.10.0 255.255.255.0 10.0.0.2
RTR1(config)#ip route 192.168.20.0 255.255.255.0 10.0.0.2
RTR1(config)#ip route 192.168.30.0 255.255.255.0 10.0.0.2
RTR1(config)#ip route 192.168.40.0 255.255.255.0 10.0.0.2
RTR1(config)#ip route 192.168.50.0 255.255.255.0 10.0.0.2
RTR1(config)#ip route 192.168.99.0 255.255.255.0 10.0.0.2
```

5. 在 RTR2 上配置静态路由，实现节点互通。

```
RTR2(config)#ip route 172.16.10.0 255.255.255.0 10.0.0.1
```

6. 配置成功后，在指定的路由器上通过相应的指令检查路由器生效结果。如图 3-8-2 和图 3-8-3 所示，查看 RTR2 和 RTR1 路由表。

```
RTR2#show ip route  static
     172.16.0.0/24 is subnetted, 1 subnets
S       172.16.10.0 [1/0] via 10.0.0.1
```

图 3-8-2　RTR2 路由表

```
RTR1#show ip route  static
S     192.168.10.0/24 [1/0] via 10.0.0.2
S     192.168.20.0/24 [1/0] via 10.0.0.2
S     192.168.30.0/24 [1/0] via 10.0.0.2
S     192.168.40.0/24 [1/0] via 10.0.0.2
S     192.168.50.0/24 [1/0] via 10.0.0.2
S     192.168.99.0/24 [1/0] via 10.0.0.2
```

图 3-8-3　RTR1 路由表

7. 在 PC1 上使用 Tracert 工具检查路由连通性。如图 3-8-4~图 3-8-6 所示。

```
C:\>tracert 192.168.20.101

Tracing route to 192.168.20.101 over a maximum of 30 hops:

  1   0 ms      0 ms      0 ms      172.16.10.254
  2   *         0 ms      0 ms      10.0.0.2
  3   *         0 ms      1 ms      192.168.20.101

Trace complete.
```

图 3-8-4　PC1 测试 VALN20 网络通信

```
C:\>tracert 192.168.30.101

Tracing route to 192.168.30.101 over a maximum of 30 hops:

  1   0 ms      0 ms      0 ms      172.16.10.254
  2   0 ms      0 ms      0 ms      10.0.0.2
  3   *         0 ms      1 ms      192.168.30.101
```

图 3-8-5　PC1 测试 VALN30 网络通信

图 3-8-6　PC1 测试交换管理网络通信

问题探究

1. 路由表的作用是什么?
2. 静态路由下一跳的实现方式有几种?
3. 若要使全网通信，配置的静态路由有什么特点?

知识拓展

静态路由命令可以指定路由出口：ip route 192. 168. 3. 0 255. 255. 255. 0 f0/1。端口 Gi0/1 为静态路由所在网络设备的数据流出端口。

项目拓展

完成下列静态路由的配置，实现全网节点互通。网络拓扑图如图 3-8-7 所示。

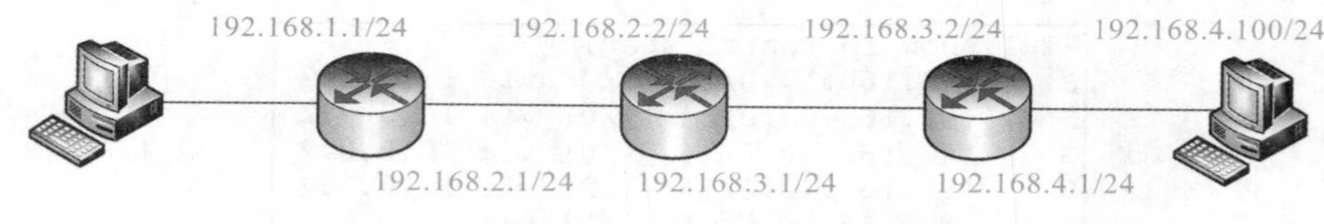

图 3-8-7　网络拓扑图

子任务九　公司网络 RIP 动态路由配置

学习目标

- 了解动态路由的概念
- 掌握 RIP 动态路由在三层交换机上的实现方法
- 理解动态路由与静态路由的区别

任务引言

配置路由是网络设备配置技术的核心技术，可分为静态路由配置和动态路由配置。对于小型简单、稳定的网络来说，静态路由有其优势，但对复杂、变化较大的网络来说，静态路由配置起来就很困难。动态路由能根据网络结构的变化自动进行路由信息更新，很好地解决复杂网络的路由问题。

知识引入

动态路由是指路由器能够自动地建立自己的路由表，并且能够根据实际情况的变化适时地进行调整。动态路由是与静态路由相对的一个概念，指路由器能够根据路由器之间交换的特定路由信息自动地建立自己的路由表，并且能够根据链路和节点的变化适时地进行自动调整。当网络中节点或节点间的链路发生故障，或存在其他可用路由时，动态路由可以自行选择最佳的可用路由并继续转发报文。

路由信息协议(Routing Information Protocol，RIP)是一种使用最广泛的内部网关协议。

工作任务——RIP 动态路由配置

【工作任务背景】

企业 A 发现静态路由有其弊端，不适合复杂网络。公司决定采用 RIP 动态路由配置公司网络。拓扑图如图 3-9-1 所示。

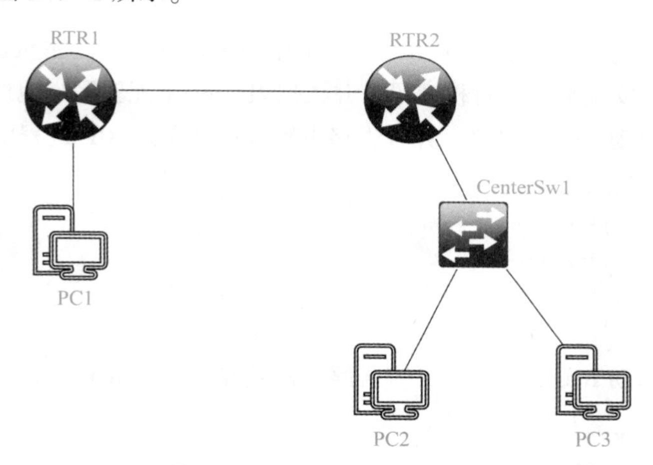

图 3-9-1 动态路由 RIP 配置

【工作任务分析】

配置动态 RIP 路由后，RTR1 和 RTR2 设备之间通过 RIP 协议共享自己的路由器情况。通过学习得知全网拓扑的路径信息，实验完成，公司局域网内部全网互通。更多的参数信息见表 3-9-1。

表 3-9-1 部门网络信息

部门	VLAN	所属设备	IP 地址
销售部	10	RTR2	192. 168. 10. 254/24
财务部	20	RTR2	192. 168. 20. 254/24
技术研发部	30	RTR2	192. 168. 30. 254/24

续表

部门	VLAN	所属设备	IP 地址
人事部	40	RTR2	192.168.40.254/24
行政部	50	RTR2	192.168.50.254/24
信息中心	—	RTR1	172.16.10.254/24
管理 IP	99	CenterSw1	192.168.99.1/24
PC1	—	RTR1	IP：172.16.10.100 网关：172.16.10.254
PC2	20	CenterSw1	IP：192.168.20.101 网关：192.168.20.254
PC3	30	CenterSw1	IP：192.168.30.101 网关：192.168.30.254

【任务实现】

1. 根据上一子任务的内容初始化拓扑，为拓扑环境设置对应的主机名、日志自动换行、禁止域名查询、配置安全加密的特权密码，并根据表 3-9-1 配置网络地址。

2. 在 RTR1 上启动 RIPv2 协议，并宣告路由器直连网段到 RIP 进程中。

```
RTR1(config)#router rip
RTR1(config-router)#version 2
RTR1(config-router)#network 10.0.0.0
RTR1(config-router)#network 172.16.0.0
RTR1(config-router)#end
```

3. 在 RTR2 上启动 RIPv2 协议，并宣告路由器直连网段到 RIP 进程中。

```
RTR2(config)#router rip
RTR2(config-router)#version 2
RTR2(config-router)#no auto-summary
RTR2(config-router)#network 192.168.10.0
RTR2(config-router)#network 192.168.20.0
RTR2(config-router)#network 192.168.30.0
RTR2(config-router)#network 192.168.40.0
RTR2(config-router)#network 192.168.50.0
RTR2(config-router)#network 192.168.99.0
RTR2(config-router)#network 10.0.0.0
RTR2(config-router)#end
```

4. 配置成功后，在指定的路由器上通过相应的指令检查路由器生效结果。如图3-9-2和图 3-9-3 所示，查看 RTR1 和 RTR2 路由表。

5. 在 RTR1 和 RTR2 上启用被动接口，限制路由更新消息在指定接口发送。

```
RTR1#show ip protocols
Routing Protocol is "rip"
Sending updates every 30 seconds, next due in 20 seconds
Invalid after 180 seconds, hold down 180, flushed after 240
Outgoing update filter list for all interfaces is not set
Incoming update filter list for all interfaces is not set
Redistributing: rip
Default version control: send version 2, receive 2
  Interface             Send  Recv  Triggered RIP  Key-chain
  GigabitEthernet0/0    2     2
  GigabitEthernet0/1    2     2
Automatic network summarization is not in effect
Maximum path: 4
Routing for Networks:
     10.0.0.0
     172.16.0.0
Passive Interface(s):
Routing Information Sources:
     Gateway         Distance      Last Update
     10.0.0.2             120      00:00:27
Distance: (default is 120)
```

图 3-9-2 **RTR1** 路由协议工作状态

```
RTR2#show ip route rip
     172.16.0.0/24 is subnetted, 1 subnets
R       172.16.10.0 [120/1] via 10.0.0.1, 00:00:08, GigabitEthernet0/0
```

图 3-9-3 **RTR2** 路由表

```
RTR1(config)#router rip
RTR1(config-router)#passive-interface default
RTR1(config-router)#no passive-interface gigabitEthernet 0/0
RTR2(config)#router rip
RTR2(config-router)#passive-interface default
RTR2(config-router)#no passive-interface gigabitEthernet 0/0
```

6. 在 RTR1 上使用指令查看当前路由消息发送情况。由图 3-9-4 可以看出，当前 RIP 路由消息仅工作在 Gi0/0 接口。

```
RTR1#show ip protocols
Routing Protocol is "rip"
Sending updates every 30 seconds, next due in 13 seconds
Invalid after 180 seconds, hold down 180, flushed after 240
Outgoing update filter list for all interfaces is not set
Incoming update filter list for all interfaces is not set
Redistributing: rip
Default version control: send version 2, receive 2
  Interface             Send  Recv  Triggered RIP  Key-chain
  GigabitEthernet0/0    2     2
Automatic network summarization is not in effect
```

图 3-9-4 **RTR1** 路由协议工作状态

7. 在客户端上使用“Tracert”验证网络连通性，如图 3-9-5～图 3-9-7 所示。

```
C:\>tracert 192.168.20.101

Tracing route to 192.168.20.101 over a maximum of 30 hops:

  1   0 ms      0 ms      0 ms      172.16.10.254
  2   *         0 ms      0 ms      10.0.0.2
  3   *         0 ms      1 ms      192.168.20.101

Trace complete.
```

图 3-9-5 **PC1** 测试 **VALN20** 网络通信

```
C:\>tracert 192.168.30.101

Tracing route to 192.168.30.101 over a maximum of 30 hops:

  1   0 ms      0 ms      0 ms      172.16.10.254
  2   0 ms      0 ms      0 ms      10.0.0.2
  3   *         0 ms      1 ms      192.168.30.101
```

图 3-9-6 PC1 测试 VALN30 网络通信

```
C:\>tracert 192.168.99.1

Tracing route to 192.168.99.1 over a maximum of 30 hops:

  1   0 ms      0 ms      0 ms      172.16.10.254
  2   0 ms      1 ms      0 ms      10.0.0.2
  3   *         *         0 ms      192.168.99.1
```

图 3-9-7 PC1 测试交换管理网络通信

问题探究

1. 静态路由与 RIP 路由的区别是什么?
2. RIP 版本 1 和版本 2 的区别是什么?
3. RIP 自动汇总的作用有哪些?

知识拓展

1. 修改 RIP 路由的 AD 值，distance 指令只会影响本地路由表。
2. 引入默认路由到 RIP 网络中，需要再创建一条静态的默认路由。

```
RTR1(config)#router rip
RTR1(config-router)#distance 100
RTR2(config-router)#default-information originate
```

项目拓展

根据所学 RIP 动态路由知识，完成在交换机 CenterSw1 和路由器 RTR2 之间启用 RIP。禁止启用有类路由汇总，要求使用手动路由汇总精简路由表。

子任务十　公司网络 OSPF 动态路由配置

学习目标

- 掌握三层交换机通过 OSPF 协议实现网段互通的配置方法
- 理解 RIP 协议和 OSPF 协议内部实现的不同点

任务引言

动态路由的实现主要有 RIP 和 OSPF 两种方法，RIP 是距离矢量协议，而 OSPF 是链路状态协议。OSPF 也称为接口状态路由协议，通过三层网络设备之间通告网络接口的状态来建立链路状态数据库，生成最短路径树，每个 OSPF 路由器使用这些最短路径构造路由表。

知识引入

OSPF(Open Shortest Path First，开放式最短路径优先)是一个内部网关协议(Interior Gateway Protocol，IGP)，用于在单一自治系统(Autonomous System，AS)内决策路由。其是对链路状态路由协议的一种实现，隶属内部网关协议(IGP)，故运作于自治系统内部。著名的迪克斯加(Dijkstra)算法被用来计算最短路径树。OSPF 分为 OSPFv2 和 OSPFv3 两个版本，其中 OSPFv2 用在 IPv4 网络，OSPFv3 用在 IPv6 网络。OSPFv2 是由 RFC 2328 定义的，OSPFv3 是由 RFC 5340 定义的。与 RIP 相比，OSPF 是链路状态协议，而 RIP 是距离矢量协议。

工作任务——公司网络 OSPF 动态路由配置

【工作任务背景】

企业 A 发现 RIP 路由协议虽然在复杂网络能有效管理路由，但其汇总效果不太好，经过咨询权威专家，决定用 OSPF 改造公司网络，以适应未来公司更快的发展。网络拓扑图如图 3-10-1 所示。

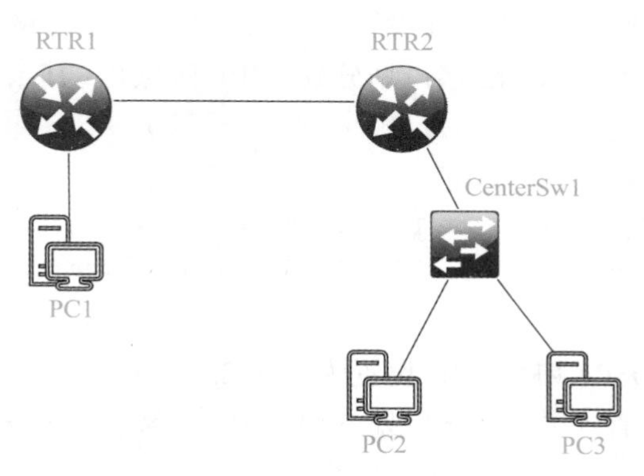

图 3-10-1　动态路由 OSPF 配置

【工作任务分析】

配置动态 OSPF 路由后，RTR1 和 RTR2 设备之间通过 OSPF 协议共享自己的路由器情况。通过学习得知全网拓扑的路径信息，实验完成，公司局域网内部全网互通。更多的参数信息见表 3-10-1。

表 3-10-1　部门网络信息

部门	VLAN	所属设备	IP 地址
销售部	10	RTR2	192. 168. 10. 254/24
财务部	20	RTR2	192. 168. 20. 254/24
技术研发部	30	RTR2	192. 168. 30. 254/24

续表

部门	VLAN	所属设备	IP 地址
人事部	40	RTR2	192. 168. 40. 254/24
行政部	50	RTR2	192. 168. 50. 254/24
信息中心	—	RTR1	172. 16. 10. 254/24
管理 IP	99	CenterSw1	192. 168. 99. 1/24
PC1	—	RTR1	IP：172. 16. 10. 100 网关：172. 16. 10. 254
PC2	20	CenterSw1	IP：192. 168. 20. 101 网关：192. 168. 20. 254
PC3	30	CenterSw1	IP：192. 168. 30. 101 网关：192. 168. 30. 254

【任务实现】

1. 根据上一子任务内容初始化拓扑，为拓扑环境设置对应的主机名、日志自动换行、禁止域名查询、配置安全加密的特权密码，并根据表 3-10-1 配置网络地址。

2. 在 RTR1 上启动 OSPF 协议，ID 设置为 1. 1. 1. 1，并宣告路由器直连网段到 OSPF 进程中，其中路由器 RTR1 直连 RTR2 接口划分到 OSPF 区域 0，其余接口划分到 OSPF 区域 1。

```
RTR1(config)#router ospf 1
RTR1(config-router)#router-id 1.1.1.1
RTR1(config-router)#network 10.0.0.1 255.255.255.252 area 0
RTR1(config-router)#network 172.16.10.254 255.255.255.0 area 1
RTR1(config-router)#end
```

3. 在 RTR2 上启动 OSPF 协议，ID 设置为 2. 2. 2. 2，并宣告路由器直连网段到 OSPF 进程中，其中路由器 RTR2 直连 RTR1 接口划分到 OSPF 区域 0，其余接口划分到 OSPF 区域 2。

```
RTR2(config)#router ospf 1
RTR2(config-router)#router-id 2.2.2.2
RTR2(config-router)#network 192.168.10.254 255.255.255.0 area 2
RTR2(config-router)#network 192.168.20.254 255.255.255.0 area 2
RTR2(config-router)#network 192.168.30.254 255.255.255.0 area 2
RTR2(config-router)#network 192.168.40.254 255.255.255.0 area 2
RTR2(config-router)#network 192.168.50.254 255.255.255.0 area 2
RTR2(config-router)#network 192.168.99.254 255.255.255.0 area 2
RTR2(config-router)#network 10.0.0.2 255.255.255.252 area 0
RTR2(config-router)#end
```

4. 在 RTR1 和 RTR2 上使用指令检查 OSPF 邻居建立情况，如图 3-10-2 和图 3-10-3 所示。

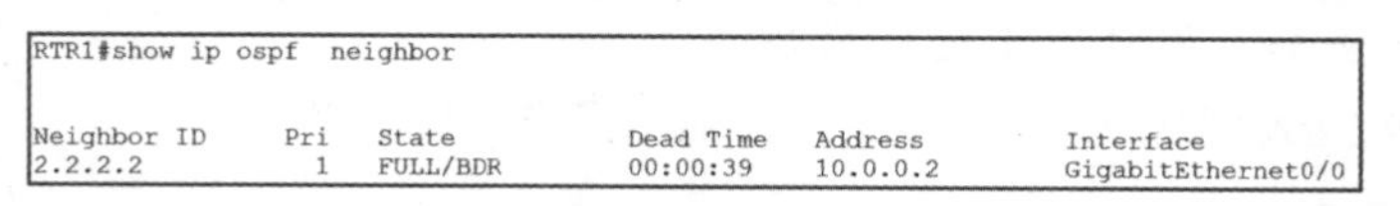

```
RTR1#show ip ospf  neighbor

Neighbor ID     Pri   State           Dead Time   Address         Interface
2.2.2.2           1   FULL/BDR        00:00:39    10.0.0.2        GigabitEthernet0/0
```

图 3-10-2　路由器 RTR1 上 OSPF 邻居

```
RTR2#show ip ospf neighbor

Neighbor ID     Pri   State           Dead Time   Address         Interface
1.1.1.1           1   FULL/DR         00:00:36    10.0.0.1        GigabitEthernet0/0
```

图 3-10-3　路由器 RTR2 上 OSPF 邻居

5. 在 RTR1 和 RTR2 上启用路由特性功能“被动接口”，从而限制路由更新的范围。仅允许有邻居建立的接口发送 OSPF Hello 消息，其余接口禁止发送 OSPF Hello 消息。

```
RTR1(config)#router ospf 1
RTR1(config-router)#passive-interface default
RTR1(config-router)#no passive-interface gigabitEthernet 0/0
RTR2(config)#router ospf 1
RTR2(config-router)#passive-interface default
RTR2(config-router)#no passive-interface gigabitEthernet 0/0
```

6. 在 RTR1 上查看 OSPF 协议运行状态，如图 3-10-4 所示。

```
RTR1#show ip protocols

Routing Protocol is "ospf 1"
  Outgoing update filter list for all interfaces is not set
  Incoming update filter list for all interfaces is not set
  Router ID 1.1.1.1
  Number of areas in this router is 2. 2 normal 0 stub 0 nssa
  Maximum path: 4
  Routing for Networks:
    10.0.0.0 0.0.0.3 area 0
    172.16.10.0 0.0.0.255 area 1
  Passive Interface(s):
    Vlan1
    GigabitEthernet0/1
    GigabitEthernet0/2
  Routing Information Sources:
    Gateway          Distance      Last Update
    1.1.1.1               110      00:06:55
    2.2.2.2               110      00:00:18
  Distance: (default is 110)
```

图 3-10-4　RTR1 路由协议运行状态

问题探究

1. OSPF 与 RIP 路由的区别是什么？
2. OSPF 区域设置的应用有哪些？
3. DR 和 BDR 的作用是什么？

知识拓展

在多路访问网络上，为了减少邻居关系和 LSA 的泛洪，采取 DR 主导路由消息。DR 为主路由，BDR 提供备份。多路访问网络上的所有路由器均与 DR、BDR 建立邻居关系。要成为 DR 路由器，需要通过以下方法进行选举：

①接口优先级越大越优先(优先级为 0，则不参与 DR 选举)。

②Router ID 越大越好。

③非抢占，DR 选举是基于接口。

OSPF 把自治系统划分成逻辑意义上的一个或多个区域，所有其他区域必须与区域 0 相连。位于不同区域的路由器可划分为多种身份。如图 3-10-5 所示，路由器在拓扑中不同的位置代表着不同的 OSPF 角色身份。

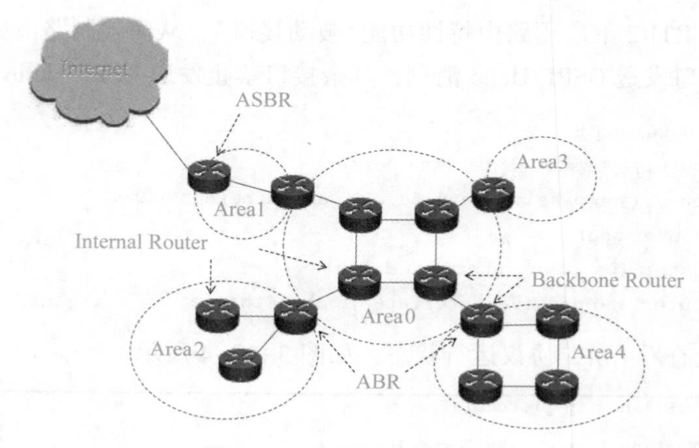

图 3-10-5　区域化的 OSPF

①区域内路由器(Internal Router)：该类设备的所有接口都属于同一个 OSPF 区域。

②区域边界路由器 ABR(Area Border Router)：该类路由器可以同时属于两个以上的区域，但其中一个接口必须在骨干区域。ABR 用来连接骨干区域和非骨干区域，它与骨干区域之间既可以是物理连接，也可以是逻辑上的连接。

③骨干路由器(Backbone Router)：该类路由器至少有一个接口属于骨干区域。所有的 ABR 和位于 Area0 的内部路由器都是骨干路由器。

④自治系统边界路由器 ASBR(AS Boundary Router)：与其他 AS 交换路由信息的路由器称为 ASBR。ASBR 并不一定位于 AS 的边界，它可能是区域内路由器，也可能是 ABR。只要一台 OSPF 路由器引入了外部路由的信息，它就成为 ASBR。

OSPF 安全：

OSPF 支持两种安全级别的认证，分别是简单的密码验证(纯文本)和 MD5 认证。身份验证又分为两种类型，分别是接口身份验证和 Area 身份验证。

```
Router(config-if)#ip ospf authentication-key cisco
Router(config-if)#ip ospf authentication
Router(config-if)#ip ospf authentication-key cisco
Router(config-router)#area 1 authentication
```

项目拓展

利用所学 OSPF 动态路由协议完成图 3-10-6 所示的实验配置，使其能全网通。

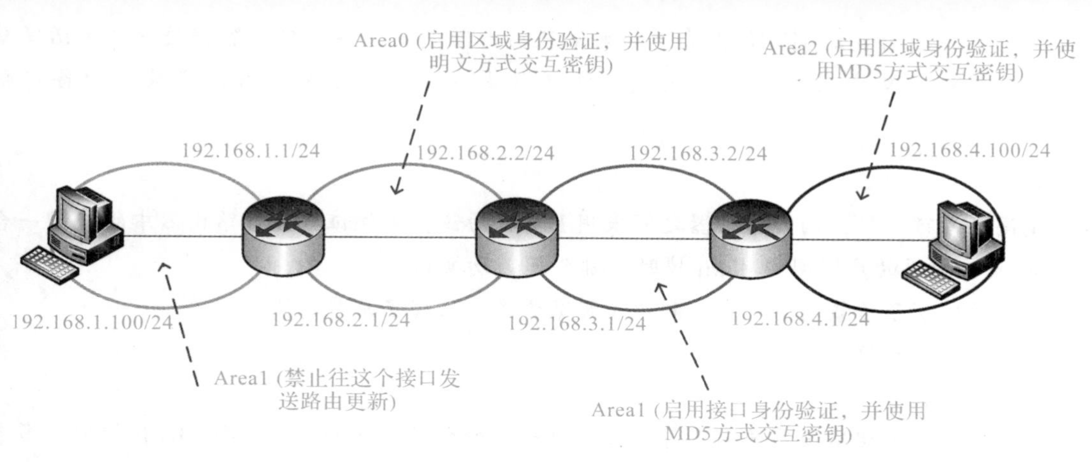

图 3-10-6　实验配置

子任务十一　首跳网络冗余协议(HSRP/VRRP/GLBP)

学习目标

- 了解 HSRP 的工作原理
- 了解 VRRP 的工作原理
- 了解 GLBP 的工作原理
- 掌握如何部署 HSRP、VRRP、GLBP

任务引言

首跳冗余性协议(First Hop Redundancy Protocol)主要用来解决网关问题，提高冗余性和负载均衡。它提供了默认网关的冗余性，其方法是让一台路由器充当活跃的网关路由器，而另一台或多台其他路由器则处于备用模式。在可以使用首跳冗余协议之前，网络的冗余性依赖于代理 ARP 和静态网关配置。

知识引入

HSRP：

实现 HSRP(Hot Standby Router Protocol，热备份路由器协议)的条件是系统中有多台路由器，它们组成一个“热备份组”，这个组形成一个虚拟路由器。在任一时刻，一个组内只有一个路由器是活动的，并由它来转发数据包，如果活动路由器发生了故障，将选择一个备份路由器来替代活动路由器，但是在本网络内的主机看来，虚拟路由器没有改变。所以主机仍然保持连接，没有受到故障的影响，这样就较好地解决了路由器切换的问题。

为了减少网络的数据流量，在设置完活跃路由器和备份路由器之后，只有活跃路由器和备份路由器定时发送 HSRP 报文。如果活跃路由器失效，备份路由器将接管成为活跃路由器。如果备份路由器失效或者变成了活跃路由器，将由另外的路由器被选为备份路由器。

特点：

①高度的可靠性，两台路由器之间采用 HSRP 协议，来保证为两台路由器中的任意一台 down 掉或路由器的广域网口 down 掉时，都会迅速切换到另外一台。

②有效实现了负载均衡，充分利用了带宽资源，实现了负载均衡。

③不存在单点故障问题。

VRRP 简介：

利用 VRRP 一组路由器协同工作，但只有一个处于激活状态。在一个 VRRP 组内，多个路由器共用一个虚拟的 IP 地址，该地址被作为局域网内所有主机的默认网关地址。VRRP 协议决定哪个路由器被激活，该被激活的路由器负责接收发过来的数据包并进行路由。

VRRP 路由器类型：

Master 路由器：在 VRRP 组实际转发数据包的路由器。在每一个 VRRP 组中，仅有 MASTER 响应对虚拟 IP 地址的 ARP 请求。

Backup 路由器：在 VRRP 组中处于监听状态的路由器。一旦 Master 路由器出现故障，BACKUP 路由器就开始接替工作。

VRRP 的三个状态：

初始状态(Initialize)：路由器刚刚启动时进入此状态，通过 VRRP 报文交换数据后进入其他状态。

活动状态(Master)：VRRP 组中的路由器通过 VRRP 报文交换后确定的当前转发数据包的一种状态。

备份状态(Backup)：VRRP 组中的路由器通过 VRRP 报文交换后确定的处于监听的一种状态。

VRRP 报文：VRRP 路由器之间使用组播进行消息传输。VRRP 报文使用的 IP 组播地址是 224. 0. 0. 18。

通告间隔：由主路由器按照 Advertisement_Interval 定义的时间间隔来发送 VRRP 通告报文，默认为 1 s。其在备份路由器上可以通过手动配置，但必须与主路由器相同，也可以从主路由器学习到这个时间间隔。

Holdtime：Backup 路由器认为 Master 路由器 down 机的时间间隔。默认情况下等于 VRRP 通告报文发送时间间隔的 3 倍。

LBP(网关负载平衡协议)：是 Cisco 私有协议，它弥补了现有的冗余路由器协议的局限性。设计 GLBP 的目的是自动选择和同时使用多个可用的网关。和 HSRP、VRRP 不同的是，GLBP 可充分利用资源，同时无须配置多个组和管理多个默认网关配置。

GLBP 组中最多可以有 4 台路由器作为 IP 默认网关。这些网关被称为 AVF(Active Virtual Forwarder，活跃虚拟转发器)。GLBP 自动管理虚拟 MAC 地址的分配、决定谁负责处理转发工作(这是区别于 HSRP 和 VRRP 的关键，在 GLBP 中有一个虚拟 IP，但对应多个虚拟 MAC)。

GLBP 的负载均衡可以通过三种方式来实现：

加权负载均衡算法：前往 AVF 的流量取决于包含该 AVF 网关通告的权重值。

主机相关负载均衡：确保主机始终使用同一个虚拟 MAC 地址。

循环负载均衡算法：在解析虚拟 IP 地址的应答中，将包含各个虚拟转发器的 MAC 地址，以此让主机将数据发送到不同的路由器上，从而实现了网关负载均衡。

默认情况下，GLBP 以循环方式根据源主机来均衡负载。

工作任务——基于 HSRP 部署网关冗余

【工作任务背景】

企业 A 发现只有单个网关路由器很容易出现单点故障问题，经过咨询权威专家，决定用 HSRP 改造公司网络，以适应未来公司更快的发展。网络拓扑图如图 3-11-1 所示。

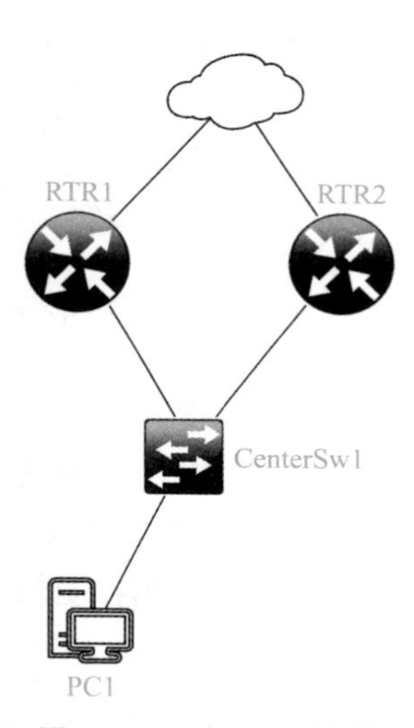

图 3-11-1　HSRP 配置

【工作任务分析】

配置 HSRP 冗余网关协议后，RTR1 和 RTR2 同时管理一个虚拟网关地址 192.168.10.254，客户端能够通过该网关地址实现局域网互通。

【任务实现】

1. 根据课程所学知识，初始化拓扑网络设备，为拓扑环境设置对应的主机名、日志自动换行、禁止域名查询、配置安全加密的特权密码，并根据表 3-11-1 配置网络地址。

表 3-11-1　设备属性

设备	接口	HSRP 优先级	接口 IP 地址
RTR1	Gi0/0	200	192.168.10.251
RTR2	Gi0/0	150	192.168.10.252

2. 在 RTR1 上启动 HSRP 协议，组号设置为“1”，虚拟网关地址设置为“192.168.10.254”，设置为主设备。根据表 3-11-1，把优先级设置为 200。

```
RTR1(config)#interface gigabitEthernet 0/0
RTR1(config-if)#standby 1 ip 192.168.10.254
RTR1(config-if)#standby 1 priority 200
RTR1(config-if)#standby 1 preempt
RTR1(config-if)#end
```

3. 在 RTR2 上启动 HSRP 协议，组号设置为“1”，虚拟网关地址设置为

“192. 168. 10. 254”，设置为备用设备。根据表 3-11-1，把优先级设置为 150。

```
RTR2(config)#interface gigabitEthernet 0/0
RTR2(config-if)#standby 1 ip 192.168.10.254
RTR2(config-if)#standby 1 priority 150
RTR2(config-if)#standby 1 preempt
RTR2(config-if)#end
```

4. 在 RTR1 上启动检查 HSRP 状态。

```
RTR1#show standby bri
Interface Grp Prio P State    Active      Standby     Virtual IP
Gi0/1  1  200 P Active  local  192.168.10.252  192.168.10.254
```

5. 在 RTR2 上启动检查 HSRP 状态。

```
RTR2#show standby bri
Interface  Grp Prio P State    Active     Standby    irtual IP
Gi0/1  1  200  PStandby 192.168.10.251  local  192.168.10.254
```

工作任务——基于 VRRP 部署网关冗余

【工作任务背景】

在搭建 HSRP 网络之前，专家建议使用 HSRP 和 VRRP 两种冗余协议。本实验将使用 VRRP 搭建冗余网络，测试 HSRP 和 VRRP 的区别。拓扑图如图 3-11-2 所示。

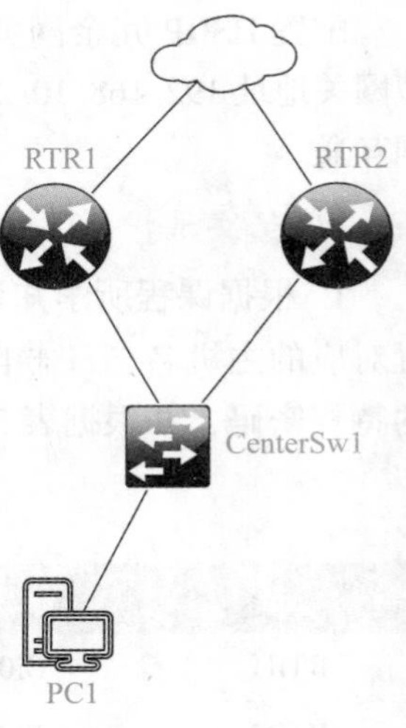

图 3-11-2　VRRP 配置

【工作任务分析】

配置 VRRP 冗余网关协议后，RTR1 和 RTR2 同时管理一个虚拟网关地址 192. 168. 10. 254，客户端能够通过该网关地址实现局域网互通。

【任务实现】

1. 根据课程所学知识，初始化拓扑网络设备，为拓扑环境设置对应的主机名、日志自动换行、禁止域名查询、配置安全加密的特权密码，并根据表 3-11-2 配置网络地址。

表 3-11-2　设备属性

设备	接口	VRRP 优先级	接口 IP 地址
RTR1	Gi0/0	200	192. 168. 10. 251
RTR2	Gi0/0	150	192. 168. 10. 252

2. 在 RTR1 上启动 VRRP 协议，组号设置为“1”，虚拟网关地址设置为“192. 168. 10. 254”，设置为主设备。根据表 3-11-2，把优先级设置为 200，并启用安全的身份验证。

```
RTR1(config)# interface gigabitEthernet 0/0
RTR1(config-if)# vrrp 1 ip 192.168.10.254
RTR1(config-if)# vrrp 1 priority 200
RTR1(config-if)# vrrp 1 preempt
RTR1(config-if)# vrrp 1 authentication text P@ ssw0rd
RTR1(config-if)# end
```

3. 在 RTR2 上启动 VRRP 协议，组号设置为“1”，虚拟网关地址设置为“192. 168. 10. 254”，设置为备用设备。根据表 3-11-2，把优先级设置为 150，并启用安全的身份验证。

```
RTR2(config)# interface gigabitEthernet 0/0
RTR2(config-if)# vrrp 1 ip 192.168.10.254
RTR2(config-if)# vrrp 1 priority 150
RTR2(config-if)# vrrp 1 preempt
RTR2(config-if)# vrrp 1 authentication text P@ ssw0rd
RTR2(config-if)# end
```

4. 在 RTR1 上启动检查 VRRP 状态。

```
RTR1#show vrrp brief
Interface  Grp Pri  Time  Own Pre State  Master addr  Group addr
Gi0/0       1 200  3218  Y  Master      local       192.168.10.254
```

5. 在 RTR2 上启动检查 VRRP 状态。

```
RTR2#show vrrp brief
Interface  Grp Pri  Time  Own Pre State  Master addr  Group addr
Gi0/0     1 150  3218  Y  Backup    192.168.10.251  192.168.10.254
```

工作任务——基于 GLBP 部署网关冗余

【工作任务背景】

企业 A 发现只有单个网关路由器很容易出现单点故障问题，虽然可以使用 HSRP 和 VRRP 协议来解决网关单点故障问题，但是网络资源的利用率不是很高，于是决定用 GLBP 改造公司网络，GLBP 不仅提供冗余网关，还在各网关之间提供负载均衡，从而更加适应未来公司更快的发展。拓扑图如图 3-11-3 所示。

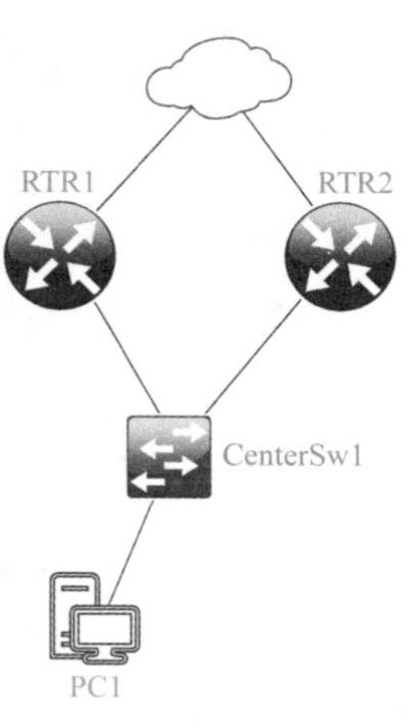

图 3-11-3　GLBP 配置

【工作任务分析】

配置 GLBP 冗余网关协议后，RTR1 和 RTR2 同时管理一个虚拟网关地址 192. 168. 10. 254，客户端能够通过该网关地址实现局域网互通。

【任务实现】

1. 根据课程所学知识，初始化拓扑网络设备，为拓扑环境设置对应的主机名、日志自动换行、禁止域名查询、配置安全加密的特权密码，并根据表 3-11-3 配置网络地址。

表 3-11-3　设备属性

设备	接口	GLBP 优先级	接口 IP 地址
RTR1	Gi0/0	200	192.168.10.251
RTR2	Gi0/0	150	192.168.10.252

2. 在 RTR1 上启动 GLBP 协议，组号设置为“1”，虚拟网关地址设置为“192.168.10.254”，设置为主设备。根据表 3-11-3，把优先级设置为 200，并启用安全的身份验证。

```
RTR1(config)#interface gigabitEthernet 0/0
RTR1(config-if)#glbp 1 ip 192.168.10.254
RTR1(config-if)#glbp 1 priority 200
RTR1(config-if)#glbp 1 preempt
RTR1(config-if)#glbp 1 authentication text P@ssw0rd
RTR1(config-if)#end
```

3. 在 RTR2 上启动 GLBP 协议，组号设置为“1”，虚拟网关地址设置为“192.168.10.254”，设置为主设备。根据表 3-11-3，把优先级设置为 150，并启用安全的身份验证。

```
RTR2(config)#interface gigabitEthernet 0/0
RTR2(config-if)#glbp 1 ip 192.168.10.254
RTR2(config-if)#glbp 1 priority 150
RTR2(config-if)#glbp 1 preempt
RTR2(config-if)#glbp 1 authentication text P@ssw0rd
RTR2(config-if)#end
```

4. 在 RTR1 上启动检查 GLBP 状态。

```
RTR1#show glbp brief
Interface  Grp Fwd Pri State Address Active router Standby router
Gi0/0  1  - 200 Active  192.168.10.254  local   192.168.10.252
Gi0/0  1  1  -  Active  0007.b400.0101  local          -
Gi0/0  1  2  -  Listen  0007.b400.0102  192.168.10.252  -
```

5. 在 RTR2 上启动检查 GLBP 状态。

```
RTR2#show glbp brief
Interface Grp Fwd Pri State Address Active router Standby router
Gi0/0  1  -  150 Standby  192.168.10.254  192.168.10.251  local
Gi0/0 1   1  -  Listen  0007.b400.0101  192.168.10.251  -
Gi0/0  1   2  -  Active  0007.b400.0102  local
```

问题探究

1. HSRP 与 VRRP 的区别有哪些?
2. HSRP 与 GLBP 的优缺点有哪些?

知识拓展

负载分担：通过配置 GLBP，使多台路由器共同承载 LAN 客户端的流量，从而在多台可用路由器之间实现更为公平的负载分担。

多虚拟路由器：GLBP 在一台路由器的每个物理接口上支持多达 1 024 个虚拟路由器（GLBP 组），每个组最多支持 4 个虚拟转发者。

抢占：GLBP 的冗余机制允许当具有更高优先级的备用虚拟网关变得可用后，通过抢占机制成为 AVG。转发者的抢占行为与此相似，只是转发者抢占使用的是加权而不是优先级，并且默认启用。

有效资源利用：GLBP 使组中的每台路由器都可以充当备用角色，而不是需要部署一台专用的备用路由器，因为所有可用的路由器都可以承载网络流量。

HSRP 与 GLBP 的对比见表 3-11-4。

表 3-11-4　HSRP 与 GLBP 对比

HSRP	GLBP
Cisco 私有协议，1994 年	Cisco 私有协议，2005 年
最多支持 16 个组	最多支持 1 024 个组
1 个活跃路由器，1 个备用路由器，若干个候选路由器	1 个活跃路由器，若干个活跃虚拟转发器，活跃路由器负责负载均衡活跃虚拟转发器和活跃路由器之间的流量
虚拟 IP 地址，与活跃路由器及备用路由器的真实 IP 地址不同	虚拟 IP 地址，与活跃路由器和活跃虚拟转发器的真实 IP 地址不同
每个组有 1 个虚拟 MAC 地址	每个组中的每个活跃虚拟转发器/活跃路由器有 1 个虚拟 MAC 地址
使用 224.0.0.2 发送 hello 数据包	使用 224.0.0.102 发送 hello 数据包（UDP）
可以追踪接口或对象	只可以追踪对象
默认计时器：hello 时间 3 s，保持时间 10 s	默认计时器：hello 时间 3 s，保持时间 10 s
支持认证	支持认证

项目拓展

在 R1 上配置接口追踪，虚拟 MAC 地址 0000.0000.0001 转发数据包的工作由该 MAC 地址的下一个虚拟转发者 R2 接管。客户端既感受不到服务中断，也无须为默认网关解析新的 MAC 地址，如图 3-11-4 所示。

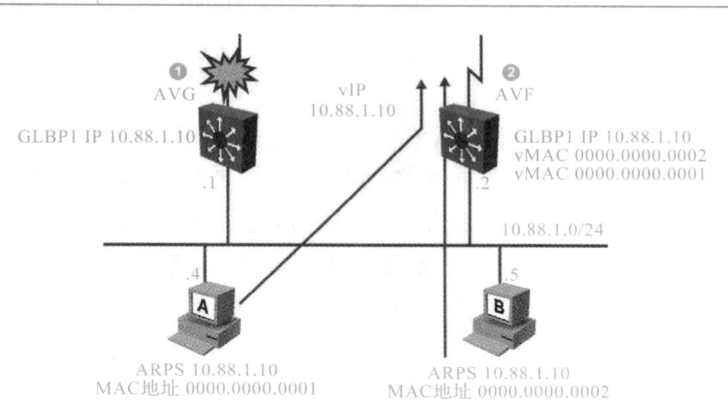

图 3-11-4　GLBP 项目拓展拓扑图

任务四
搭建公共网络环境

广域网(Wide Area Network，WAN)也叫公共网络，通常跨越较大的物理范围，覆盖的范围从几十千米到几千千米，能连接多个城市或国家。广域网的通信子网可以利用公用分组交换网、卫星通信网和无线分组交换机将分布在不同地区的局域网或计算机系统互联起来，达到资源共享共享的目的。本任务将围绕路由器来模拟广域网。

子任务一　公共网络链路 PPP 的封装配置

学习目标

- 理解 DCE、DTE 的概念
- 掌握广域网 PPP 的封装配置

任务引言

PPP 协议为点到点协议，提供了成帧、链路控制和网络控制等功能。PPP 协议是目前广域网上应用最广泛的协议之一，它的优点在于简单、具备用户验证能力、可以解决 IP 分配等。

知识引入

PPP 是为在同等单元之间传输数据包这样的简单链路设计的链路层协议。这种链路提供全双工操作，并按照顺序传递数据包。其设计的目的主要是通过拨号或专线方式建立点对点连接来发送数据，使其成为各种主机、网桥和路由器之间简单连接的一种共通的解决方案。

工作任务——公共网络链路 PPP 的封装配置

【工作任务背景】

企业 A 总公司与分公司之间由两条链路构成公共网络，分别是电信链路和移动链路。电信链路由路由器 Isprtr2 和 Isprtr3 模拟构成。要实现电信链路的正常通信，需要封装通信协议，而 PPP 协议是最简单的路由通信协议。拓扑图如图 4-1-1 所示。

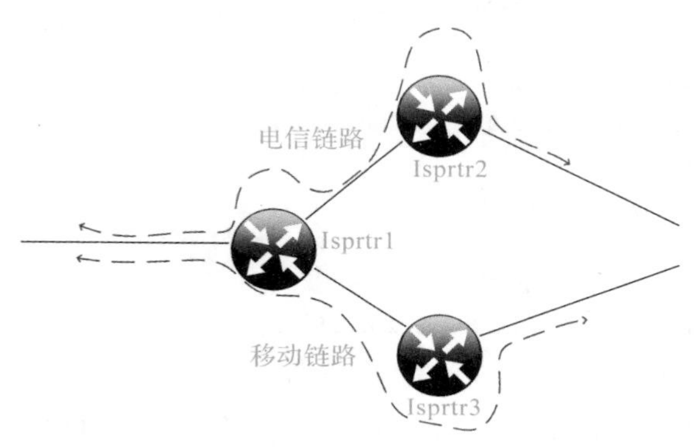

图 4-1-1　PPP 封装

【工作任务分析】

若 PPP 配置成功，则在 Isprtr1 和 Isprtr2 及 Isprtr1 和 Isprtr3 之间建立一条 PPP 链路，两端之间能够正常通信。详细的参数要求见表 4-1-1。

表 4-1-1　公共网络信息

设备	接口	IP	备注
Isprtr1	Gi0/0	100. 0. 0. 254/24	连接总公司
	Se0/0/0	100. 0. 1. 1/30	DCE
	Se0/0/1	100. 0. 1. 5/30	DCE
Isprtr2	Gi0/0	100. 0. 2. 254/24	分公司电信链路
	Se0/0/0	100. 0. 1. 2/30	DTE
Isprtr3	Gi0/0	100. 0. 3. 254/24	分公司移动链路
	Se0/0/0	100. 0. 1. 6/30	DTE

【任务实现】

1. 首先对路由器进行初始化设置。配置 Isprtr1 路由器的主机名、日志自动换行、禁止域名查询、配置安全加密的特权密码，并根据表 4-1-1 配置网络地址。

```
Router>enable
Router#configure terminal
Router(config)#hostname Isprtr1
Isprtr1(config)#no ip domain-lookup
```

```
Isprtr1(config)#line Console 0
Isprtr1(config-line)#logging synchronous
Isprtr1(config-line)#exit
Isprtr1(config)#interface gigabitEthernet 0/0
Isprtr1(config-if)#ip address 100.0.0.254 255.255.255.0
Isprtr1(config-if)#no shutdown
Isprtr1(config-if)#exit
Isprtr1(config)#interface serial 0/0/0
Isprtr1(config-if)#no shutdown
Isprtr1(config-if)#clock rate 2000000
Isprtr1(config-if)#ip address 100.0.1.1 255.255.255.252
Isprtr1(config-if)#exit
Isprtr1(config)#interface serial 0/0/1
Isprtr1(config-if)#no shutdown
Isprtr1(config-if)#clock rate 2000000
Isprtr1(config-if)#ip add 100.0.1.5 255.255.255.252
Isprtr1(config-if)#exit
```

2. 配置 Isprtr2 路由器的主机名、日志自动换行、禁止域名查询、配置安全加密的特权密码，并根据表 4-1-1 配置网络地址。

```
Router>enable
Router#configure terminal
Router(config)#no ip domain-lookup
Router(config)#line Console 0
Router(config-line)#logging synchronous
Router(config-line)#exit
Router(config)#hostname Isprtr2
Isprtr2(config)#interface serial 0/0/0
Isprtr2(config-if)#no shutdown
Isprtr2(config-if)#ip address 100.0.1.2 255.255.255.252
Isprtr2(config-if)#exit
Isprtr2(config)#interface gigabitEthernet 0/0
Isprtr2(config-if)#no shutdown
Isprtr2(config-if)#ip address 100.0.2.254 255.255.255.0
Isprtr2(config-if)#exit
```

3. 配置 Isprtr3 路由器的主机名、日志自动换行、禁止域名查询、配置安全加密的特权密码，并根据表 4-1-1 配置网络地址。

```
Router>enable
Router#configure terminal
Router(config)#no ip domain-lookup
Router(config)#line Console 0
Router(config-line)#logging synchronous
Router(config-line)#exit
```

```
Router(config)#hostname Isprtr3
Isprtr3(config)#interface serial 0/0/0
Isprtr3(config-if)#no shutdown
Isprtr3(config-if)#ip address 100.0.1.6 255.255.255.252
Isprtr3(config-if)#exit
Isprtr3(config)#interface gigabitEthernet 0/0
Isprtr3(config-if)#ip address 100.0.3.254 255.255.255.0
Isprtr3(config-if)#no shutdown
Isprtr3(config-if)#exit
```

4. 在 Isprtr1 路由器上将 Se0/0/0 和 Se0/0/1 广域网接口封装模式改为 PPP。

```
Isprtr1(config)#interface serial 0/0/0
Isprtr1(config-if)#encapsulation ppp
Isprtr1(config-if)#exit
Isprtr1(config)#interface serial 0/0/1
Isprtr1(config-if)#encapsulation ppp
```

5. 在 Isprtr2 路由器上将 Se0/0/0 广域网接口封装模式改为 PPP。

```
Isprtr2(config)#interface serial 0/0/0
Isprtr2(config-if)#encapsulation ppp
Isprtr2(config-if)#exit
```

6. 在 Isprtr3 路由器上将 Se0/0/0 广域网接口封装模式改为 PPP。

```
Isprtr3(config)#interface serial 0/0/0
Isprtr3(config-if)#encapsulation ppp
Isprtr3(config-if)#exit
```

7. 在所有路由器上启用 CHAP 身份验证，确保链路的安全性。用户名均为路由器名称，密码统一使用“P@ ssw0rd123”。

```
Isprtr1(config)#interface serial 0/0/0
Isprtr1(config-if)#ppp authentication chap
Isprtr1(config-if)#exit
Isprtr1(config)#interface serial 0/0/1
Isprtr1(config-if)#ppp authentication chap
Isprtr1(config-if)#exit
Isprtr1(config)#username Isprtr2 password P@ssw0rd123
Isprtr1(config)#username Isprtr3 password P@ssw0rd123
Isprtr2(config)#interface serial 0/0/0
Isprtr2(config-if)#ppp authentication chap
Isprtr2(config-if)#exit
Isprtr2(config)#username Isprtr1 password P@ssw0rd123
Isprtr3(config)#interface serial 0/0/0
Isprtr3(config-if)#ppp authentication chap
Isprtr3(config-if)#exit
Isprtr3(config)#username Isprtr1 password P@ssw0rd123
```

8. 配置成功后，在路由器上使用指令检查路由器广域网接口状态，如图 4-1-2 所示。

```
Isprtr3#show interfaces serial 0/0/0
Serial0/0/0 is up, line protocol is up (connected)
  Hardware is HD64570
  Internet address is 100.0.1.6/30
  MTU 1500 bytes, BW 1544 Kbit, DLY 20000 usec,
     reliability 255/255, txload 1/255, rxload 1/255
  Encapsulation PPP, loopback not set, keepalive not set
  LCP Open
  Open: IPCP, CDPCP
```

图 4-1-2 PPP 封装

9. 使用“ping”验证接口网络连通性，如图 4-1-3 所示。

```
Isprtr1#ping 100.0.1.2

Type escape sequence to abort.
Sending 5, 100-byte ICMP Echos to 100.0.1.2, timeout is 2 seconds:
!!!!!
Success rate is 100 percent (5/5), round-trip min/avg/max = 2/3/5 ms

Isprtr1#ping 100.0.1.6

Type escape sequence to abort.
Sending 5, 100-byte ICMP Echos to 100.0.1.6, timeout is 2 seconds:
!!!!!
Success rate is 100 percent (5/5), round-trip min/avg/max = 1/3/8 ms
```

图 4-1-3 连通性测试

问题探究

1. 若路由器 Isprtr1 和 Isprtr2 均不配置 PPP 协议，则连通性如何？
2. 采用默认封装，是否可以启用身份验证？

知识拓展

1. 广域网接口封装

```
encapsulation encapsulation-type
```

作用：设置接口的封装协议。

encapsulation-type：封装类型，如 frame-relay(帧中继)PPP x25 dhlc 等。

2. 密码认证协议

密码认证协议(Password Authentication Protocol，PAP)，是 PPP 协议集中的一种链路控制协议，主要是通过使用 2 次握手提供一种对等节点的建立认证的简单方法，这是建立在初始链路确定的基础上的。完成链路建立阶段之后，对等节点持续重复发送 ID/密码给验证者，直至认证得到响应或连接终止。

对等节点控制尝试的时间和频度，所以即使是更高效的认证方法(如 CHAP)，要使其实现，必须在 PAP 之前提供有效的协商机制。

该认证方法适用于可以使用明文密码模仿登录远程主机的环境。在这种情况下，该方法提供了与常规用户登录远程主机相似的安全性。

3. 握手认证协议

PPP 询问握手认证协议(Challenge Handshake Authentication Protocol，CHAP)，通过递增

改变的标识符和可变的询问值，可防止来自端点的重放攻击，限制暴露于单个攻击的时间。

询问握手认证协议通过三次握手周期性地校验对端的身份，在初始链路建立时完成，可以在链路建立之后的任何时候重复进行。

①链路建立阶段结束之后，认证者向对端点发送“challenge”消息。

②对端点用经过单向哈希函数计算出来的值做应答。

③认证者根据它自己计算的哈希值来检查应答，如果值匹配，认证得到承认；否则，连接应该终止。

④经过一定的随机间隔，认证者发送一个新的 challenge 给端点，重复步骤①~③。

项目拓展

根据所学知识，完成企业链路的 PPP 封装，并设置 CHAP，进行双向认证、单向认证。

子任务二　公共网络静态路由配置

学习目标

- 加深对路由表的认识
- 掌握路由器静态路由配置方法

任务引言

静态路由是生成路由表最简单的方法，在简单的网络中配置静态路由有其优势。通过路由引入获得通信链路。

知识引入

静态路由是指由用户或网络管理员手动配置的路由信息。当网络的拓扑结构或链路的状态发生变化时，网络管理员需要手动修改路由表中相关的静态路由信息。静态路由信息在默认情况下是私有的，不会传递给其他的路由器。当然，网络管理员也可以通过对路由器进行设置使之成为共享。静态路由一般适用于比较简单的网络环境，在这样的环境中，网络管理员易于清楚地了解网络的拓扑结构，便于设置正确的路由信息。

度量值是一个值(如路径长度)，路由选择算法使用它来度量到达目的地址的路径。度量值又被称作“跳数”“跃点数”。通常，最少跃点数路由是首选路由。如果多个路由存在于给定的目标网络，则使用最少跃点数的路由。某些路由选择算法在存在多个路由的情况下，使用跃点数来选择一条路由路径，只将到目标网络的该单条路由信息存储在路由表中，而不会保存其他路径的路由。

静态路由不使用度量值对路由进行选择，视静态路由表中的路由信息为直连路由，静态路由在通常情况下优先于动态路由被使用。

如果是双网段的用户，比如办公和家庭使用的笔记本，通常有多个 IP 地址，需要频繁切换，只要配置好静态路由表，就不用报切换了。

工作任务——公共网络静态路由配置

【工作任务背景】

电信公司在完成 PPP 封装后，面临一个问题，即企业 A 广州总公司还不能与上海分公司通信。解决这一问题的关键是生成路由表，可利用静态路由进行网络拓扑通信生成路由表。拓扑图如图 4-2-1 所示。

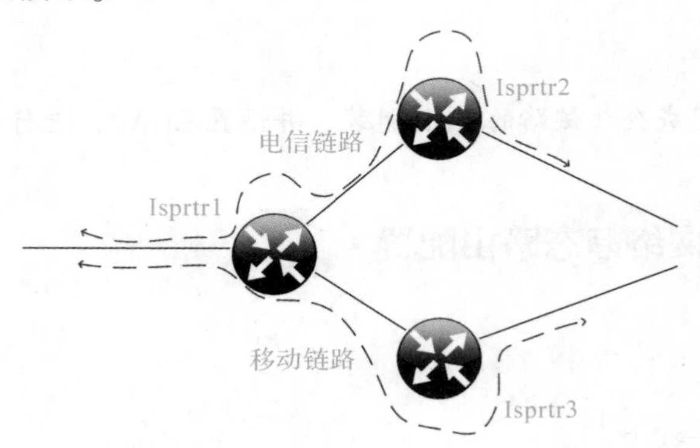

图 4-2-1　路由器静态路由配置

【工作任务分析】

在模拟拓扑中，在边缘设备 Isprtr1、Isprtr2 和 Isprtr3 上部署静态路由，实现总公司网络和分公司网络之间互联互通。若静态路由配置成功，则在所有节点之间都能够正常通信。详细的地址要求见表 4-2-1。

表 4-2-1　公共网络信息

设备	接口	IP	备注
Isprtr1	Gi0/0	100. 0. 0. 254/24	连接总公司
	Se0/0/0	100. 0. 1. 1/30	DCE
	Se0/0/1	100. 0. 1. 5/30	DCE
Isprtr2	Gi0/0	100. 0. 2. 254/24	分公司电信链路
	Se0/0/0	100. 0. 1. 2/30	DTE
Isprtr3	Gi0/0	100. 0. 3. 254/24	分公司移动链路
	Se0/0/0	100. 0. 1. 6/30	DTE

【任务实现】

1. 先对路由器进行初始化设置。配置 Isprtr1 路由器的主机名、日志自动换行、禁止域名查询、配置安全加密的特权密码，并根据表 4-2-1 配置网络地址。

```
Router>enable
Router#configure terminal
Router(config)#hostname Isprtr1
Isprtr1(config)#no ip domain-lookup
Isprtr1(config)#line Console 0
Isprtr1(config-line)#logging synchronous
Isprtr1(config-line)#exit
Isprtr1(config)#interface gigabitEthernet 0/0
Isprtr1(config-if)#ip address 100.0.0.254 255.255.255.0
Isprtr1(config-if)#no shutdown
Isprtr1(config-if)#exit
Isprtr1(config)#interface serial 0/0/0
Isprtr1(config-if)#no shutdown
Isprtr1(config-if)#clock rate 2000000
Isprtr1(config-if)#ip address 100.0.1.1 255.255.255.252
Isprtr1(config-if)#exit
Isprtr1(config)#interface serial 0/0/1
Isprtr1(config-if)#no shutdown
Isprtr1(config-if)#clock rate 2000000
Isprtr1(config-if)#ip add 100.0.1.5 255.255.255.252
Isprtr1(config-if)#exit
```

2. 配置 Isprtr2 路由器的主机名、日志自动换行、禁止域名查询、配置安全加密的特权密码，并根据表 4-2-1 配置网络地址。

```
Router>enable
Router#configure terminal
Router(config)#no ip domain-lookup
Router(config)#line Console 0
Router(config-line)#logging synchronous
Router(config-line)#exit
Router(config)#hostname Isprtr2
Isprtr2(config)#interface serial 0/0/0
Isprtr2(config-if)#no shutdown
Isprtr2(config-if)#ip address 100.0.1.2 255.255.255.252
Isprtr2(config-if)#exit
Isprtr2(config)#interface gigabitEthernet 0/0
Isprtr2(config-if)#no shutdown
Isprtr2(config-if)#ip address 100.0.2.254 255.255.255.0
Isprtr2(config-if)#exit
```

3. 配置 Isprtr3 路由器的主机名、日志自动换行、禁止域名查询、配置安全加密的特权密码，并根据表 4-2-1 配置网络地址。

```
Router>enable
Router#configure terminal
```

```
Router(config)#no ip domain-lookup
Router(config)#line Console 0
Router(config-line)#logging synchronous
Router(config-line)#exit
Router(config)#hostname Isprtr3
Isprtr3(config)#interface serial 0/0/0
Isprtr3(config-if)#no shutdown
Isprtr3(config-if)#ip address 100.0.1.6 255.255.255.252
Isprtr3(config-if)#exit
Isprtr3(config)#interface gigabitEthernet 0/0
Isprtr3(config-if)#ip address 100.0.3.254 255.255.255.0
Isprtr3(config-if)#no shutdown
Isprtr3(config-if)#exit
```

4. 初始化配置完成后，通过使用“ping”指令测试直连网络的通信能力，如图 4-2-2 和图 4-2-3 所示。

```
Isprtr1#ping 100.0.1.2

Type escape sequence to abort.
Sending 5, 100-byte ICMP Echos to 100.0.1.2, timeout is 2 seconds:
!!!!!
Success rate is 100 percent (5/5), round-trip min/avg/max = 1/3/8 ms
```

图 4-2-2　测试 Isprtr1 与 Isprtr2 通信

```
Isprtr1#ping 100.0.1.6

Type escape sequence to abort.
Sending 5, 100-byte ICMP Echos to 100.0.1.6, timeout is 2 seconds:
!!!!!
Success rate is 100 percent (5/5), round-trip min/avg/max = 1/8/13 ms
```

图 4-2-3　测试 Isprtr1 与 Isprtr3 通信

5. 直连网络通信没有问题，现在在 Isprtr1、Isprtr2 和 Isprtr3 路由器上创建静态路由，实现节点互通。

```
Isprtr1(config)#ip route 100.0.2.0 255.255.255.0 serial 0/0/0
Isprtr1(config)#ip route 100.0.3.0 255.255.255.0 serial 0/0/1
Isprtr2(config)#ip route 100.0.0.0 255.255.255.0 serial 0/0/0
Isprtr2(config)#ip route 100.0.3.0 255.255.255.0 serial 0/0/0
Isprtr2(config)#ip route 100.0.0.4 255.255.255.252 serial 0/0/0
Isprtr3(config)#ip route 100.0.0.0 255.255.255.0 serial 0/0/0
Isprtr3(config)#ip route 100.0.2.0 255.255.255.0 serial 0/0/0
Isprtr3(config)#ip route 100.0.1.0 255.255.255.252 serial 0/0/0
```

6. 配置成功后，使用指令在 Isprtr1 上检查静态路由条目是否生效，静态路由条目生效的条件是“下一跳”必须生效。如果静态路由的下一跳为 IP，则该 IP 地址必须存在一条去往该目的地的路由；如果静态路由的下一跳为接口，则该接口的状态必须均为 Up。

```
Isprtr1#show ip route static
100.0.0.0/8 is variably subnetted,10 subnets,3 masks
```

```
S 100.0.2.0/24 is directly connected,Serial0/0/0
S 100.0.3.0/24 is directly connected,Serial0/0/1
```

7. 在 Isprtr2 上检查静态路由表。

```
Isprtr2#show ip route static
100.0.0.0/8 is variably subnetted,8 subnets,3 masks
S 100.0.0.0/24 is directly connected,Serial0/0/0
S 100.0.1.4/30 is directly connected,Serial0/0/0
S 100.0.3.0/24 is directly connected,Serial0/0/0
```

8. 在 Isprtr3 上检查静态路由表。

```
Isprtr3#show ip route static
100.0.0.0/8 is variably subnetted,8 subnets,3 masks
S 100.0.0.0/24 is directly connected,Serial0/0/0
S 100.0.1.0/30 is directly connected,Serial0/0/0
S 100.0.2.0/24 is directly connected,Serial0/0/0
```

9. 静态路由条目均没有问题，接下来在 Isprtr2 上使用“ping”测试与“100.0.1.6”和“100.0.0.254”的通信能力。测试结果为正常通信，说明静态路由配置成功。

```
Isprtr2#ping 100.0.1.6
Type escape sequence to abort.
Sending 5,100-byte ICMP Echos to 100.0.1.6,timeout is 2 seconds:
!!!!!
Success rate is 100 percent(5/5),round-trip min/avg/max = 2/11/28 ms
Isprtr2#ping 100.0.0.254
Type escape sequence to abort.
Sending 5,100-byte ICMP Echos to 100.0.0.254,timeout is 2 seconds:
!!!!!
Success rate is 100 percent(5/5),round-trip min/avg/max = 1/5/17 ms
```

10. 静态路由条目均没有问题，接下来在 Isprtr2 上使用“ping”测试与“100.0.1.2”“100.0.0.254”和“100.0.2.254”的通信能力。测试结果为正常通信，说明静态路由配置成功。

```
Isprtr3#ping 100.0.1.2
Type escape sequence to abort.
Sending 5,100-byte ICMP Echos to 100.0.1.2,timeout is 2 seconds:
!!!!!
Success rate is 100 percent(5/5),round-trip min/avg/max = 15/23/33 ms
Isprtr3#ping 100.0.0.254
Type escape sequence to abort.
Sending 5,100-byte ICMP Echos to 100.0.0.254,timeout is 2 seconds:
!!!!!
Success rate is 100 percent(5/5),round-trip min/avg/max = 1/7/17 ms
Isprtr3#ping 100.0.2.254
```

```
Type escape sequence to abort.
Sending 5,100-byte ICMP Echos to 100.0.2.254,timeout is 2 seconds:
!!!!!
Success rate is 100 percent(5/5),round-trip min/avg/max = 7/16/27 ms
```

问题探究

1. 非直连的网段是否都要配置路由?
2. 静态路由是否只能通告真实存在的网段?
3. 简述静态路由的应用及其优点。

知识拓展

ip route <netip mask_adress><nexttopIP | interface>：该命令用于在静态路由表中引入网段，其中下一跳可以是下连端口 IP 地址或本路由器的相连端口。

项目拓展

根据所学静态路由配置方法完成电信和移动两条链路路由功能配置，要求 Client 访问 Server，默认情况下，通过电信网络进行访问。当 Isprtr1 和 Isprtr2 之间的电信链路出现问题时，将自动切换链路，通过移动链路访问 Server。拓扑如图 4-2-4 所示。配置静态路由，并要求实现全网节点互通。网络地址规划可以参考表 4-2-1。

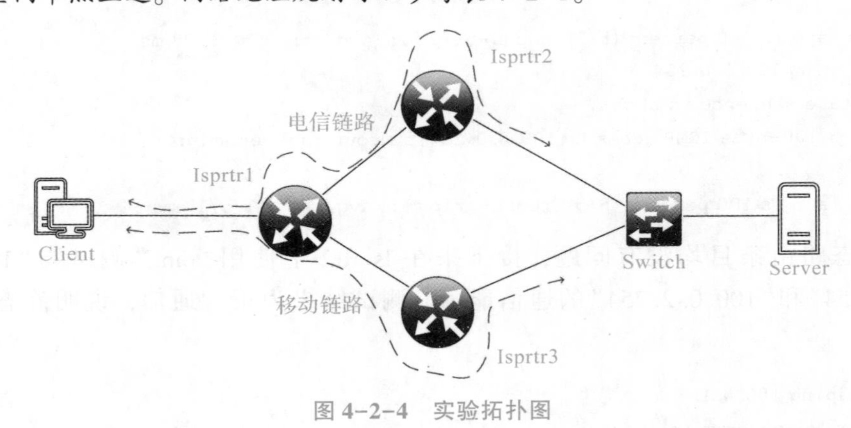

图 4-2-4　实验拓扑图

子任务三　公共网络 RIPv1 动态路由配置

学习目标

- 掌握动态路由 RIP 的配置方法
- 理解 RIP 协议的工作过程

任务引言

静态路由非常适合网络简单、结构稳定的网络，而动态路由对复杂多变的网络更具优势。对于广域网来说，配置动态路由协议更适合网络的发展。RIP 是较简单的动态路由协议。

知识引入

RIP 是路由信息协议，它是一种网关协议（IGP），通过交换网络信息使路由器动态地适应网络连接的变化。

RIPv1 是分类路由，在路由更新中不带子网信息，无法支持可变长子网掩码。因此，在同一个网络中，所有的子网络数目都是相同的。同时，RIPv1 不支持对路由过程的认证，使得 RIPv1 有一些轻微的弱点，有被攻击的可能。

RIPv2 是无类路由，可以支持 VLSM。RIPv1 在发送路由更新时，不带掩码信息，在收到路由更新后，自动汇总为主类网络，并且无法关闭，虽然 RIPv2 在发送路由更新时带了掩码信息，但默认也将所有收到的路由汇总为主类网络，不过 RIPv2 的自动汇总可以关闭。正因为 RIPv2 的路由更新中带了掩码长度，所以，在发送路由信息时，可以手动汇总到任意比特位，从而缩小路由表的空间。

虽然 RIPv2 可以将路由手动汇总到任意比特位，但还是存在一定的限制条件，不能将一条路由的掩码位数汇总到短于自身主类网络的掩码长度，即不能将 C 类地址汇总到短于 24 位的掩码长度，不能将 B 类地址汇总到短于 16 位的掩码长度，不能将 A 类地址汇总到短于 8 位的掩码长度，例如只能将 172. 16. 1. 0/24 汇总到 172. 16. 0. 0/16，但不能汇总到 172. 16. 0. 0/15，因为该网络为 B 类地址，所以掩码长度不能短于 16 位。

此外，RIPv2 路由采用组播地址 224. 0. 0. 9 来更新，并且支持路由对等体之间进行身份验证。

工作任务——RIPv1 动态路由配置

【工作任务背景】

电信公司和移动公司在配置静态路由后，发现要引入对方公司网络的路由很麻烦，这是静态路由的弊端，于是决定改用 RIP 协议进行路由改造。拓扑图如图 4-3-1 所示。

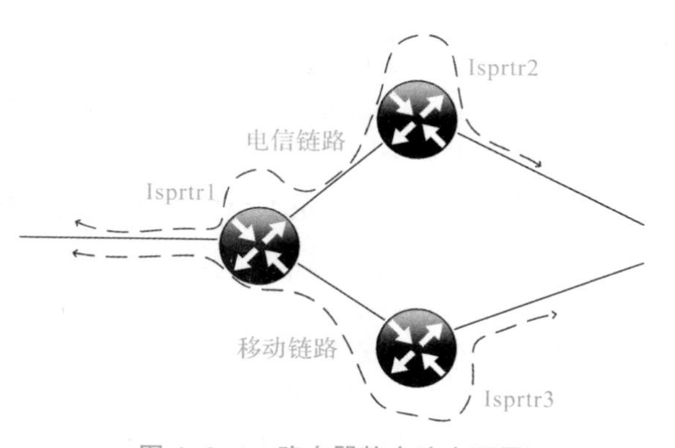

图 4-3-1　路由器静态路由配置

【工作任务分析】

模拟拓扑中，在边缘设备 Isprtr1、Isprtr2 和 Isprtr3 上部署动态 RIP 路由，实现总公司网络和分公司网络之间互联互通。若动态 RIP 路由配置成功，则在所有节点之间都能够正常通信。详细的地址要求见表 4-3-1。

表 4-3-1　公共网络信息

设备	接口	IP	备注
Isprtr1	Gi0/0	100.0.0.254/24	连接总公司
	Se0/0/0	100.0.1.1/30	DCE
	Se0/0/1	100.0.1.5/30	DCE
Isprtr2	Gi0/0	100.0.2.254/24	分公司电信链路
	Se0/0/0	100.0.1.2/30	DTE
Isprtr3	Gi0/0	100.0.3.254/24	分公司移动链路
	Se0/0/0	100.0.1.6/30	DTE

【任务实现】

1. 首先对路由器进行初始化设置，配置路由器的主机名、日志自动换行、禁止域名查询、配置安全加密的特权密码，并根据表 4-3-1 配置网络地址。

2. 在 Isprtr1 中启用 RIPv1 协议，并把所有直连接口网段宣告到 RIPv1 进程中。

```
Isprtr1(config)#router rip
Isprtr1(config-router)#version1
Isprtr1(config-router)#network 100.0.0.0
Isprtr1(config-router)#network 100.0.1.0
```

3. 在 Isprtr2 中启用 RIPv1 协议，并把所有直连接口网段宣告到 RIPv1 进程中。

```
Isprtr2(config)#router rip
Isprtr2(config-router)#version 1
Isprtr2(config-router)#network 100.0.1.0
Isprtr2(config-router)#network 100.0.2.0
```

4. 在 Isprtr3 中启用 RIPv1 协议，并把所有直连接口网段宣告到 RIPv1 进程中。

```
Isprtr3(config)#router rip
Isprtr3(config-router)#version 1
Isprtr3(config-router)#network 100.0.1.0
Isprtr3(config-router)#network 100.0.3.0
```

5. 完成配置后，在 Isprtr1 上检查路由表，查看是否学习到其他路由器通告的路由条目。

```
Isprtr1#show ip route rip
100.0.0.0/8 is variably subnetted,10 subnets,3 masks
R 100.0.2.0/24[120/1]via 100.0.1.2,00:00:25,Serial0/0/0
R 100.0.3.0/24[120/1]via 100.0.1.6,00:00:12,Serial0/0/1
```

6. 在 Isprtr2 上检查路由表，查看是否学习到其他路由器通告的路由条目。

```
Isprtr2#show ip route rip
100.0.0.0/8 is variably subnetted,8 subnets,3 masks
R 100.0.0.0/24[120/1]via 100.0.1.1,00:00:23,Serial0/0/0
R 100.0.1.4/30[120/1]via 100.0.1.1,00:00:23,Serial0/0/0
R 100.0.3.0/24[120/2]via 100.0.1.1,00:00:23,Serial0/0/0
```

7. 在 Isprtr3 上检查路由表，查看是否学习到其他路由器通告的路由条目。

```
Isprtr3#show ip route rip
100.0.0.0/8 is variably subnetted,8 subnets,3 masks
R 100.0.0.0/24[120/1]via 100.0.1.5,00:00:11,Serial0/0/0
R 100.0.1.0/30[120/1]via 100.0.1.5,00:00:11,Serial0/0/0
R 100.0.2.0/24[120/2]via 100.0.1.5,00:00:11,Serial0/0/0
```

8. 结果显示均能收到路由器通告的路由条目，接下来使用“ping”工具测试网络节点之间的连通性。

```
Isprtr3#ping 100.0.2.254
Type escape sequence to abort.
Sending 5,100-byte ICMP Echos to 100.0.2.254,timeout is 2 seconds:
!!!!!
Success rate is 100 percent(5/5),round-trip min/avg/max = 2/16/25 ms
Isprtr3#ping 100.0.0.254
Type escape sequence to abort.
Sending 5,100-byte ICMP Echos to 100.0.0.254,timeout is 2 seconds:
!!!!!
Success rate is 100 percent(5/5),round-trip min/avg/max = 1/9/14 ms
Isprtr3#ping 100.0.1.2
Type escape sequence to abort.
Sending 5,100-byte ICMP Echos to 100.0.1.2,timeout is 2 seconds:
!!!!!
Success rate is 100 percent(5/5),round-trip min/avg/max = 9/18/34 ms
```

问题探究

1. RIPv1 为什么在宣告时不需要附加子网掩码?
2. 简述 RIPv1 和 RIPv2 学习网段的原理。
3. RIP 路由防环的机制有哪几种?

知识拓展

启用 RIP 路由：router rip。

关闭 RIP 路由自动汇总：no auto-summary。

手动汇总：ip summary-address rip[network][netmask]。

项目拓展

利用所学路由器 RIP 路由配置方法，完成图 4-3-2、表 4-3-2 和表 4-3-3 的路由配置。

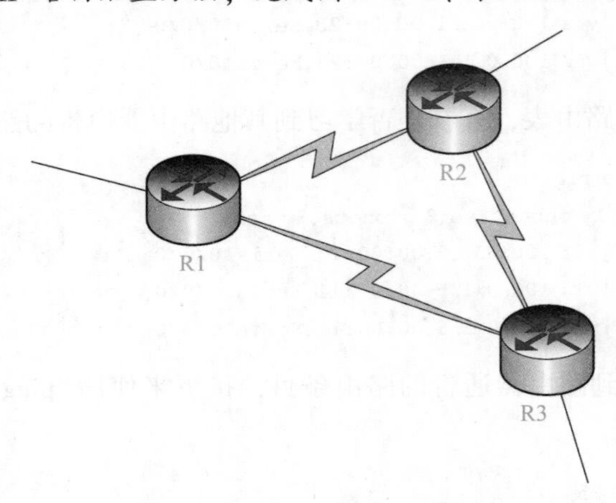

图 4-3-2　RIP 动态路由配置

表 4-3-2　网络设备信息

设备	命名	端口 IP 地址	
路由器 1	R1	Se0/0/0 DCE	192. 168. 1. 1/24
		Se0/0/1 DCE	192. 168. 0. 1/24
		Gi0/0	192. 168. 3. 1/24
路由器 2	R2	Se0/0/0 DTE	192. 168. 1. 2/24
		Se0/0/1 DCE	192. 168. 2. 1/24
		Gi0/0	192. 168. 4. 1/24
路由器 3	R3	Se0/0/0 DTE	192. 168. 0. 2/24
		Se0/0/1 DTE	192. 168. 2. 2/24
		Gi0/0	192. 168. 5. 1/24

表 4-3-3　PC 信息

PC	接入设备	IP 地址	接入端口
PC1	R1	192. 168. 3. 2/24	R1 的 Gi0/0
PC2	R2	192. 168. 4. 2/24	R2 的 Gi0/0
PC3	R3	192. 168. 5. 2/24	R3 的 Gi0/0

子任务四　RIPv2 配置

学习目标

- 理解 RIPv2 协议的工作原理
- 理解 RIPv2 对变长子网掩码的支持
- 掌握 RIPv2 的配置方法

任务引言

RIP 共有三个版本：RIPv1、RIPv2、RIPng。其中，RIPv1 和 RIPv2 用于 IPv4 网络环境，RIPng 用于 IPv6 网络环境。RIPv2 支持组播发送更新报文，减少资源消耗，还支持简单认证。

知识引入

RIPv2 是在 RIPv1 的基础上改进的，为无类路由，支持可变长子网掩码，默认情况下开启了自动路由汇总。

无类路由：在每个网段使用不相同的子网掩码，在路由更新过程中将网络掩码和路径一起广播。无类路由主要有 RIPv2、EIGRP、OSPF 和 BGP。

工作任务——RIPv2 动态路由配置

【工作任务背景】

电信和移动公司在完成 RIPv1 后发现，RIPv1 不能支持可变长子网掩码，这就造成每个网络的数目都一样，并且 RIPv1 不支持路由过程认证，缺乏安全性支持。于是决定用可支持可变长子网掩码的 RIPv2 协议改造网络。拓扑图如图 4-4-1 所示。

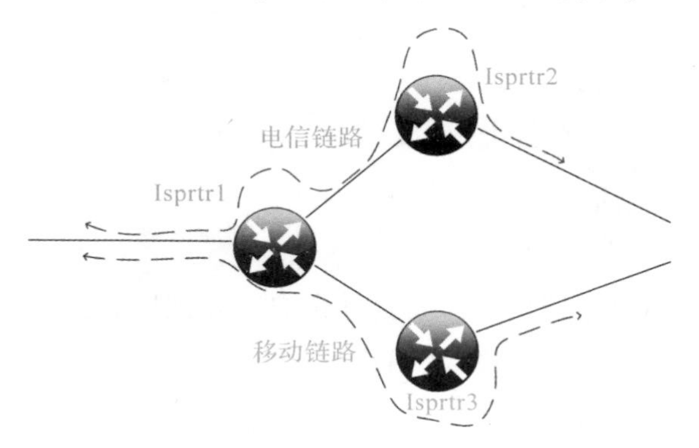

图 4-4-1　路由器静态路由配置

【工作任务分析】

模拟拓扑中，在边缘设备 Isprtr1、Isprtr2 和 Isprtr3 上部署动态 RIPv2 路由，要求禁止路由自动汇总，并且路由通告与学习需要进行安全密钥验证，最终实现总公司网络和分公司网络之间互联互通。若动态 RIPv2 路由配置成功，则在所有节点之间都能够正常通信。详细的地址要求见表 4-4-1。

表 4-4-1　公共网络信息

设备	接口	IP	备注
Isprtr1	Gi0/0	100. 0. 0. 254/24	连接总公司
	Se0/0/0	100. 0. 1. 1/30	DCE
	Se0/0/1	100. 0. 1. 5/30	DCE
Isprtr2	Gi0/0	100. 0. 2. 254/24	分公司电信链路
	Se0/0/0	100. 0. 1. 2/30	DTE
Isprtr3	Gi0/0	100. 0. 3. 254/24	分公司移动链路
	Se0/0/0	100. 0. 1. 6/30	DTE

【任务实现】

1. 首先对路由器进行初始化设置，配置路由器的主机名、日志自动换行、禁止域名查询、配置安全加密的特权密码，并根据表 4-4-1 配置网络地址。

2. 在 Isprtr1 中启用 RIPv2 协议，关闭自动汇总，并把所有直连接口网段宣告到 RIPv2 进程中。

```
Isprtr1(config)#router rip
Isprtr1(config-router)#version 2
Isprtr1(config-router)# no auto-summary
Isprtr1(config-router)#network 100.0.0.0
Isprtr1(config-router)#network 100.0.1.0
```

3. 在 Isprtr2 中启用 RIPv2 协议，关闭自动汇总，并把所有直连接口网段宣告到 RIPv2 进程中。

```
Isprtr2(config)#router rip
Isprtr2(config-router)#version 2
Isprtr2(config-router)# no auto-summary
Isprtr2(config-router)#network 100.0.1.0
Isprtr2(config-router)#network 100.0.2.0
```

4. 在 Isprtr3 中启用 RIPv2 协议，关闭自动汇总，并把所有直连接口网段宣告到 RIPv2 进程中。

```
Isprtr3(config)#router rip
Isprtr3(config-router)#version 2
Isprtr3(config-router)# no auto-summary
Isprtr3(config-router)#network 100.0.1.0
Isprtr3(config-router)#network 100.0.3.0
```

5. 在 Isprtr1 上创建密钥对，并在通告 RIP 消息的接口上启用 RIP 身份验证。

```
Isprtr1(config)#key chain MD5-KEY1
Isprtr1(config-keychain)#key 1
Isprtr1(config-keychain-key)#key-string P@ssw0rd123
Isprtr1(config-keychain-key)#exit
Isprtr1(config-keychain)#exit
Isprtr1(config)#key chain MD5-KEY2
Isprtr1(config-keychain)#key 1
Isprtr1(config-keychain-key)#key-string P@ssw0rd321
Isprtr1(config-keychain-key)#exit
Isprtr1(config-keychain)#exit
Isprtr1(config)#interface serial 0/0/0
Isprtr1(config-if)#ip rip authentication mode md5
Isprtr1(config-if)#ip rip authentication key-chain MD5-KEY1
Isprtr1(config-if)#exit
Isprtr1(config)#interface serial 0/0/1
Isprtr1(config-if)#ip rip authentication mode md5
Isprtr1(config-if)#ip rip authentication key-chain MD5-KEY2
Isprtr1(config-if)#end
```

6. 在 Isprtr2 上创建密钥对，并在通告 RIP 消息的接口上启用 RIP 身份验证。

```
Isprtr2(config)#key chain MD5-KEY
Isprtr2(config-keychain)#key 1
Isprtr2(config-keychain-key)#key-string P@ssw0rd123
Isprtr2(config-keychain-key)#exit
Isprtr2(config-keychain)#exit
Isprtr2(config)#interface serial 0/0/0
Isprtr2(config-if)#ip rip authentication mode md5
Isprtr2(config-if)#ip rip authentication key-chain MD5-KEY
Isprtr2(config-if)#exit
```

7. 在 Isprtr3 上创建密钥对，并在通告 RIP 消息的接口上启用 RIP 身份验证。

```
Isprtr3(config)#key chain MD5-KEY
Isprtr3(config-keychain)#key 1
Isprtr3(config-keychain-key)#key-string P@ssw0rd321
Isprtr3(config-keychain-key)#exit
Isprtr3(config-keychain)#exit
Isprtr3(config)#interface serial 0/0/0
Isprtr3(config-if)#ip rip authentication mode md5
Isprtr3(config-if)#ip rip authentication key-chain MD5-KEY
Isprtr3(config-if)#exit
```

8. 配置成功后，使用"show ip protocols"指令查看当前 RIP 协议工作状态。

```
Isprtr1#show ip protocols
Routing Protocol is"rip"
```

```
Sending updates every 30 seconds,next due in 22 seconds
Invalid after 180 seconds,hold down 180,flushed after 240
Outgoing update filter list for all interfaces is not set
Incoming update filter list for all interfaces is not set
Redistributing:rip
Default version control:send version 2,receive 2
  Interface              Send  Recv  Triggered RIP  Key-chain
    GigabitEthernet0/0     2     2
    Serial0/0/0            2     2                 MD5-KEY1
    Serial0/0/1            2     2                 MD5-KEY2
Automatic network summarization is in effect
Maximum path:4
Routing for Networks:
100.0.0.0
Passive Interface(s):
Routing Information Sources:
Gateway         Distance        Last Update
100.0.1.2          120          00:00:15
100.0.1.6          120          00:00:14
Distance:(default is 120)
```

9. 确保 RIP 工作正常后，在各个路由器上检查路由表学习情况。首先在 Isprtr1 上检查 RIP 路由表。

```
Isprtr1#show ip route rip
100.0.0.0/8 is variably subnetted,10 subnets,3 masks
R 100.0.2.0/24[120/1]via 100.0.1.2,00:00:25,Serial0/0/0
R 100.0.3.0/24[120/1]via 100.0.1.6,00:00:12,Serial0/0/1
```

10. 在 Isprtr2 上检查 RIP 路由表。

```
Isprtr2#show ip route rip
100.0.0.0/8 is variably subnetted,8 subnets,3 masks
R 100.0.0.0/24[120/1]via 100.0.1.1,00:00:23,Serial0/0/0
R 100.0.1.4/30[120/1]via 100.0.1.1,00:00:23,Serial0/0/0
R 100.0.3.0/24[120/2]via 100.0.1.1,00:00:23,Serial0/0/0
```

11. 在 Isprtr3 上检查 RIP 路由表。

```
Isprtr3#show ip route rip
100.0.0.0/8 is variably subnetted,8 subnets,3 masks
R 100.0.0.0/24[120/1]via 100.0.1.5,00:00:11,Serial0/0/0
R 100.0.1.0/30[120/1]via 100.0.1.5,00:00:11,Serial0/0/0
R 100.0.2.0/24[120/2]via 100.0.1.5,00:00:11,Serial0/0/0
```

12. 最后进行网络连通性测试。在 Isprtr3 上使用“ping”指令测试网络连通性。

```
Isprtr3#ping 100.0.2.254
Type escape sequence to abort.
Sending 5,100-byte ICMP Echos to 100.0.2.254,timeout is 2 seconds:
!!!!!
Success rate is 100 percent(5/5),round-trip min/avg/max = 2/16/25 ms
Isprtr3#ping 100.0.0.254
Type escape sequence to abort.
Sending 5,100-byte ICMP Echos to 100.0.0.254,timeout is 2 seconds:
!!!!!
Success rate is 100 percent(5/5),round-trip min/avg/max = 1/9/14 ms
Isprtr3#ping 100.0.1.2
Type escape sequence to abort.
Sending 5,100-byte ICMP Echos to 100.0.1.2,timeout is 2 seconds:
!!!!!
Success rate is 100 percent(5/5),round-trip min/avg/max = 9/18/34 ms
```

问题探究

1. RIPv1 和 RIPv2 的异同点有哪些？
2. 如果不是连续的子网，自动汇总会出现什么问题？

知识拓展

Network network-number <network-mask>：为 RIP 协议指定连续的网络号。

项目拓展

1. 利用所学路由器 RIPv2 路由的配置方法，完成图 4-4-2、表 4-4-2 和表 4-4-3 所示的路由配置。

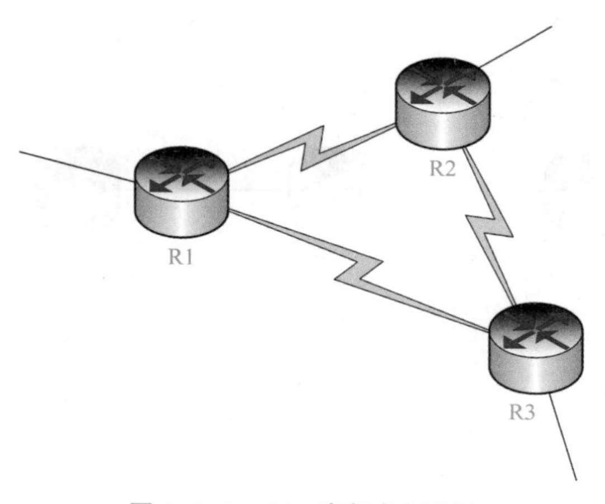

图 4-4-2　RIP 动态路由配置

表 4-4-2　网络设备信息

设备	命名	端口 IP 地址	
路由器 1	R1	Se0/0/0 DCE	192. 168. 1. 1/24
		Se0/0/1 DCE	192. 168. 0. 1/24
		Gi0/0	192. 168. 3. 1/24
路由器 2	R2	Se0/0/0 DTE	192. 168. 1. 2/24
		Se0/0/1 DCE	192. 168. 2. 1/24
		Gi0/0	192. 168. 4. 1/24
路由器 3	R3	Se0/0/0 DTE	192. 168. 0. 2/24
		Se0/0/1 DTE	192. 168. 2. 2/24
		Gi0/0	192. 168. 5. 1/24

表 4-4-3　PC 信息

PC	接入设备	IP 地址	接入端口
PC1	R1	192. 168. 3. 2/24	R1 的 Gi0/0
PC2	R2	192. 168. 4. 2/24	R2 的 Gi0/0
PC3	R3	192. 168. 5. 2/24	R3 的 Gi0/0

2. 利用所学路由器 RIP 路由的配置方法，完成图 4-4-3 所示的路由配置。

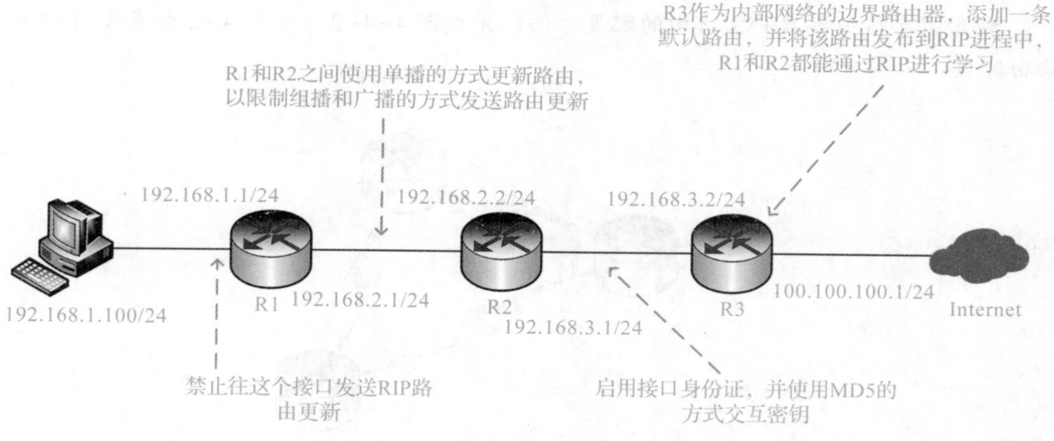

图 4-4-3　RIP 动态路由配置

子任务五　公共网络 OSPF 核心区域配置

学习目标

- 掌握单区域 OSPF 的配置
- 理解链路状态路由协议的工作过程
- 掌握实验环境区域验证的方法

任务引言

RIPv2 在网络路由协议中起着举足轻重的作用，但它的路由汇总还存在一些问题，而 OSPF 是路由汇总较好的协议。

知识引入

OSPF 是 Open Shortest Path First(即开放最短路由优先协议)的缩写。它是 IETF 组织开发的一个基于链路状态的自治系统内部路由协议。在 IP 网络上，它通过收集和传递自治系统的链路状态来动态地发现并传播路由，如图 4-5-1 所示。

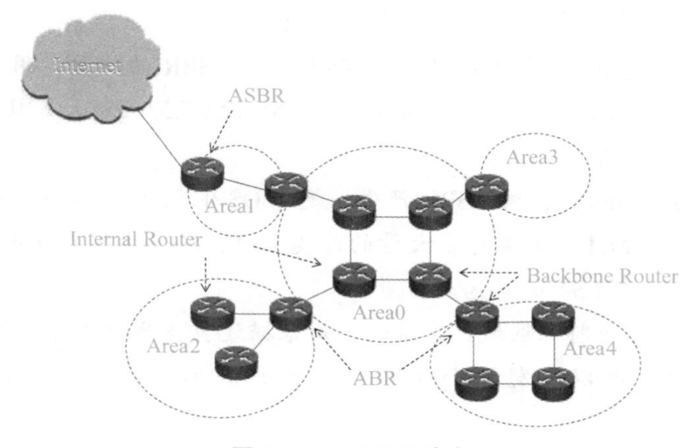

图 4-5-1　OSPF 路由

每一台运行 OSPF 协议的路由器总是将本地网络的连接状态(如可用接口信息、可达邻居信息等)用 LSA(链路状态广播)进行描述，并广播到整个自治系统中。这样，每台路由器都收到了自治系统中所有路由器生成的 LSA，这些 LSA 的集合组成了 LSDB(链路状态数据库)。由于每一条 LSA 是对一台路由器周边网络拓扑的描述，则整个 LSDB 就是对该自治系统网络拓扑的真实反映。

根据 LSDB，各路由器运行 SPF(最短路径优先)算法，构建一棵以自己为根的最短路径树，这棵树给出了到自治系统中各节点的路由。

OSPF 可以根据自治系统的拓扑结构划分成不同的区域(AREA)，这样区域边界路由器

(ABR)向其他区域发送路由信息时，以网段为单位生成摘要LSA。这样可以减少自治系统中的LSA的数量，以及路由计算的复杂度。

OSPF使用4类不同的路由，优先顺序为区域内路由、区域间路由、第一类外部路由、第二类外部路由。

区域内和区域间路由描述的是自治系统内部的网络结构，而外部路由则描述了应该如何选择到自治系统以外目的地的路由。一般来说，第一类外部路由对应于OSPF从其他内部路由协议所引入的信息，这些路由的花费和OSPF自身路由的花费具有可比性；第二类外部路由对应于OSPF从外部路由协议所引入的信息，它们的花费远大于OSPF自身的路由花费，因而在计算时将只考虑外部的花费。

定义了不同的路由器类型，因此需要多种LSA。

Type1是Router LSA，所有的OSPF speaker都会产生该类LSA，只在区域内传播，包括路由器自身的拓扑信息和路由信息。

Type2是Network LSA，只在MA网络中出现的两类LSA由DR产生，包括与DR相连的所有网络的信息，只在区域内传播。

Type3是Network summary LSA，由ABR产生，告知区域内路由器区域外的路由条目。当有多个ABR时，使用cost来确定，这个cost是由区域内路由器将外部路由cost和内部cost简单相加所得(metric-Type 1)，而不是运行SPF算法，因此，可以说在区域内OSPF是一种链路状态协议，而在区域间是一种距离矢量协议。

Type4是ASBR summary，由ABR产生，用来广播ASBR的位置。用“show ip ospf database”命令可以看到Type4 LSA总是一个host mask 255. 255. 255. 255，并且Type4是数据库中唯一没有Area属性的LSA。

Type5是external summary，由ASBR产生，是非OSPF设备的路由信息。通常在一个大型网络中，路由器的数据库中都会存在大量的此类LSA，给路由器产生较重的负荷，因此，可以用stub a来限制此类LSA的传播。

Type7是在NSSA这个特殊区域内产生的，用来描述重发布注入进来的路由信息。由于NSSA不允许有Type5，所以开发了Type7，其只允许在本区域防洪，出去的时候转换成Type5。

另外，OSPF根据物理链路的类型定义了几种网络类型。在每种网络类型中，OSPF的邻居建立方式及配置命令有所不同。下面简单介绍一下这些网络类型。

①点到点网络：即Point-to-Point(P2P)型网络，是指该接口通过点到点的方式与一台路由器相连。此类型网络不需要进行OSPF的DR、BDR选举。当链路层协议是PPP或HDLC时，OSPF默认认为网络类型是P2P。在此类型的网络中，OSPF以组播方式(224. 0. 0. 5)发送协议报文。

②广播型多路访问网络：即Broadcast型网络，网络本身支持广播功能。当链路层协议是Ethernet、FDDI时，OSPF默认认为网络类型是广播型。此类型网络需要进行OSPF的DR、BDR选举。在此类网络中，OSPF通常以组播方式(224. 0. 0. 5和224. 0. 0. 6)发送协议

报文。

③非广播型多路访问网络：即 NBMA(Non-Broadcast Multiple Access)型网络，虽然从一个接口可以到达多个目的节点，但是网络本身不支持广播功能，当链路层协议是帧中继、ATM 或 X.25 时，OSPF 默认认为网络类型是 NBMA。此时 OSPF 的邻居需要管理员手动指定。在此类网络中，以单播方式发送协议报文。

④点到多点网络：即 Point-to-Multipoint(P2MP)型网络，是指该接口通过点到多点的网络与多台路由器相连。P2MP 型网络比较特殊，没有一种链路层协议会被默认为是点到多点类型。点到多点必须由其他网络类型强制更改而来。常用做法是将 NBMA 改为点到多点的网络。在该类型的网络中，默认情况下以组播方式(224.0.0.5)发送协议报文，也可以根据用户需要，以单播形式发送协议报文。

工作任务——公共网络 OSPF 核心区域配置

【工作任务背景】

电信公司需要建立区域网络，以进行网络结构改造，对互联网进行系统化管理。建立区域网络配合 OSPF 区域路由协议，首要的工作任务是建立 OSPF 核心区域。拓扑图如图 4-5-2 所示。

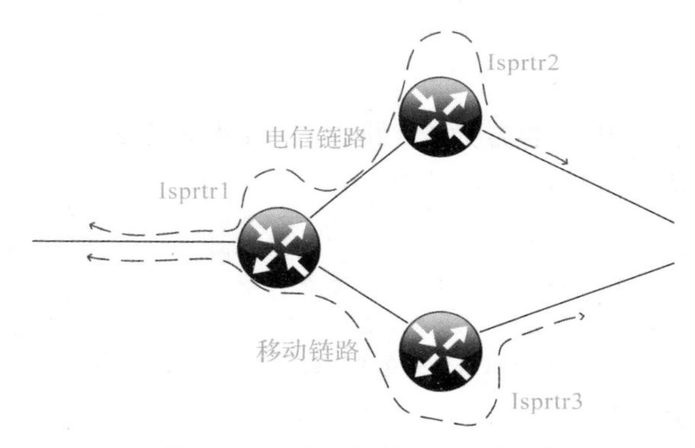

图 4-5-2　核心区域 OSPF 配置

【工作任务分析】

在模拟拓扑中，在边缘设备 Isprtr1、Isprtr2 和 Isprtr3 上部署动态 OSPF 路由，本任务仅采用根区域(Area 0)进行交互路由信息，最终实现总公司网络和分公司网络之间互联互通。若动态 OSPF 路由配置成功，则在所有节点之间都能够正常通信。详细的地址要求见表 4-5-1。

表 4-5-1　公共网络信息

设备	接口	IP	备注
Isprtr1	Gi0/0	100.0.0.254/24	连接总公司
	Se0/0/0	100.0.1.1/30	DCE
	Se0/0/1	100.0.1.5/30	DCE

续表

设备	接口	IP	备注
Isprtr2	Gi0/0	100.0.2.254/24	分公司电信链路
	Se0/0/0	100.0.1.2/30	DTE
Isprtr3	Gi0/0	100.0.3.254/24	分公司移动链路
	Se0/0/0	100.0.1.6/30	DTE

【任务实现】

1. 先对路由器进行初始化设置，配置路由器的主机名、日志自动换行、禁止域名查询、配置安全加密的特权密码，并根据表4-5-1配置网络地址。

2. 在Isprtr1中启用OSPF进程号为1，路由ID号手动设置为1.1.1.1。手动设置路由ID有利于构建更稳定的OSPF网络。使用network宣告直连网段到OSPF进程中，所有接口均宣告到Area0。

```
Isprtr1(config)#router ospf 1
Isprtr1(config-router)#router-id 1.1.1.1
Isprtr1(config-router)#network 100.0.1.0 0.0.0.3 area 0
Isprtr1(config-router)#network 100.0.1.4 0.0.0.3 area 0
Isprtr1(config-router)#network 100.0.0.0 0.0.0.255 area 0
Isprtr1(config-router)#end
```

3. 在Isprtr2中启用OSPF进程号为1，路由ID设置为2.2.2.2，使用network宣告直连网段到OSPF进程中，所有接口均宣告到Area0。

```
Isprtr2(config)#router ospf 1
Isprtr2(config-router)#router-id 2.2.2.2
Isprtr2(config-router)#network 100.0.1.0 0.0.0.3 area 0
Isprtr2(config-router)#network 100.0.2.0 0.0.0.255 area 0
Isprtr2(config-router)#end
```

4. 在Isprtr3中启用OSPF进程号为1，路由ID设置为3.3.3.3，使用network宣告直连网段到OSPF进程中，所有接口均宣告到Area0。

```
Isprtr3(config)#router ospf 1
Isprtr3(config-router)#router-id 3.3.3.3
Isprtr3(config-router)#network 100.0.3.0 0.0.0.255 area 0
Isprtr3(config-router)#network 100.0.1.4 0.0.0.3 area 0
Isprtr3(config-router)#end
```

5. 在Isprtr1上检查OSPF邻居。通过测试可以看到，当前路由器邻居分别为2.2.2.2(Isprtr2)和3.3.3.3(Isprtr3)。

```
Isprtr1#show ip ospf neighbor
NeighborID  Pri   State    Dead Time   Address     Interface
2.2.2.2      0    FULL/ -   00:00:34   100.0.1.2   Serial0/0/0
```

```
3.3.3.3        0    FULL/ -  00:00:36    100.0.1.6  Serial0/0/1
```

6. 为了确保路由信息之间的安全交互，建议启用路由身份验证。在所有路由器上进入OSPF进程1，启用区域性的MD5身份认证。

```
Isprtr1(config)#router ospf 1
Isprtr1(config-router)#area 0 authentication message-digest
Isprtr1(config-router)#exit
Isprtr1(config)#interface serial 0/0/0
Isprtr1(config-if)#ip ospf message-digest-key 1 md5 P@sswordOSPF
Isprtr1(config-if)#exit
Isprtr1(config)#interface serial 0/0/1
Isprtr1(config-if)#ip ospf message-digest-key 1 md5 P@sswordOSPF
Isprtr1(config-if)#end
Isprtr2(config)#router ospf 1
Isprtr2(config-router)#area 0 authentication message-digest
Isprtr2(config-router)#exit
Isprtr2(config)#interface serial 0/0/0
Isprtr2(config-if)#ip ospf message-digest-key 1 md5 P@sswordOSPF
Isprtr2(config-if)#end
Isprtr3(config)#router ospf 1
Isprtr3(config-router)#area 0 authentication message-digest
Isprtr3(config-router)#exit
Isprtr3(config)#interface serial 0/0/0
Isprtr3(config-if)#ip ospf message-digest-key 1 md5 P@sswordOSPF
Isprtr3(config-if)#end
```

7. 在Isprtr2上检查OSPF区域性的MD5身份认证。

```
Isprtr2#show ip ospf  |begin Area BACKBONE
   Area BACKBONE(0)
       Number of interfaces in this area is 1
       Area has message digest authentication
```

8. 在Isprtr2上检查OSPF路由表，当前已经学习到对应的路由信息。

```
Isprtr2#show ip route ospf
100.0.0.0/8 is variably subnetted,8 subnets,3 masks
O 100.0.0.0[110/65]via 100.0.1.1,00:14:08,Serial0/0/0
O 100.0.1.4[110/128]via 100.0.1.1,00:14:08,Serial0/0/0
O 100.0.3.0[110/129]via 100.0.1.1,00:12:24,Serial0/0/0
```

9. 在Isprtr2上使用“ping”指令进行网络连通性测试。

```
Isprtr2#ping 100.0.1.6
Type escape sequence to abort.
Sending 5,100-byte ICMP Echos to 100.0.1.6,timeout is 2 seconds:
!!!!!
```

```
Success rate is 100 percent(5/5),round-trip min/avg/max = 10/19/34 ms
Isprtr2#ping 100.0.0.254
Type escape sequence to abort.
Sending 5,100-byte ICMP Echos to 100.0.0.254,timeout is 2 seconds:
!!!!!
Success rate is 100 percent(5/5),round-trip min/avg/max = 3/9/15 ms
Isprtr2#ping 100.0.3.254
Type escape sequence to abort.
Sending 5,100-byte ICMP Echos to 100.0.3.254,timeout is 2 seconds:
!!!!!
Success rate is 100 percent(5/5),round-trip min/avg/max = 8/16/24 ms
```

问题探究

1. 简述 RIP 和 OSPF 路由协议的相同点与区别。
2. 简述 OSPF 是否一定要加子网掩码。
3. 简述 OSPF 形成邻居的要求。
4. 简述不同网络类型对 OSPF 的影响。
5. 简述不允许传输广播和组播的邻居如何建立 OSPF 邻居。

知识拓展

router ospf process-id：配置 OSPF 路由。其中，process-id 标识 OSPF 路由处理进程。

项目拓展

利用所学路由器 OSPF 路由配置方法，完成图 4-5-3、表 4-5-2 和表 4-5-3 所示的路由配置。

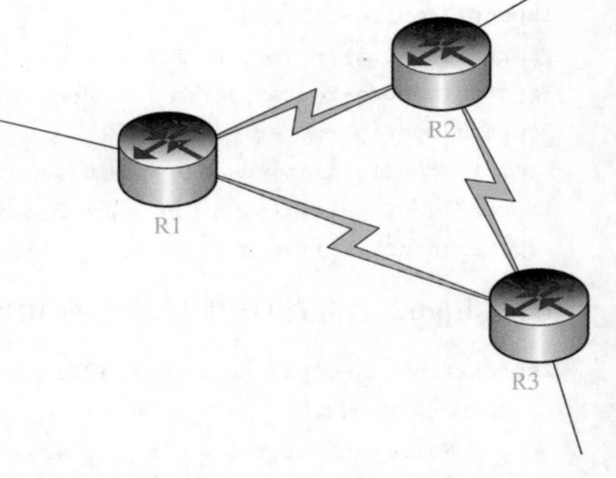

图 4-5-3 OSPF 动态路由配置

表 4-5-2 网络设备信息

设备	命名	端口 IP 地址		
路由器 1	R1	Se0/0/0 DCE	192.168.1.1/24	Area0
		Se0/0/1 DCE	192.168.0.1/24	Area0
		Gi0/0	192.168.3.1/24	Area0
路由器 2	R2	Se0/0/0 DTE	192.168.1.2/24	Area0
		Se0/0/1 DCE	192.168.2.1/24	Area0
		Gi0/0	192.168.4.1/24	Area0

续表

设备	命名	端口 IP 地址		
路由器 3	R3	Se0/0/0 DTE	192. 168. 0. 2/24	Area0
		Se0/0/1 DTE	192. 168. 2. 2/24	Area0
		Gi0/0	192. 168. 5. 1/24	Area0

表 4-5-3　PC 信息

PC	接入设备	IP 地址	接入端口
PC1	R1	192. 168. 3. 2/24	R1 的 Gi0/0
PC2	R2	192. 168. 4. 2/24	R2 的 Gi0/0
PC3	R3	192. 168. 5. 2/24	R3 的 Gi0/0

子任务六　公共网络多区域 OSPF 配置

学习目标

- 掌握多区域 OSPF 的配置方法
- 理解 OSPF 区域的意义

任务引言

在 OSPF 协议的环境下，区域(area)是一组逻辑上的 OSPF 路由器和链路，它可以有效地把一个 OSPF 分割成几个子域。

知识引入

区域的优势：路由器仅仅需要和它所在区域的其他路由器具有相同的链路状态数据库，而没有必要和整个互联网络内的所有路由器共享相同的链路状态数据库。链路数据库的减小降低了对路由器内存的消耗。

链路数据库的减小也就意味着处理较少的 LSA 通告，从而也就降低了对路由器 CPU 的消耗。

同时，多区域划分可将大量的 LSA 泛洪被限制在一个区域里。

工作任务——多区域 OSPF 配置

【工作任务背景】

电信公司和移动公司共同进行网络改造，在电信链路建立 Area0，在移动链路建立 Area1，这使得公共网络更有层次，更加系统化。拓扑图如图 4-6-1 所示。

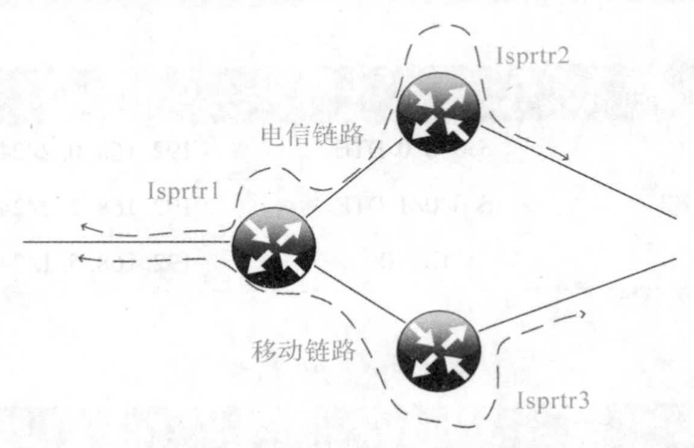

图 4-6-1 核心区域 OSPF 配置

【工作任务分析】

模拟拓扑中，在边缘设备 Isprtr1、Isprtr2 和 Isprtr3 上部署动态 OSPF 路由，本任务仅采用多区域路由进行交互路由信息，最终实现总公司网络和分公司网络之间互联互通。若多区域 OSPF 动态路由配置成功，则可建立相应的区域，Isprtr1 成为 ABR。所有节点之间相互可以 ping 通。详细的地址要求见表 4-6-1。

表 4-6-1 公共网络信息

设备	接口	IP	备注
Isprtr1	Gi0/0	100. 0. 0. 254/24	连接总公司
	Se0/0/0	100. 0. 1. 1/30	DCE
	Se0/0/1	100. 0. 1. 5/30	DCE
Isprtr2	Gi0/0	100. 0. 2. 254/24	分公司电信链路
	Se0/0/0	100. 0. 1. 2/30	DTE
Isprtr3	Gi0/0	100. 0. 3. 254/24	分公司移动链路
	Se0/0/0	100. 0. 1. 6/30	DTE

【任务实现】

1. 首先对路由器进行初始化设置，配置路由器的主机名、日志自动换行、禁止域名查询、配置安全加密的特权密码等，并根据表 4-6-1 配置网络地址。

2. 在 Isprtr1 中启用 OSPF 进程号为 1，路由 ID 设置为 1. 1. 1. 1，使用 network 宣告直连网段到 OSPF 进程中。除了连接 Isprtr3 的 Se0/0/1 接口宣告到 Area1，其他所有接口均宣告到 Area0。

```
Isprtr1(config)#router ospf 1
Isprtr1(config-router)#router-id 1.1.1.1
Isprtr1(config-router)#network 100.0.1.0 0.0.0.3 area 0
Isprtr1(config-router)#network 100.0.1.4 0.0.0.3 area1
Isprtr1(config-router)#network 100.0.0.0 0.0.0.255 area 0
Isprtr1(config-router)#end
```

3. 在 Isprtr2 中启用 OSPF 进程号为 1，路由 ID 设置为 2. 2. 2. 2，使用 network 宣告直连网段到 OSPF 进程中，所有接口均宣告到 Area0。

```
Isprtr2(config)#router ospf 1
Isprtr2(config-router)#router-id 2.2.2.2
Isprtr2(config-router)#network 100.0.1.0 0.0.0.3 area 0
Isprtr2(config-router)#network 100.0.2.0 0.0.0.255 area 0
Isprtr2(config-router)#end
```

4. 在 Isprtr3 中启用 OSPF 进程号为 1，路由 ID 设置为 3. 3. 3. 3，使用 network 宣告直连网段到 OSPF 进程中，所有接口均宣告到 Area1。

```
Isprtr3(config)#router ospf 1
Isprtr3(config-router)#router-id 3.3.3.3
Isprtr3(config-router)#network 100.0.3.0 0.0.0.255 area 1
Isprtr3(config-router)#network 100.0.1.4 0.0.0.3 area 1
Isprtr3(config-router)#end
```

5. 在 Isprtr1 上检查 OSPF 邻居，通过测试可以看到，当前路由器邻居分别为 2. 2. 2. 2(Isprtr2)和 3. 3. 3. 3(Isprtr3)。

```
Isprtr1#show ip ospf neighbor
NeighborID  Pri   State    Dead Time   Address     Interface
2.2.2.2      0    FULL/ -   00:00:34   100.0.1.2   Serial0/0/0
3.3.3.3      0    FULL/ -   00:00:36   100.0.1.6   Serial0/0/1
```

6. 在 Isprtr2 上检查路由表，此时在路由表中可以发现存在两种 OSPF 路由，其中一种为“O”，另一种为“O IA”。“O”路由为 Area0 路由，“O IA”为其他区域学习到的路由。

```
Isprtr2#show ip route ospf
100.0.0.0/8 is variably subnetted,8 subnets,3 masks
O 100.0.0.0[110/65]via 100.0.1.1,00:02:10,Serial0/0/0
O IA 100.0.1.4[110/128]via 100.0.1.1,00:02:10,Serial0/0/0
O IA 100.0.3.0[110/129]via 100.0.1.1,00:02:10,Serial0/0/0
```

7. 在 Isprtr3 上检查路由表。

```
Isprtr3#show ip route ospf
100.0.0.0/8 is variably subnetted,8 subnets,3 masks
O IA 100.0.0.0[110/65]via 100.0.1.5,00:01:30,Serial0/0/0
O IA 100.0.1.0[110/128]via 100.0.1.5,00:01:30,Serial0/0/0
O IA 100.0.2.0[110/129]via 100.0.1.5,00:01:30,Serial0/0/0
```

问题探究

1. 简述多区域 OSPF 的应用。
2. 简述骨干区域的作用。

知识拓展

将某一网络的范围加入区域 network mask area area_id。

当网络加入区域后，路由信息不被独立地广播到别的区域。引入网络范围和对该范围的限定，可以减少区域间路由信息的交流量。

项目拓展

1. 利用所学路由器多区域 OSPF 路由配置方法，完成图 4-6-2、表 4-6-2 和表 4-6-3 的路由配置并完成测试。

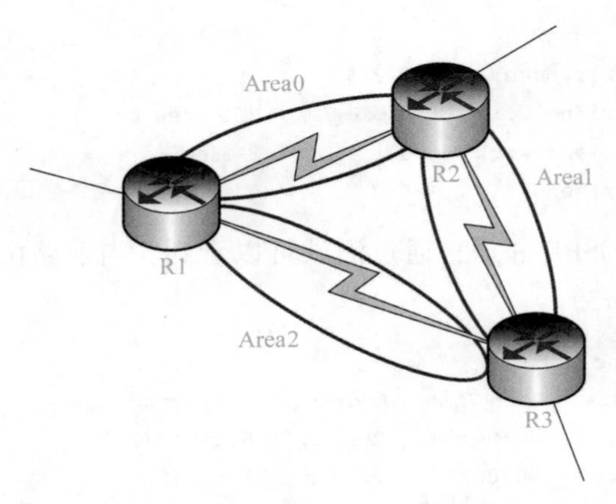

图 4-6-2　OSPF 动态路由配置

表 4-6-2　网络设备信息

设备	命名	端口 IP 地址		
路由器 1	R1	Se0/0/0 DCE	192. 168. 1. 1/24	Area0
		Se0/0/1 DCE	192. 168. 0. 1/24	Area2
		Gi0/0	192. 168. 3. 1/24	Area0
路由器 2	R2	Se0/0/0 DTE	192. 168. 1. 2/24	Area0
		Se0/0/1 DCE	192. 168. 2. 1/24	Area1
		Gi0/0	192. 168. 4. 1/24	Area1
路由器 3	R3	Se0/0/0 DTE	192. 168. 0. 2/24	Area2
		Se0/0/1 DTE	192. 168. 2. 2/24	Area1
		Gi0/0	192. 168. 5. 1/24	Area2

表 4-6-3 PC 信息

PC	接入设备	IP 地址	接入端口
PC1	R1	192. 168. 3. 2/24	R1 的 Gi0/0
PC2	R2	192. 168. 4. 2/24	R2 的 Gi0/0
PC3	R3	192. 168. 5. 2/24	R3 的 Gi0/0

2. 利用所学路由器 OSPF 路由配置方法，完成图 4-6-3 所示的路由配置。

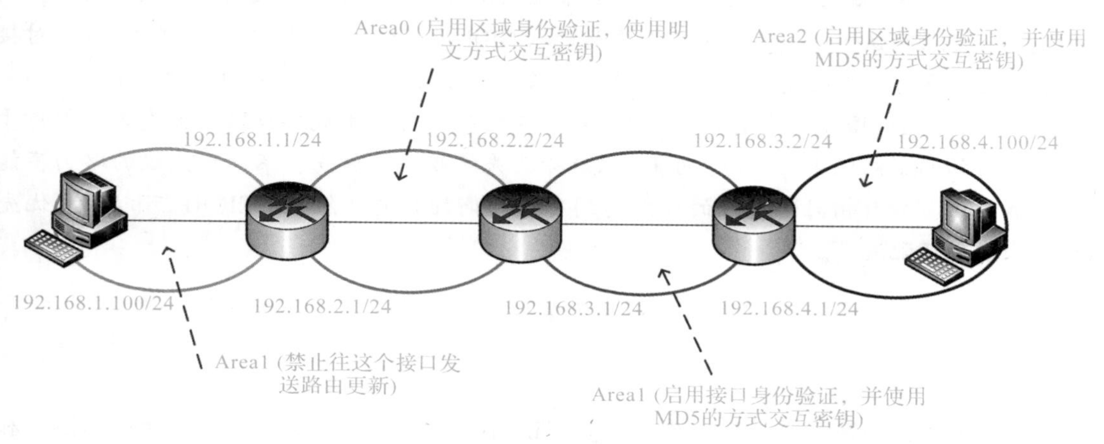

图 4-6-3 OSPF 动态路由配置

子任务七 公共网络 EIGRP 配置

学习目标

- 理解 EIGRP 协议的工作原理
- 理解 EIGRP 等价负载均衡和非等价负载均衡
- 掌握 EIGRP 的配置方法

任务引言

EIGRP(Enhanced Interior Gateway Routing Protocol，增强型内部网关路由协议)是 Cisco 的私有路由协议，它综合了距离矢量和链路状态二者的优点。

知识引入

EIGRP 和早期的 IGRP 协议都是由 Cisco 发明的，是基于距离向量算法的动态路由协议。EIGRP 是增强版的 IGRP 协议。它属于动态内部网关路由协议，仍然使用矢量-距离算法。但它的实现比 IGRP 已经有很大改进，其收敛特性和操作效率比 IGRP 有显著的提高。

EIGRP 的收敛特性是基于 DUAL(Distributed Update Algorithm)算法的。DUAL 算法使得路径在路由计算中根本不可能形成环路。它的收敛时间可以与已存在的其他任何路由协议相匹敌。

EIGRP 协议继承了 IGRP 协议的最大的优点：矢量路由权。EIGRP 协议在路由计算中要对网络带宽、网络时延、信道占用率、信道可信度等因素做全面的综合考虑，所以 EIGRP 的路由计算更为准确，更能反映网络的实际情况。同时，EIGRP 协议支持多路由，使路由器可以按照不同的路径进行负载分担。使用 EIGRP 协议的对等路由器之间周期性地发送很小的 hello 报文，以此来保证从前发送报文的有效性。路由的发送使用增量发送方法，即每次只发送发生变化的路由。发送的路由更新报文采用可靠传输，如果没有收到确认信息，则重新发送，直至确认。EIGRP 还可以对发送的 EIGRP 报文进行控制，减少 EIGRP 报文对接口带宽的占用率，从而避免连续大量发送路由报文而影响正常数据业务的事情发生。

OSPF 虽然能根据接口的速率、连接可靠性等信息，自动生成接口路由优先级，但对于通往同一目的的不同优先级路由，OSPF 只选择优先级较高的转发，不同优先级的路由不能实现负载分担，只有相同优先级的才能达到负载均衡的目的。然而，EIGRP 可以根据优先级不同来自动匹配流量。

工作任务——路由器 EIGRP 路由配置

【工作任务背景】

电信和移动公司在完成 RIP 和 OSPF 后发现，仅支持等价的负载均衡。由于电信链路和移动链路的度量值是不一样的，所以，在转发数据时，会优先使用电信链路进行转发，只有在链路发生故障时，才会采用移动链路转发，于是决定用 EIGRP 协议改造网络。拓扑图如图 4-7-1 所示。

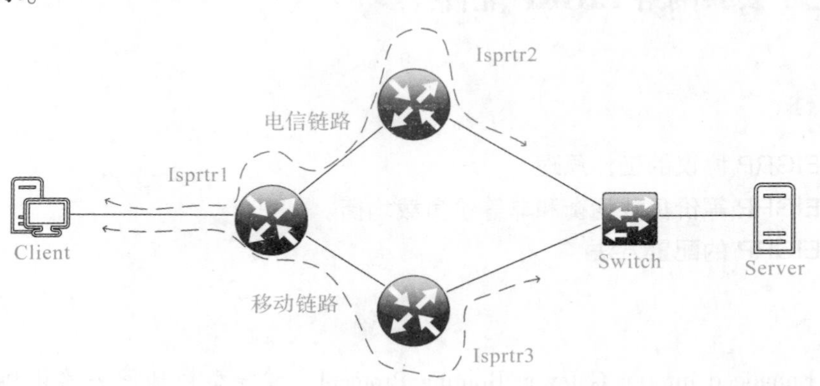

图 4-7-1　路由器 EIGRP 路由配置

【工作任务分析】

在模拟拓扑中，在边缘设备 Isprtr1、Isprtr2 和 Isprtr3 上部署动态 EIGRP 路由，最终实现总公司网络和分公司网络之间互联互通。若 EIGRP 动态路由配置成功，在 Isprtr1 上会同时使用电信链路和移动链路进行转发数据。所有节点之间相互可以 ping 通。详细的地址要求见表 4-7-1。

表 4-7-1　公共网络信息

设备	接口	IP	备注
Isprtr1	Gi0/0	100. 0. 0. 254/24	连接总公司
	Se0/0/0	100. 0. 1. 1/30	DCE
	Se0/0/1	100. 0. 1. 5/30	DCE
Isprtr2	Gi0/0	100. 0. 2. 1/24	分公司电信链路
	Se0/0/0	100. 0. 1. 2/30	DTE
Isprtr3	Gi0/0	100. 0. 2. 2/24	分公司移动链路
	Se0/0/0	100. 0. 1. 6/30	DTE

【任务实现】

1. 首先对路由器进行初始化设置。配置 Isprtr1 路由器的主机名、日志自动换行、禁止域名查询，并根据表 4-7-1 配置网络地址。

```
Router>enable
Router#configure terminal
Router(config)#hostname Isprtr1
Isprtr1(config)#no ip domain-lookup
Isprtr1(config)#line Console 0
Isprtr1(config-line)#logging synchronous
Isprtr1(config-line)#exit
Isprtr1(config)#interface gigabitEthernet 0/0
Isprtr1(config-if)#ip address 100.0.0.254 255.255.255.0
Isprtr1(config-if)#no shutdown
Isprtr1(config-if)#exit
Isprtr1(config)#interface serial 0/0/0
Isprtr1(config-if)#no shutdown
Isprtr1(config-if)#clock rate 2000000
Isprtr1(config-if)#ip address 100.0.1.1 255.255.255.252
Isprtr1(config-if)#exit
Isprtr1(config)#interface serial 0/0/1
Isprtr1(config-if)#no shutdown
Isprtr1(config-if)#clock rate 2000000
Isprtr1(config-if)#ip add 100.0.1.5 255.255.255.252
Isprtr1(config-if)#exit
```

2. 配置 Isprtr2 路由器的主机名、日志自动换行、禁止域名查询，并根据表 4-7-1 配置网络地址。

```
Router>enable
Router#configure terminal
Router(config)#no ip domain-lookup
Router(config)#line Console 0
```

```
Router(config-line)#logging synchronous
Router(config-line)#exit
Router(config)#hostname Isprtr2
Isprtr2(config)#interface serial 0/0/0
Isprtr2(config-if)#no shutdown
Isprtr2(config-if)#ip address 100.0.1.2 255.255.255.252
Isprtr2(config-if)#exit
Isprtr2(config)#interface gigabitEthernet 0/0
Isprtr2(config-if)#no shutdown
Isprtr2(config-if)#ip address 100.0.2.1 255.255.255.0
Isprtr2(config-if)#exit
```

3. 配置 Isprtr3 路由器的主机名、日志自动换行、禁止域名查询，并根据表 4-7-1 配置网络地址。

```
Router>enable
Router#configure terminal
Router(config)#no ip domain-lookup
Router(config)#line Console 0
Router(config-line)#logging synchronous
Router(config-line)#exit
Router(config)#hostname Isprtr3
Isprtr3(config)#interface serial 0/0/0
Isprtr3(config-if)#no shutdown
Isprtr3(config-if)#ip address 100.0.1.6 255.255.255.252
Isprtr3(config-if)#exit
Isprtr3(config)#interface gigabitEthernet 0/0
Isprtr3(config-if)#ip address 100.0.2.2 255.255.255.0
Isprtr3(config-if)#no shutdown
Isprtr3(config-if)#exit
```

4. 在 Isprtr1 上测试直连通信。

```
Isprtr1#ping 100.0.1.2
Type escape sequence to abort.
Sending 5,100-byte ICMP Echos to 100.0.1.2,timeout is 2 seconds:
!!!!!
Success rate is 100 percent(5/5),round-trip min/avg/max = 9/9/9 ms
Isprtr1#ping 100.0.1.6
Type escape sequence to abort.
Sending 5,100-byte ICMP Echos to 100.0.1.6,timeout is 2 seconds:
!!!!!
Success rate is 100 percent(5/5),round-trip min/avg/max = 9/9/9 ms
```

5. 在 Isprtr1 上修改 Se0/0/0 接口的延迟，从而使电信网络和联通网络之间的链路成本不一致。

```
Isprtr1(config)#interface serial 0/0/0
Isprtr1(config-if)#delay 200
Isprtr1(config-if)#end
```

6. 在 Isprtr3 上启用 EIGRP，并通过 network 指令宣告直连网络到 EIGRP 路由进程中。

```
Isprtr1(config)#router eigrp 1
Isprtr1(config-router)#network 100.0.0.0
Isprtr1(config-router)#network 100.0.1.0
Isprtr1(config-router)#end
```

7. 在 Isprtr2 上启用 EIGRP，并通过 network 指令宣告直连网络到 EIGRP 路由进程中。

```
Isprtr2(config)#router eigrp 1
Isprtr2(config-router)#network 100.0.1.0
Isprtr2(config-router)#network 100.0.2.0
Isprtr2(config-router)#end
```

8. 在 Isprtr3 上启用 EIGRP，并通过 network 指令宣告直连网络到 EIGRP 路由进程中。

```
Isprtr3(config)#router eigrp 1
Isprtr3(config-router)#network 100.0.2.0
Isprtr3(config-router)#network 100.0.1.0
```

9. 在 Isprtr1 上检查 EIGRP 邻居，可以看出来当前 Isprtr2 和 Isprtr3 邻居已经建立。

```
Isprtr1#show ip eigrp neighbors
EIGRP-IPv4 Neighbors for AS(1)
H  Address    Interface  Hold Uptime   SRTT  RTO  Q  Seq
                         (sec)         (ms)       Cnt Num
1  100.0.1.6  Se0/0/0    12 00:00:44    8    100  0  5
0  100.0.1.2  Se0/0/1    12 00:05:27    13   100  0  6
```

10. 在 Isprtr1 上检查路由表，去往 100.0.2.0 网段，主要通过 Isprtr2 进行转发。

```
Isprtr1#show ip route eigrp
      100.0.0.0/8 is variably subnetted,5 subnets,3 masks
D        100.0.2.0/24[90/1734656]via 100.0.1.2,00:03:42,Serial0/0/0
```

11. 在 Isprtr1 上启用非等价负载均衡。三种常用的动态路由协议 RIP、EIGRP 和 OSPF 中，只有 EIGRP 支持非等价负载均衡。

```
Isprtr1(config)#router eigrp 1
Isprtr1(config-router)#variance 2
Isprtr1(config-router)#end
```

12. 在 Isprtr1 上检查路由表。

```
Isprtr1#show ip route eigrp
      100.0.0.0/8 is variably subnetted,5 subnets,3 masks
D     100.0.2.0/24[90/2195456]via 100.0.1.6,00:02:25,Serial0/0/1
                  [90/1734656]via 100.0.1.2,00:02:25,Serial0/0/0
```

问题探究

1. EIGRP 和 OSPF 路由协议的相同点与区别有哪些?
2. EIGRP 被动接口的作用及与 RIP 的区别有哪些?
3. EIGRP 形成邻居的要求有哪些?
4. 不同网络类型对 EIGRP 的影响有哪些?
5. 不允许传输广播和组播的邻居如何建立 EIGRP 邻居?

知识拓展

通告距离(AD)是下一跳路由器到达目的地的度量值。

可行距离(FD)是本地路由器到达目的地的度量值。

后继者是一个相邻路由器，具有最低成本的路径到目的地(最低 FD)，是保证不会循环的一部分。后继路由将用于转发数据包，如果它们具有相同的 FD，则可以存在多条相同路径。

可行后继是离目的地很近的邻居，但不是最低开销的。一个可行后继确保一个无环拓扑，因为它的 AD 必须小于后继的 FD。可行后继和后继在同一时间进行选择，但它只保存在拓扑表中作为备份路径。拓扑表中可以保存多个可行后继为一个目的地。

EIGRP 使用度量值来确定到目的地的最佳路径。对于每一个子网，EIGRP 拓扑表包含一条或者多条可能的路由。每条可能的路由都包含各种度量值，如带宽、延迟等。EIGRP 路由器根据度量值计算一个整数度量值，来选择前往目的地的最佳路由。

当路由器选路时，计算出度量值最低的路径，也就是 FD，来确定最佳路由。当路由失效时，使用 RD 来选择替代路由。

编辑本段 EIGRP 度量值计算公式：

$$\text{Metric}=256\times\left\{(\text{K1}\times\text{BW})+\frac{\text{K2}\times\text{BW}}{256-\text{LOAD}}+(\text{K3}\times\text{DLY})\times\frac{\text{K5}}{(\text{RELIA}+\text{K4})}\right\}$$

默认情况下，K1 和 K3 是 1，其他的 K 值都是 0。所以，通常情况下，度量值可以简写为：

$$\text{Metric}=256\times\left\{\frac{1000\ 0000}{\text{最小 BW}}+\frac{\text{DLY 之和}}{10}\right\}$$

K 值也被称为权重。所有 EIGRP 邻居必须使用相同的 K 值，否则邻居无法建立。修改 K 值的方法如下：

```
Router(config-router)#metric weights tos k1 k2 k3 k4 k5
```

EIGRP 可以支持非等价负载均衡，最多支持 6 条，默认为 4 条，但非等价负载均衡功能默认为关闭状态。通过控制 Metric 的变量(Variance)值来控制非等价负载均衡的可接受范围。

非等价负载均衡计算方式：

路由表中正在使用的最优路由的 Metric 值为 FD，而拓扑数据库中备用路由的 Metric 值肯定是大于 FD 的。通过控制备用链路的 Metric 值与 FD 的倍数关系来控制 Variance 值，备用链路的 Metric 在 FD 的 Variance 值倍数范围内有资格执行负载均衡。

例如，当前 FD 为 20 时，3 条备用链路的 Metric 值分别为 30、50、55，如果 Variance 值取 2，那么 Metric 值在(20×2=)40 以内的链路都可以执行负载均衡，所以 Metric 值为 30 的链路可以执行负载均衡，而 Metric 值为 50 和 55 的却不可以，只有当 Variance 值取 3 时，Metric 值在(20×3=)60 以内的链路才可以执行负载均衡，所以 Metric 值为 50 和 55 只有在 Variance 值取 3 时才可以执行负载均衡。

注：Variance 值默认取为 1，也就是不执行非等价负载均衡，但会执行等价负载均衡。

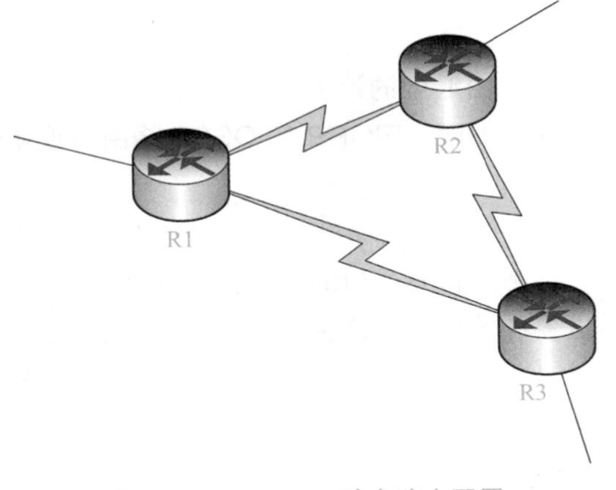

图 4-7-2　EIGRP 动态路由配置

项目拓展

利用所学路由器 EIGRP 路由配置方法，完成图 4-7-2、表 4-7-2 和表 4-7-3 所示路由配置。

表 4-7-2　网络设备信息

设备	命名	端口 IP 地址		
路由器 1	R1	Se0/0/0 DCE	192. 168. 1. 1/24	需要身份验证，允许建立邻居
		Se0/0/1 DCE	192. 168. 0. 1/24	需要身份验证，允许建立邻居
		Gi0/0	192. 168. 3. 1/24	禁止接收和发送路由更新
路由器 2	R2	Se0/0/0 DTE	192. 168. 1. 2/24	需要身份验证，允许建立邻居
		Se0/0/1 DCE	192. 168. 2. 1/24	需要身份验证，允许建立邻居
		Gi0/0	192. 168. 4. 1/24	禁止接收和发送路由更新
路由器 3	R3	Se0/0/0 DTE	192. 168. 0. 2/24	需要身份验证，允许建立邻居
		Se0/0/1 DTE	192. 168. 2. 2/24	需要身份验证，允许建立邻居
		Gi0/0	192. 168. 5. 1/24	禁止接收和发送路由更新

表 4-7-3　PC 信息

PC	接入设备	IP 地址	接入端口
PC1	R1	192. 168. 3. 2/24	R1 的 Gi0/0
PC2	R2	192. 168. 4. 2/24	R2 的 Gi0/0
PC3	R3	192. 168. 5. 2/24	R3 的 Gi0/0

子任务八 公共网络路由汇聚

学习目标

- 路由汇聚的计算
- 在 RIP、EIGRP 和 OSPF 路由协议中部署路由汇聚

任务引言

部署路由汇聚(Route Summarization)后，可以有效地减少与每一个路由数据转发有关的延迟，有效减少了路由表的条目数量，查询路由表的平均时间将加快。由于路由表数据的数量减少，路由协议的开销也将显著减少。随着整个网络(以及子网的数量)的扩大，路由汇聚将变得非常重要。

知识引入

路由汇聚(Route Summarization)是把小的子网汇聚成大的网络，下面演示路由汇总计算示例。

路由选择表中存储了如下网络：

172. 16. 12. 0/24

172. 16. 13. 0/24

172. 16. 14. 0/24

172. 16. 15. 0/24

要计算路由器的汇总路由，需判断这些地址最左边多少位是相同的。计算汇总路由的步骤如下：第一步：将地址转换为二进制格式，并将它们对齐。第二步：找到所有地址中都相同的最后一位。第三步：计算有多少位是相同的。汇总路由为第 1 个 IP 地址。

172. 16. 12. 0/24 = 172. 16. 000011 00. 00000000

172. 16. 13. 0/24 = 172. 16. 000011 01. 00000000

172. 16. 14. 0/24 = 172. 16. 000011 10. 00000000

172. 16. 15. 0/24 = 172. 16. 000011 11. 00000000

172. 16. 15. 255/24 = 172. 16. 000011 11. 11111111

IP 地址 172. 16. 12. 0 ~ 172. 16. 15. 255 的前 22 位相同，因此最佳的汇总路由为 172. 16. 12. 0/22。

工作任务——EIGRP 路由汇聚配置

【工作任务背景】

电信和移动公司在完成动态路由部署后，路由表的条目非常多。在路由器上部署路由汇聚后，核心路由器保留必要的路由条目，降低路由数据转发延迟，减少路由表查询的时间损耗。随着整个网络（及子网的数量）的扩大，路由汇聚将变得非常重要。拓扑图如图 4-8-1 所示。

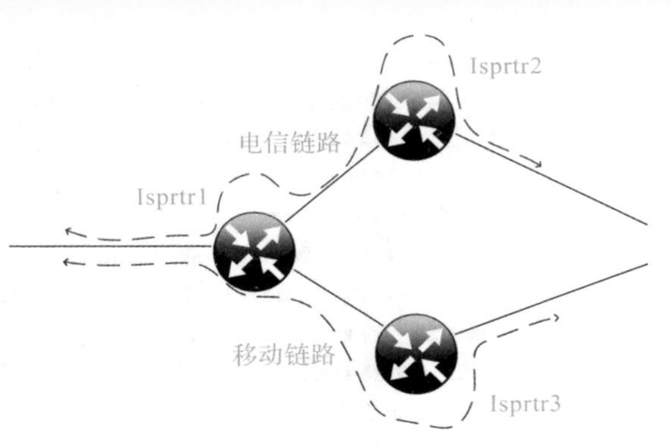

图 4-8-1　路由器静态路由配置

【工作任务分析】

在模拟拓扑中，在边缘设备 Isprtr1、Isprtr2 和 Isprtr3 上部署动态 EIGRP 路由作为基础路由，在每台路由器上均添加相应的环回口用于测试。根据表 4-8-1 进行设置。当所有网络节点都能通过 EIGRP 学习到后，在指定的接口上部署路由汇聚。若 EIGRP 动态路由配置成功，路由器的路由标目得到精简，并且所有节点之间可以相互 ping 通。

表 4-8-1　公共网络信息

设备	接口	IP	备注
Isprtr1	Gi0/0	100. 0. 0. 254/24	连接总公司
	Se0/0/0	100. 0. 1. 1/30	DCE
	Se0/0/1	100. 0. 1. 5/30	DCE
Isprtr2	Gi0/0	100. 0. 2. 254/24	分公司电信链路
	Se0/0/0	100. 0. 1. 2/30	DTE
	loopback 0	22. 0. 0. 1/24	本地测试接口
	loopback 1	22. 0. 1. 1/24	本地测试接口
	loopback 2	22. 0. 2. 1/24	本地测试接口
	loopback 3	22. 0. 3. 1/24	本地测试接口
Isprtr3	Gi0/0	100. 0. 3. 254/24	分公司移动链路
	Se0/0/0	100. 0. 1. 6/30	DTE
	loopback 0	33. 0. 0. 1/24	本地测试接口
	loopback 1	33. 0. 1. 1/24	本地测试接口
	loopback 2	33. 0. 2. 1/24	本地测试接口
	loopback 3	33. 0. 3. 1/24	本地测试接口

【任务实现】

1. 首先对路由器进行初始化设置，配置 Isprtr1 路由器的主机名、日志自动换行、禁止域名查询，并根据表 4-8-1 配置网络地址。

```
Router>enable
Router#configure terminal
```

```
Router(config)#hostname Isprtr1
Isprtr1(config)#no ip domain-lookup
Isprtr1(config)#line Console 0
Isprtr1(config-line)#logging synchronous
Isprtr1(config-line)#exit
Isprtr1(config)#interface gigabitEthernet 0/0
Isprtr1(config-if)#ip address 100.0.0.254 255.255.255.0
Isprtr1(config-if)#no shutdown
Isprtr1(config-if)#exit
Isprtr1(config)#interface serial 0/0/0
Isprtr1(config-if)#no shutdown
Isprtr1(config-if)#clock rate 2000000
Isprtr1(config-if)#ip address 100.0.1.1 255.255.255.252
Isprtr1(config-if)#exit
Isprtr1(config)#interface serial 0/0/1
Isprtr1(config-if)#no shutdown
Isprtr1(config-if)#clock rate 2000000
Isprtr1(config-if)#ip add 100.0.1.5 255.255.255.252
Isprtr1(config-if)#exit
```

2. 配置 Isprtr2 路由器的主机名、日志自动换行、禁止域名查询，并根据表 4-8-1 配置网络地址。

```
Router>enable
Router#configure terminal
Router(config)#no ip domain-lookup
Router(config)#line Console 0
Router(config-line)#logging synchronous
Router(config-line)#exit
Router(config)#hostname Isprtr2
Isprtr2(config)#interface serial 0/0/0
Isprtr2(config-if)#no shutdown
Isprtr2(config-if)#ip address 100.0.1.2 255.255.255.252
Isprtr2(config-if)#exit
Isprtr2(config)#interface gigabitEthernet 0/0
Isprtr2(config-if)#no shutdown
Isprtr2(config-if)#ip address 100.0.2.254 255.255.255.0
Isprtr2(config-if)#exit
Isprtr2(config)#interface loopback 0
Isprtr2(config-if)#ip address 22.0.0.1 255.255.255.0
Isprtr2(config-if)#exit
Isprtr2(config)#interface loopback 1
Isprtr2(config-if)#ip address 22.0.1.1 255.255.255.0
Isprtr2(config-if)#exit
Isprtr2(config)#interface loopback 2
Isprtr2(config-if)#ip address 22.0.2.1 255.255.255.0
```

```
Isprtr2(config-if)#exit
Isprtr2(config)#interface loopback 3
Isprtr2(config-if)#ip address 22.0.3.1 255.255.255.0
Isprtr2(config-if)#exit
```

3. 配置 Isprtr3 路由器的主机名、日志自动换行、禁止域名查询，并根据表 4-8-1 配置网络地址。

```
Router>enable
Router#configure terminal
Router(config)#no ip domain-lookup
Router(config)#line Console 0
Router(config-line)#logging synchronous
Router(config-line)#exit
Router(config)#hostname Isprtr3
Isprtr3(config)#interface serial 0/0/0
Isprtr3(config-if)#no shutdown
Isprtr3(config-if)#ip address 100.0.1.6 255.255.255.252
Isprtr3(config-if)#exit
Isprtr3(config)#interface gigabitEthernet 0/0
Isprtr3(config-if)#ip address 100.0.2.2 255.255.255.0
Isprtr3(config-if)#no shutdown
Isprtr3(config-if)#exit
Isprtr3(config)#interface loopback 0
Isprtr3(config-if)#ip address 33.0.0.1 255.255.255.0
Isprtr3(config-if)#exit
Isprtr3(config)#interface loopback 1
Isprtr3(config-if)#ip address 33.0.1.1 255.255.255.0
Isprtr3(config-if)#exit
Isprtr3(config)#interface loopback 2
Isprtr3(config-if)#ip address 33.0.2.1 255.255.255.0
Isprtr3(config-if)#exit
Isprtr3(config)#interface loopback 3
Isprtr3(config-if)#ip address 33.0.3.1 255.255.255.0
Isprtr3(config-if)#exit
```

4. 根据所学知识，将当前任务拓扑中所有路由器的所有接口宣告到 EIGRP 自治区域 1 中。下面以 Isprtr2 为例进行配置。

```
Isprtr2(config)#router eigrp 1
Isprtr2(config-router)#network 22.0.0.0
Isprtr2(config-router)#network 100.0.0.0
Isprtr2(config-router)#network 100.0.2.0
```

5. EIGRP 部署成功后，在 Isprtr1 上查看路由表，此时路由表条目尚未配置路由汇聚，路由条目非常庞大。

```
Isprtr1#show ip route eigrp
     22.0.0.0/24 is subnetted,4 subnets
D    22.0.0.0[90/1837056]via 100.0.1.2,00:08:04,Serial0/0/0
D    22.0.1.0[90/1837056]via 100.0.1.2,00:08:04,Serial0/0/0
D    22.0.2.0[90/1837056]via 100.0.1.2,00:08:04,Serial0/0/0
D    22.0.3.0[90/1837056]via 100.0.1.2,00:08:04,Seriall0/0/0
     33.0.0.0/24 is subnetted,4 subnets
D    33.0.0.0[90/2297856]via 100.0.1.6,00:01:10,Serial0/0/1
D    33.0.1.0[90/2297856]via 100.0.1.6,00:01:10,Serial0/0/1
D    33.0.2.0[90/2297856]via 100.0.1.6,00:01:10,Serial0/0/1
D    33.0.3.0[90/2297856]via 100.0.1.6,00:01:10,Serial0/0/1
     100.0.0.0/8 is variably subnetted,6 subnets,3 masks
D 100.0.2.0/24[90/1734656]via 100.0.1.2,00:10:30,Serial0/0/0
D 100.0.3.0/24[90/2195456]via 100.0.1.6,00:10:19,Serial0/0/1
```

6. 在 Isprtr2 上部署 EIGRP 路由汇聚，在连接 Isprtr1 的 Se0/0/0 接口上启用路由汇聚。

```
Isprtr2(config)#interface serial 0/0/0
Isprtr2(config-if)#ip summary-address eigrp 1 22.0.0.0/22
Isprtr2(config-if)#end
```

7. 在 Isprtr3 上部署 EIGRP 路由汇聚，在连接 Isprtr1 的 Se0/0/0 接口上启用路由汇聚。

```
Isprtr3(config)#interface serial 0/0/0
Isprtr3(config-if)#ip summary-address eigrp 1 33.0.0.0/22
Isprtr3(config-if)#end
```

8. 路由汇聚配置成功后，在 Isprtr1 上再次检查检查路由表，此时相关的明细路由已被精简，路由标目也少了很多。

```
Isprtr1#show ip route eigrp
    22.0.0.0/22 is subnetted,1 subnets
D     22.0.0.0[90/1837056]via 100.0.1.2,00:02:47,Serial1/0
    33.0.0.0/22 is subnetted,1 subnets
D   33.0.0.0[90/2297856]via 100.0.1.6,00:01:40,Serial1/1
      100.0.0.0/8 is variably subnetted,6 subnets,3 masks
D     100.0.2.0/24[90/1734656]via 100.0.1.2,00:16:17,Serial1/0
D     100.0.3.0/24[90/2195456]via 100.0.1.6,00:16:06,Serial1/1
```

9. 最后在 Isprtr1 上进行连通性测试。

```
Isprtr1#ping 22.0.3.1
Type escape sequence to abort.
Sending 5,100-byte ICMP Echos to 22.0.3.1,timeout is 2 seconds:
!!!!!
Success rate is 100 percent(5/5),round-trip min/avg/max = 8/9/10 ms
Isprtr1#ping 33.0.3.1
Type escape sequence to abort.
```

```
Sending 5,100-byte ICMP Echos to 33.0.3.1,timeout is 2 seconds:
!!!!!
Success rate is 100 percent(5/5),round-trip min/avg/max = 9/9/9 ms
```

问题探究

1. 简述计算路由汇总的规律。
2. 简述距离矢量路由和链路状态路由的路由汇总异同点。

知识拓展

1. RIP 路由汇总(距离矢量路由协议的路由汇总只针对接口方向生效，因此以下配置均在接口下启用)。

```
ip summary-address rip addr mask
ip summary-address rip 172.16.0.0 255.255.252.0
```

2. OSPF 路由汇总分为两种，一种是区域内路由汇总，一种是区域外路由汇总。这里内和外是指这个路由是内部学习的还是外部学习的。区域外汇总是在 ASBR 上汇总的，区域内汇总是在 ABR 上汇总的。

区域内汇总：

```
area id range addr mask
area 1 range 172.16.0.0 255.255.252.0
```

区域外汇总：

```
summary-address addr mask
summary-address 172.16.0.0 255.255.252.0
```

项目拓展

利用所学知识完成 RIP 和 OSPF 路由汇总练习。

子任务九 公共网络 NAT 地址转换的配置

学习目标

- 掌握地址转换的配置
- 掌握向外发布内部服务器地址转换的方法
- 掌握私有地址访问 Internet 的配置方法

任务引言

在 IPv4 时代，NAT 很好地解决了 IP 地址不足的问题。不仅如此，NAT 还能有效地避免来自网络外部的攻击，隐藏并保护网络内部的计算机。

知识引入

网络地址转换协议(Network Address Translation，NAT)是指内部网络 IP 地址与公用 IP 地址进行转换。

NAT 的实现方式有三种，即静态转换、动态转换和端口多路复用。

静态转换是指将内部网络的私有 IP 地址转换为公用 IP 地址时，IP 地址对是一对一的，是一成不变的，某个私有 IP 地址只转换为某个公用 IP 地址。借助于静态转换，可以实现外部网络对内部网络中某些特定设备(如服务器)的访问。

动态转换是指将内部网络的私有 IP 地址转换为公用 IP 地址时，IP 地址是不确定的，是随机的，所有被授权访问 Internet 的私有 IP 地址可随机转换为任何指定的合法 IP 地址。也就是说，只要指定哪些内部地址可以进行转换，以及用哪些合法地址作为外部地址，就可以进行动态转换。动态转换可以使用多个合法外部地址集。当 ISP 提供的合法 IP 地址略少于网络内部的计算机数量时，可以采用动态转换的方式。

端口多路复用(Port Address Translation，PAT)是指改变外出数据包的源端口并进行端口转换，即端口地址转换。采用端口多路复用方式，内部网络的所有主机均可共享一个合法外部 IP 地址实现对 Internet 的访问，从而可以最大限度地节约 IP 地址资源。同时，又可隐藏网络内部的所有主机，有效避免来自 Internet 的攻击。因此，目前网络中应用最多的就是端口多路复用方式。

工作任务——网络地址转换配置

【工作任务背景】

企业 A 总公司内部客户端有访问 Internet 的需求，ISP 供应商需要在总公司的出口网关处为内部网络部署网络地址转换。同时，公司内部还存在一台服务器，这个服务器提供公司的门户网站服务，它应该被内部客户端和外部 Internet 客户端访问。拓扑图如图 4-9-1 所示。

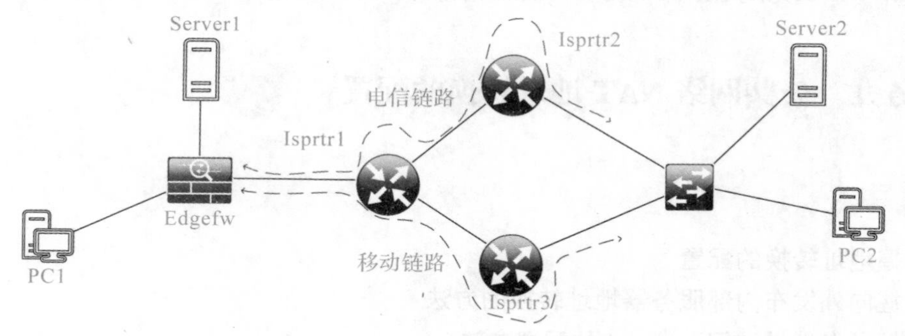

图 4-9-1　NAT 地址转换配置

【工作任务分析】

如图 4-9-1 所示，PC1 为内部客户端，PC2 为 Internet 客户端。详细的参数说明见表 4-

9-1 和表 4-9-2。当 PC1 访问 Server2 服务器上的网站时，需要在 Isprtr1 上做 NAT 地址转换，更换源地址为接口合法地址。同样，当 PC2 访问 Server1 服务器上的网站时，也需要在 Isprtr1 上做 NAT 地址转换，更换目的地址，使数据能够转发到 Server1 上。

表 4-9-1 网络设备信息

设备	接口	IP	备注
Edgefw	Gi0/0	10. 0. 0. 253/30	连接 Isprtr1
	Gi0/1	192. 168. 0. 254/24	连接内部客户端
	Gi0/2	172. 16. 0. 254/24	连接内部服务器
Isprtr1	Gi0/0	10. 0. 0. 254/30	连接总公司
	Se0/0/0	100. 0. 1. 1/30	DCE
	Se0/0/1	100. 0. 1. 5/30	DCE
Isprtr2	Gi0/0	100. 0. 2. 1/24	通往 Internet 端
	Se0/0/0	100. 0. 1. 2/30	DTE
Isprtr3	Gi0/0	100. 0. 2. 2/24	通往 Internet 端
	Se0/0/0	100. 0. 1. 6/30	DTE

表 4-9-2 PC 信息

PC	模拟公司	IP 地址	接入端口
PC1	总公司内部客户端	192. 168. 0. 100/24	Edgefw 的 Gi0/1
PC2	因特网客户端	100. 0. 2. 100/24	Switch 的 Fa0/1
Server1	总公司内部服务器	172. 16. 0. 100/24	Edgefw 的 Gi0/0
Server2	因特网服务器	100. 0. 2. 200/24	Switch 的 Fa0/2

PC1 模拟企业 A 广州总公司，PC2 模拟因特网客户端。Server1 和 Server2 分别模拟公司内部应用服务器和因特网应用服务器。

【任务实现】

1. 首先对总公司内部访问器进行初始化设置，配置 Edgefw 主机名、IP 地址、安全等级和接口名称；根据表 4-9-1 配置网络地址；初始化路由器 Edgefw。

```
ciscoasa(config)# hostname Edgefw
Edgefw(config)# interface gigabitEthernet 0/0
Edgefw(config-if)# nameif DMZ
Edgefw(config-if)# ip address 172.16.0.254 255.255.255.0
Edgefw(config-if)# security-level 50
Edgefw(config-if)# exit
Edgefw(config)# interface gigabitEthernet 0/1
```

```
Edgefw(config-if)# nameif Inside
Edgefw(config-if)# security-level 100
Edgefw(config-if)# ip address 192.168.0.254 255.255.255.0
Edgefw(config-if)# exit
Edgefw(config)# interface gigabitEthernet 0/2
Edgefw(config-if)# nameif Outside
Edgefw(config-if)# no shutdown
Edgefw(config-if)# security-level 0
Edgefw(config-if)# ip add 10.0.0.253 255.255.255.252
Edgefw(config-if)# exit
```

2. 配置 Isprtr1 路由器的主机名，根据表 4-9-1 配置网络地址。

```
Router>enable
Router#configure terminal
Router(config)#hostname Isprtr1
Isprtr1(config)#interface gigabitEthernet 0/0
Isprtr1(config-if)#no shutdown
Isprtr1(config-if)#ip address 10.0.0.254 255.255.255.252
Isprtr1(config-if)#exit
Isprtr1(config)#interface serial 0/0/0
Isprtr1(config-if)#no shutdown
Isprtr1(config-if)#encapsulation ppp
Isprtr1(config-if)#ip address 100.0.1.1 255.255.255.252
Isprtr1(config-if)#exit
Isprtr1(config)#interface serial 0/0/1
Isprtr1(config-if)#no shutdown
Isprtr1(config-if)#encapsulation ppp
Isprtr1(config-if)#ip address 100.0.1.5 255.255.255.252
Isprtr1(config-if)#exit
```

3. 配置 Isprtr2 路由器的主机名，根据表 4-9-1 配置网络地址。

```
Router>enable
Router#configure terminal
Router(config)#hostname Isprtr2
Isprtr2(config)#interface serial0/0/0
Isprtr2(config-if)#no shutdown
Isprtr2(config-if)#encapsulation ppp
Isprtr2(config-if)#ip address 100.0.1.2 255.255.255.252
Isprtr2(config-if)#exit
Isprtr2(config)#interface gigabitEthernet 0/0
Isprtr2(config-if)#no shutdown
Isprtr2(config-if)#ip address 100.0.2.1 255.255.255.0
Isprtr2(config-if)#exit
```

4. 配置 Isprtr3 路由器的主机名，根据表 4-9-1 配置网络地址。

```
Router>enable
Router#configure terminal
Router(config)#hostname Isprtr3
Isprtr3(config)#interface serial0/0/0
Isprtr3(config-if)#no shutdown
Isprtr3(config-if)#encapsulation ppp
Isprtr3(config-if)#ip address 100.0.1.6 255.255.255.252
Isprtr3(config-if)#exit
Isprtr3(config)#interface gigabitEthernet 0/0
Isprtr3(config-if)#no shutdown
Isprtr3(config-if)#ip address 100.0.2.2 255.255.255.0
Isprtr3(config-if)#exit
```

5. 为了使 ISP 区域网络互通，启用动态路由协议和配置静态路由。此处采用 EIGRP 动态路由协议，并且使用全新的命名模式进行部署。

```
Isprtr1(config)#ip route 192.168.0.0 255.255.255.0 10.0.0.253
Isprtr1(config)#ip route 172.16.0.0 255.255.255.0 10.0.0.253
Isprtr1(config)#router eigrp Isp_Area
Isprtr1(config-router)#address-family ipv4 unicast autonomous-system 1
Isprtr1(config-router-af)#network 100.0.0.0
Isprtr1(config-router-af)#end
Isprtr2(config)#router eigrp Isp_Area
Isprtr2(config-router)#address-family ipv4 unicast autonomous-system 1
Isprtr2(config-router-af)#network 100.0.0.0
Isprtr2(config-router-af)#network 100.0.2.0
Isprtr2(config-router-af)#end
Isprtr3(config)#router eigrp Isp_Area
Isprtr3(config-router)#address-family ipv4 unicast autonomous-system 1
Isprtr3(config-router-af)#network 100.0.0.0
Isprtr3(config-router-af)#network 100.0.2.0
Isprtr3(config-router-af)#end
```

6. 部署成功后，在 Isprtr1 上检查路由表。

```
Isprtr1#show ip route eigrp
  100.0.0.0/8 is variably subnetted,7 subnets,3 masks
D 100.0.2.0/24[90/14068062]via 100.0.1.6,00:01:17,Serial0/0/1
      [90/14068062]via 100.0.1.2,00:01:17,Serial0/0/0
```

7. 开始部署网络地址转换。首先在 Isprtr1 上创建相应的 ACL 条目，用于匹配需要进行网络地址转换的客户端。

```
Isprtr1(config)#ip Access-list extended Inside_Network
Isprtr1(config-ext-nacl)#permit ip 192.168.0.0 0.0.0.255 any
Isprtr1(config-ext-nacl)#permit ip 172.16.0.0 0.0.0.255 any
Isprtr1(config-ext-nacl)#permit ip 10.0.0.252 0.0.0.3 any
```

```
Isprtr1(config-ext-nacl)#exit
```

8. 创建动态 NAT 规则，使用 100.0.3.100 地址作为 NAT 外部全局地址。关联“Inside_Network”ACL 条目。

```
Isprtr1(config)#ip nat pool Nat_Pool 100.0.3.100 100.0.3.100 netmask 255.255.255.0
Isprtr1(config)#ip nat inside source list Inside_Network pool Nat_Pool overload
```

9. 相关配置创建完成后，在 Isprtr1 接口上启用 NAT。连接外部网络的接口定义为 outside 接口，连接总公司内部的接口定义为 inside 接口。

```
Isprtr1(config)#interface serial 0/0/0
Isprtr1(config-if)#ip nat outside
Isprtr1(config-if)#exit
Isprtr1(config)#interface serial 0/0/1
Isprtr1(config-if)#ip nat outside
Isprtr1(config-if)#exit
Isprtr1(config)#interface gigabitEthernet 0/0
Isprtr1(config-if)#ip nat inside
Isprtr1(config-if)#exit
```

10. 为了使内部网络能够访问 Internet，需要在 Edgefw 上配置默认路由。

```
Edgefw(config)# route Outside 0.0.0.0 0.0.0.0 10.0.0.254
```

11. 测试采用 ping 工具，需要在 Edgefw 上放行 ICMP 流量。

```
Edgefw(config)# policy-map global_policy
Edgefw(config-pmap)# class inspection_default
Edgefw(config-pmap-c)# inspect icmp
```

12. 在 PC1 客户端上进行连通性测试，如图 4-9-2 所示。

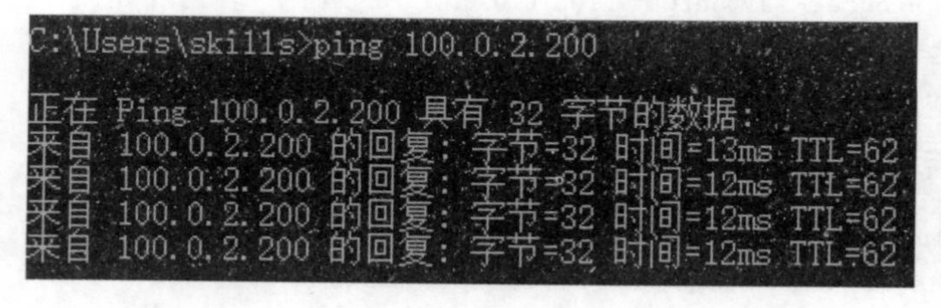

图 4-9-2　连通性测试

13. 在 PC1 客户端上进行 Web 服务访问测试，如图 4-9-3 所示。

14. 在 Isprtr1 上检查 NAT 转换。

```
Isprtr1#show ip nat translations
Pro Inside global      Inside local      Outside local      Outside global
icmp 100.0.3.100:1   192.168.0.100:1   100.0.2.200:1   100.0.2.200:1
tcp 100.0.3.100:49692 192.168.0.100:49692 100.0.2.200:80 100.0.2.200:80
```

```
tcp 100.0.3.100:49694   192.168.0.100:49694 100.0.2.200:80     100.0.2.200:80
tcp 100.0.3.100:49695   192.168.0.100:49695 100.0.2.200:80     100.0.2.200:80
```

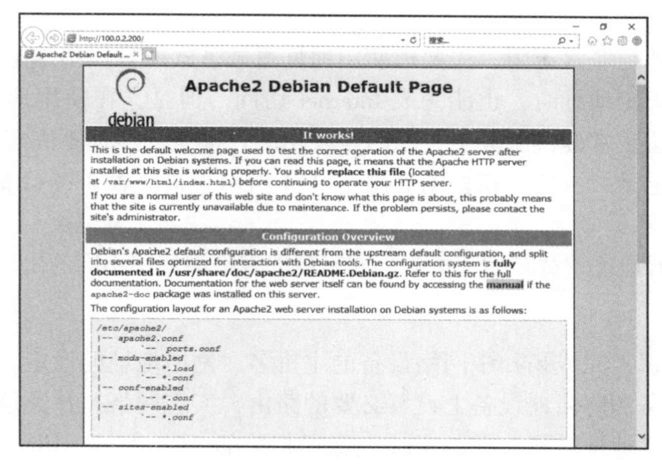

图 4-9-3　Web 服务访问测试

15. 在 Isprtr1 上创建静态 NAT 规则，以将内部 Server1 通过静态 NAT 将 TCP80 端口映射到公网上。

```
Isprtr1(config)#ip nat inside source static tcp 172.16.0.100 80 100.0.3.200 80
```

16. 在 Edgefw 上放行来自外部网络访问内部服务器的 Web 流量。

```
Edgefw(config)# Access-list Inbound extended permit tcp any host 172.16.0.100 eq www
Edgefw(config)# Access-group Inbound in interface Outside
```

17. 在 PC2 客户端上进行 Web 服务访问测试，如图 4-9-4 所示。

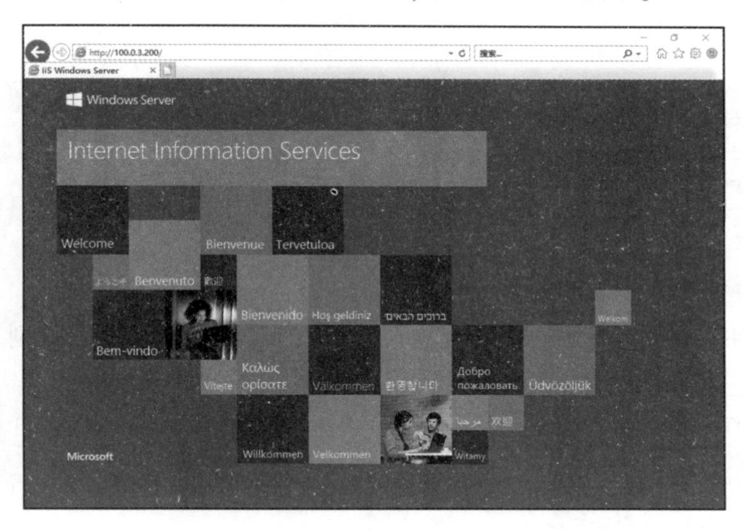

图 4-9-4　Web 服务访问测试

工作任务——地址重载转换配置

【工作任务背景】

由于网络公网地址非常有限，先要求使用地址重载方式配置网络地址转换，这样当公司出口网络地址不是固定地址时，也能完成 Internet 访问。但是，在使用地址重载后，公司内部服务器就没有办法正常提供服务了。原因是公司的外部全局地址不固定，无法为服务器添加合适的域名解析记录。本任务拓扑图如图 4-9-1 所示，根据表 4-9-1 和表 4-9-2 进行初始化网络地址等设置。

在 Isprtr1 上部署地址重载转换，根据不同来源的客户端使用不同的出口进行访问 Internet。

【任务实现】

1. 根据所学知识，完成拓扑中网络设备的主机名、网络地址的设定。

2. 在防火墙设备和路由器设备上设置必要的路由，实现网络拓扑通信。

3. 开始部署网络地址转换，在 Isprtr1 上配置相关的 ACL 条目，用于匹配需要进行网络地址转换的客户端，此处创建两条 ACL 条目，分别用于匹配不同网段的客户端。

```
Isprtr1(config)#ip Access-list extended Inside1
Isprtr1(config-ext-nacl)#permit ip 192.168.0.0 0.0.0.255 any
Isprtr1(config-ext-nacl)#exit
Isprtr1(config)#ip Access-list extended Inside2
Isprtr1(config-ext-nacl)#permit ip172.16.0.0 0.0.0.255 any
Isprtr1(config-ext-nacl)#exit
```

4. 在 Isprtr1 上创建 route-map 规则，用于 NAT 的规则匹配。

```
Isprtr1(config)#route-map To-DX permit 10
Isprtr1(config-route-map)#match ip address Inside1
Isprtr1(config-route-map)#exit
Isprtr1(config)#route-map To-DX deny 20
Isprtr1(config-route-map)#exit
Isprtr1(config)#route-map To-YD permit 10
Isprtr1(config-route-map)#match ip address Inside2
Isprtr1(config-route-map)#exit
Isprtr1(config)#route-map To-YD deny 20
Isprtr1(config-route-map)#exit
```

5. 当 ACL 和 route-map 的规则创建成功后，开始部署网络地址转换规则。

```
Isprtr1(config)#ip nat inside source route-map To-DX interface Serial0/0/0 overload
Isprtr1(config)#ip nat inside source route-map To-YD interface Serial0/0/1 overload
```

6. 在相应的路由接口上启用 NAT 功能。

```
Isprtr1(config)#interface serial 0/0/0
Isprtr1(config-if)#ip nat outside
Isprtr1(config-if)#exit
```

```
Isprtr1(config)#interface serial 0/0/1
Isprtr1(config-if)#ip nat outside
Isprtr1(config-if)#exit
Isprtr1(config)#interface gigabitEthernet 0/0
Isprtr1(config-if)#ip nat inside
Isprtr1(config-if)#exit
```

7. 在 PC1 上进行测试，访问 Server2 成功，如图 4-9-5 所示。

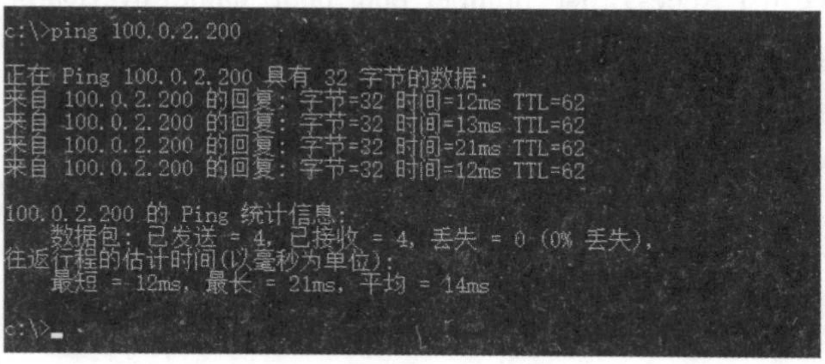

```
c:\>ping 100.0.2.200

正在 Ping 100.0.2.200 具有 32 字节的数据:
来自 100.0.2.200 的回复: 字节=32 时间=12ms TTL=62
来自 100.0.2.200 的回复: 字节=32 时间=13ms TTL=62
来自 100.0.2.200 的回复: 字节=32 时间=21ms TTL=62
来自 100.0.2.200 的回复: 字节=32 时间=12ms TTL=62

100.0.2.200 的 Ping 统计信息:
    数据包: 已发送 = 4, 已接收 = 4, 丢失 = 0 (0% 丢失),
往返行程的估计时间(以毫秒为单位):
    最短 = 12ms, 最长 = 21ms, 平均 = 14ms

c:\>_
```

图 4-9-5　在 PC1 上进行连通性测试

8. 在 Server1 上进行测试，访问 Server2 成功，如图 4-9-6 所示。

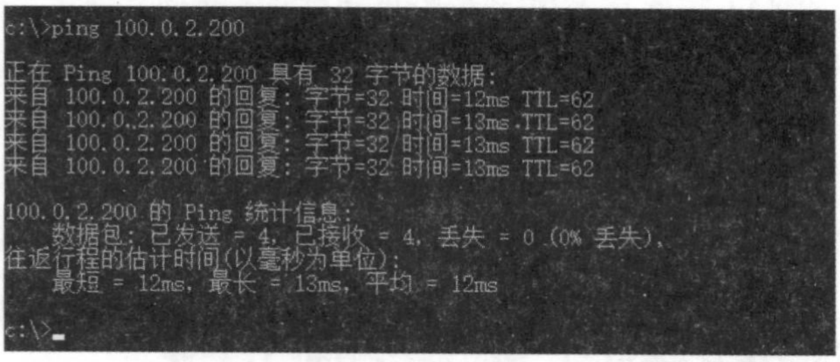

```
c:\>ping 100.0.2.200

正在 Ping 100.0.2.200 具有 32 字节的数据:
来自 100.0.2.200 的回复: 字节=32 时间=12ms TTL=62
来自 100.0.2.200 的回复: 字节=32 时间=13ms TTL=62
来自 100.0.2.200 的回复: 字节=32 时间=13ms TTL=62
来自 100.0.2.200 的回复: 字节=32 时间=13ms TTL=62

100.0.2.200 的 Ping 统计信息:
    数据包: 已发送 = 4, 已接收 = 4, 丢失 = 0 (0% 丢失),
往返行程的估计时间(以毫秒为单位):
    最短 = 12ms, 最长 = 13ms, 平均 = 12ms

c:\>_
```

图 4-9-6　在 Server1 上进行连通性测试

9. 检查 Isprtr1 上的 NAT 转换表。

```
Isprtr1#show ip nat translations
Pro Inside global  Inside local     Outside local     Outside global
icmp 100.0.1.1:1   192.168.0.100:1  100.0.2.200:1     100.0.2.200:1
icmp 100.0.1.5:1172.16.0.100:1  100.0.2.200:1     100.0.2.200:1
```

问题探究

1. 简述静态 NAT 的应用场景。
2. 简述动态 NAT 的应用场景。
3. 简述 IP 复用和接口复用的区别。
4. 简述 NAT 应用方向的区别。

知识拓展

ip nat{inside|outside}：接口配置命令。以在至少一个内部和一个外部接口上启用 NAT。

ip nat inside source static local-ip global-ip：全局配置命令。在对内部局部地址使用静态地址转换时，用该命令进行地址定义。

Access-list Access-list-number{permit | deny}local-ip-address：使用该命令为内部网络定义一个标准的IP访问控制列表。

ip nat pool pool-name start-ip end-ip netmask netmask[type rotary]：使用该命令为内部网络定义一个NAT地址池。

ip nat inside source list Access-list-number pool pool-name[overload]：使用该命令定义访问控制列表与NAT内部全局地址池之间的映射。

ip nat outside source list Access-list-number pool pool-name[overload]：使用该命令定义访问控制列表与NAT外部局部地址池之间的映射。

ip nat inside destination list Access-list-number pool pool-name：使用该命令定义访问控制列表与终端NAT地址池之间的映射。

show ip nat translations：显示当前存在的NAT转换信息。

show ip nat statistics：查看NAT的统计信息。

show ip nat translations verbose：显示当前存在的NAT转换的详细信息。

debug ip nat：跟踪NAT操作，显示出每个被转换的数据包。

Clear ip nat translations *：删除NAT映射表中的所有内容。

项目拓展

利用所学知识完成在防火墙上配置静态NAT和动态NAT。

子任务十　公共网络策略路由(PBR)配置

学习目标

- 理解策略路由的原理
- 掌握策略路由的配置

任务引言

当网络中出现多条能到达目标的链路时，如何合理分配路由则显得非常重要。策略路由可以依据网络情况灵活地进行数据转发。

知识引入

策略路由是一种基于目标网络进行更加灵活的数据包路由转发机制。路由器将通过Route-map决定如何对需要路由的数据包进行处理，Route-map决定了一个数据包的下一跳转发路由器。

应用策略路由时，必须要指定策略路由使用的 Route-map，并且要创建 Route-map。一个 Route-map 由很多条策略组成，每个策略都定义了 1 个或多个匹配规则和对应操作。一个接口应用策略路由后，将对该接口接收到的所有包进行检查，不符合 Route-map 任何策略的数据包将按照通常的路由转发进行处理，符合 Route-map 中某个策略的数据包就按照该策略中定义的操作进行处理。

策略路由可以使数据包按照用户指定的策略进行转发。对于某些管理目的，如 QoS 需求或 VPN 拓扑结构，要求某些路由必须经过特定的路径，就可以使用策略路由。例如，一个策略可以指定从某个网络发出的数据包只能转发到某个特定的接口。

工作任务——公共网络策略路由(PBR)配置

【工作任务背景】

企业 A 总公司存在功能部门和业务部门两类，连接分公司的公共链路有电信链路和移动链路两类。为了合理分配带宽流量，公司希望实现功能部门的数据从移动链路访问 Internet，而业务部门的数据从电信链路访问 Internet(全网使用 OSPF 路由协议)，如图 4-10-1 所示。

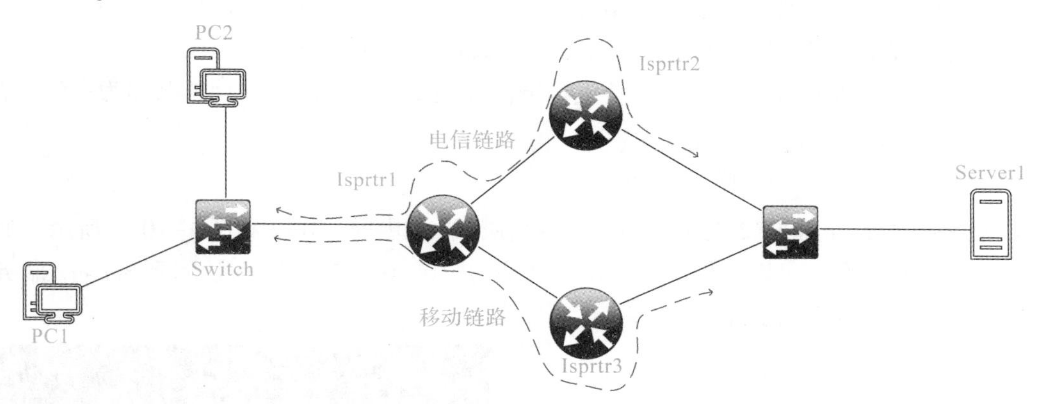

图 4-10-1　公共网络策略路由配置

【工作任务分析】

PC1 模拟企业 A 总公司功能部门客户端，PC2 模拟企业 A 总公司业务部门客户端。Server1 为因特网应用服务器。当 PBR 配置成功后，PC1 使用电信网络访问到 Server1，PC2 使用移动网络访问到 Server1。拓扑图如图 4-10-1 所示，详细的参数设置见表 4-10-1 和表 4-10-2。

表 4-10-1　网络设备信息

设备	接口	IP	备注
Isprtr1	Gi0/0	192. 168. 1. 254/24	连接客户端
	Se0/0/0	100. 0. 1. 1/30	电信链路
	Se0/0/1	100. 0. 1. 5/30	移动链路

续表

设备	接口	IP	备注
Isprtr2	Gi0/0	100. 0. 2. 1/24	连接服务器
	Se0/0/0	100. 0. 1. 2/30	电信链路
Isprtr3	Gi0/0	100. 0. 2. 2/24	连接服务器
	Se0/0/0	100. 0. 1. 6/30	移动链路

表 4-10-2　PC 信息

PC	模拟公司	IP 地址
PC1	功能部门	192. 168. 1. 100/24
PC2	业务部门	192. 168. 1. 200/24
Server1	因特网服务器	100. 0. 2. 200/24

【任务实现】

1. 根据所学知识，完成拓扑中网络设备的主机名、网络地址的设定。

2. 在路由器设备上部署 OSPF 动态路由，实现网络拓扑通信。

3. 通过修改 OSPF 链路 Cost 值，使电信链路优先于移动链路，移动链路作为备份链路。

```
Isprtr1(config)#interface serial 0/0/1
Isprtr1(config-if)#ip ospf cost 100
```

4. 在客户端 PC1 和 PC2 上进行初始化网络测试，如图 4-10-2 和图 4-10-3 所示。通过使用 tracert 工具探测，可以看出，下一跳地址均为“100. 0. 1. 2”。目前访问到 Server2 服务器时，使用的链路均为电信链路。

```
C:\>ipconfig

Windows IP 配置

以太网适配器 Ethernet0:

   连接特定的 DNS 后缀 . . . . . . . :
   本地链接 IPv6 地址. . . . . . . . : fe80::24dd:e002:67f9:5872%3
   IPv4 地址 . . . . . . . . . . . . : 192.168.1.100
   子网掩码 . . . . . . . . . . . . : 255.255.255.0
   默认网关. . . . . . . . . . . . . : 192.168.1.254

C:\>tracert 100.0.2.200

通过最多 30 个跃点跟踪到 100.0.2.200 的路由

  1     2 ms     1 ms     1 ms  192.168.1.254
  2    11 ms    10 ms    10 ms  100.0.1.2
  3    11 ms    13 ms    13 ms  100.0.2.200

跟踪完成。

C:\>_
```

图 4-10-2　PC1 功能测试

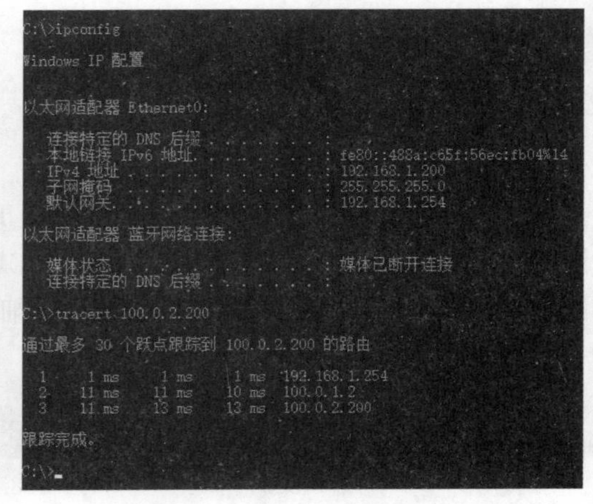

图 4-10-3　PC2 功能测试

5. 在 Isprtr1 上创建 ACL 规则，使用 route-map 匹配源主机，进行 PBR 规则配置。

```
Isprtr1(config)#ip Access-list standard PC1
Isprtr1(config-std-nacl)#permit host 192.168.1.100
Isprtr1(config-std-nacl)#exit
Isprtr1(config)#ip Access-list standard PC2
Isprtr1(config-std-nacl)#permit host 192.168.1.200
Isprtr1(config-std-nacl)#exit
Isprtr1(config)#route-map PBR permit 10
Isprtr1(config-route-map)#match ip address PC1
Isprtr1(config-route-map)#set ip next-hop 100.0.1.2
Isprtr1(config-route-map)#exit
Isprtr1(config)#route-map PBR permit 20
Isprtr1(config-route-map)#match ip address PC2
Isprtr1(config-route-map)#set ip next-hop 100.0.1.6
Isprtr1(config-route-map)#exit
Isprtr1(config)#route-map PBR permit 30
Isprtr1(config-route-map)#exit
```

6. 创建号的 PBR 规则，一定要应用到接口才能生效。

```
Isprtr1(config)#interface gigabitEthernet 0/0
Isprtr1(config-if)#ip policy route-map PBR
```

7. 在客户端 PC1 和 PC2 上进行测试，如图 4-10-4 和图 4-10-5 所示。测试时根据任务要求，PC1 使用电信网络作为下一跳(100.0.1.2)，PC 使用移动网络作为下一跳(100.0.1.6)。

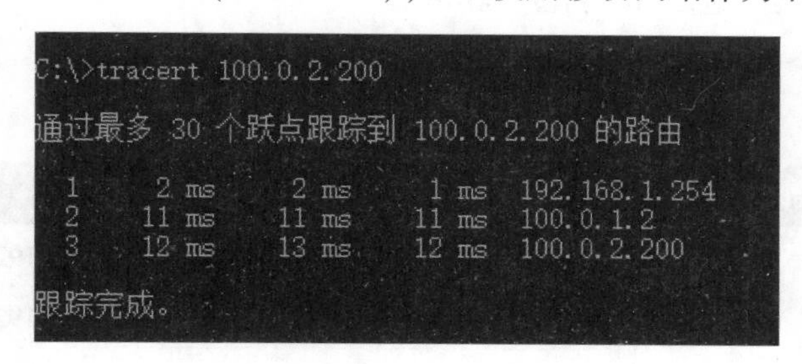

图 4-10-4　PC1 PBR 测试

```
C:\>tracert 100.0.2.200

通过最多 30 个跃点跟踪到 100.0.2.200 的路由

  1     1 ms     2 ms     2 ms  192.168.1.254
  2    11 ms    11 ms    11 ms  100.0.1.6
  3    13 ms    13 ms    12 ms  100.0.2.200

跟踪完成。
```

表 4-10-5　PC2 PBR 测试

问题探究

1. 策略路由和根据路由协议进行的路由有什么区别?

2. 若修改源地址，那么策略是否还有效?

知识拓展

1. route-map<name>[<seq>][<deny>|<permit>]命令创建路由映射或定义路由映射条目。

2. set ip default next-hop 命令验证目标 IP 地址在路由表中是否存在。

如果目标 IP 地址存在，则该命令不对数据包进行策略路由，而是基于路由表转发数据包。如果目标 IP 地址不存在，则该命令通过将数据包发送到指定的下一跳对它进行策略路由。

3. set ip next-hop 命令验证指定的下一跳是否存在。

如果下一跳在路由表中存在，则该命令将数据包策略路由到下一跳；如果下一跳在路由表中不存在，则该命令使用普通路由表转发数据包。

项目拓展

使用策略路由完成 R1-R2 和 R1-R3 链路策略。要求网段 192. 168. 10. 0/24 通过 R1-R2，而网段 192. 168. 20. 0/24 通过 R1-R3。拓扑图如图 4-10-6 所示，参数见表 4-10-3。

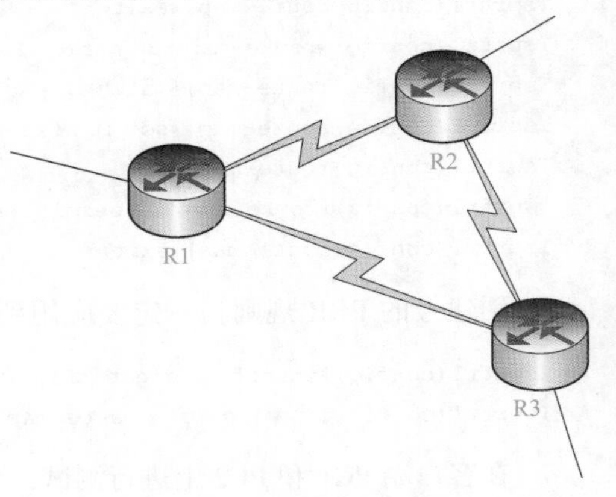

图 4-10-6　策略路由配置

表 4-10-3　拓扑规划

设备	命名	端口 IP 地址	
路由器 1	R1	Se0/0/0 DCE	192. 168. 1. 1/24
		Se0/0/1 DCE	192. 168. 0. 1/24
		Gi0/0	192. 168. 3. 1/24
路由器 2	R2	Se0/0/0 DTE	192. 168. 1. 2/24
		Se0/0/1 DCE	192. 168. 2. 1/24
		Gi0/0	192. 168. 4. 1/24
路由器 3	R3	Se0/0/0 DTE	192. 168. 0. 2/24

子任务十一　VPN(L2TP/PPTP)配置

学习目标

- 理解 L2TP 和 PPTP 原理

- 掌握 VPN 配置

任务引言

随着社会经济的发展，企业在各地都有驻点，如何利用公共网络实现企业的数据安全通信显得越来越重要。VPN 是通过在公共网络搭建虚拟专用网络功能，来解决远距离搭建专用网络的问题。

知识引入

虚拟专用网络(Virtual Private Network，VPN)通过在公共网络上建立专用网络，进行加密通信。VPN 是一种常用于连接中大型企业或团体与团体间的私人网络的通信方法。

VPN 使用加密隧道协议，通过阻止截听与嗅探来提供机密性，还允许发送者进行身份验证，以阻止身份伪造，同时，通过防止信息被修改来提供消息完整性。

常用的虚拟专用网协议有 L2TP、PPTP、IPSec、SSL VPN、Cisco VPN 等。

工作任务——PPTP 配置

【工作任务背景】

企业 A 员工在外地出差，需要访问总公司和分公司内部的 Server1 和 Server2 文件服务器上的共享文件，决定利用 VPN 实现随时随地访问公司内部服务器的目的。拓扑图如图 4-11-1 所示。

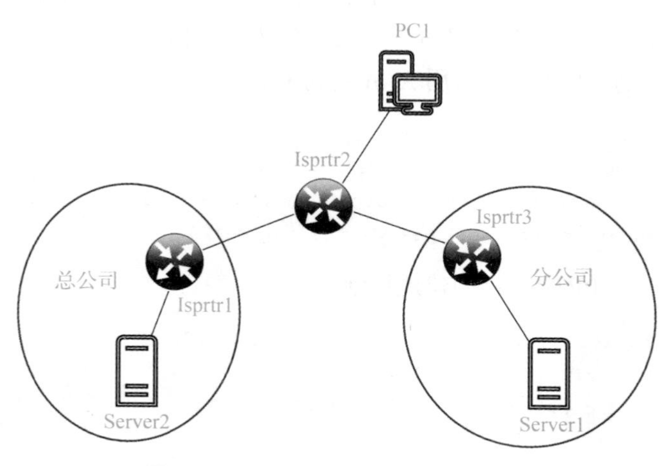

图 4-11-1　VPN(L2TP/PPTP)配置

【工作任务分析】

PC1 模拟企业出差员工客户端，Server2 和 Server1 分别模拟总公司和分公司内部的文件服务器。远程访问 VPN 部署成功后，PC1 可以通过 VPN 访问公司内部服务器。详细参数见表 4-11-1 和表 4-11-2。

表 4-11-1　网络设备信息

设备	接口	IP	备注
Isprtr1	Gi0/0	192. 168. 1. 254/24	连接 Server2
	Se0/0/0	100. 0. 1. 1/24	连接 Isprtr2
Isprtr2	Gi0/0	100. 100. 100. 254/24	连接 PC1
	Se0/0/0	100. 0. 1. 2/24	连接 Isprtr1
	Se0/0/1	100. 0. 2. 2/24	连接 Isprtr3
Isprtr3	Gi0/0	192. 168. 2. 254/24	连接 Server1
	Se0/0/0	100. 0. 2. 1/24	连接 Isprtr2

表 4-11-2　PC 信息

PC	设备用途	IP 地址
PC1	VPN 客户端	100. 100. 100. 100/24
Server1	分公司服务器	192. 168. 2. 100/24
Server2	总公司服务器	192. 168. 1. 100/24

【任务实现】

1. 根据所学知识，完成拓扑中网络设备的主机名、网络地址的设定。

2. 在路由器设备上设置必要的路由，实现网络拓扑通信。

3. 在 Isprtr1 上配置 PPTP——启用 AAA 身份验证。

```
Isprtr1(config)#aaa new-model
Isprtr1(config)#aaa authentication ppp PPTP-LOGIN local
Isprtr1(config)#aaa authorization network PPTP-NETWORK local
Isprtr1(config)#username vpnuser1 password P@ ssw0rd123
```

4. 在 Isprtr1 上配置 PPTP——创建地址池。

```
Isprtr1(config)#ip local pool PPTP-POOL 10.0.0.1 10.0.0.30
Isprtr1(config)#interface loopback 0
Isprtr1(config-if)#ip address 10.0.0.254 255.255.255.0
Isprtr1(config-if)#exit
```

5. 在 Isprtr1 上配置 PPTP——创建虚拟模板。

```
Isprtr1(config)#int virtual-template 1
Isprtr1(config-if)#ip unnumbered loopback 0
Isprtr1(config-if)#peer default ip address pool PPTP-POOL
Isprtr1(config-if)# ppp encrypt mppe 128
Isprtr1(config-if)# ppp authentication ms-chap-v2 PPTP-LOGIN
Isprtr1(config-if)# ppp authorization PPTP-NETWORK
```

```
Isprtr1(config-if)#exit
```

6. 在 Isprtr1 上配置 PPTP——启用 VPDN。

```
Isprtr1(config)#vpdn enable
Isprtr1(config)#vpdn-group 1
Isprtr1(config-vpdn)#accept-dialin
Isprtr1(config-vpdn-acc-in)#protocol pptp
Isprtr1(config-vpdn-acc-in)#virtual-template 1
Isprtr1(config-vpdn-acc-in)#exit
Isprtr1(config-vpdn)#end
```

7. 在客户端创建 VPN 连接。

①打开控制面板，单击“网络和 Internet”→“网络和共享中心”，设置连接和网络，选择“连接到工作区”，单击“下一步”按钮，如图 4-11-2 所示。

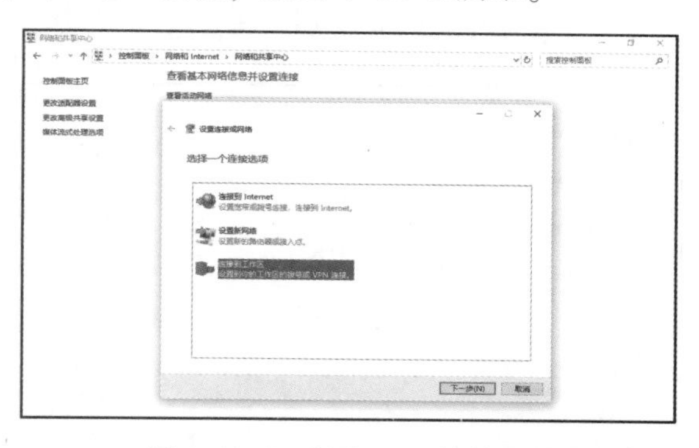

图 4-11-2　创建 VPN 连接(1)

②选择“使用我的 Internet 连接(VPN)”，如图 4-11-3 所示。

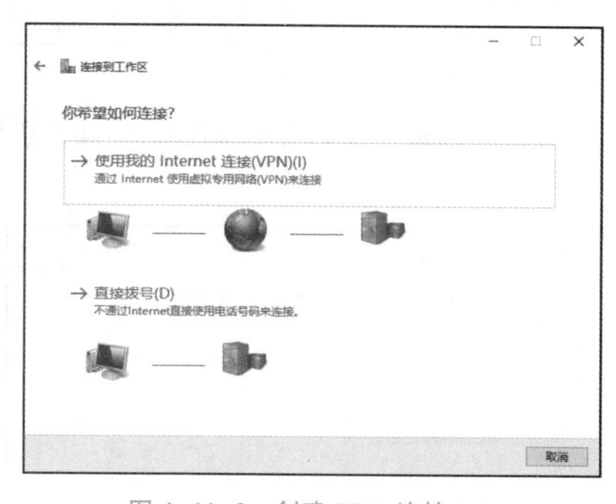

图 4-11-3　创建 VPN 连接(2)

③由于测试环境没有 Internet 访问，此处选择“我将稍后设置 Internet 连接”，如图 4-11-4 所示。

④设置连接参数，在“Internet 地址”栏处输入 VPN 服务器地址“100.0.1.1”，目标名称

自定义。单击“创建”按钮，如图 4-11-5 所示。

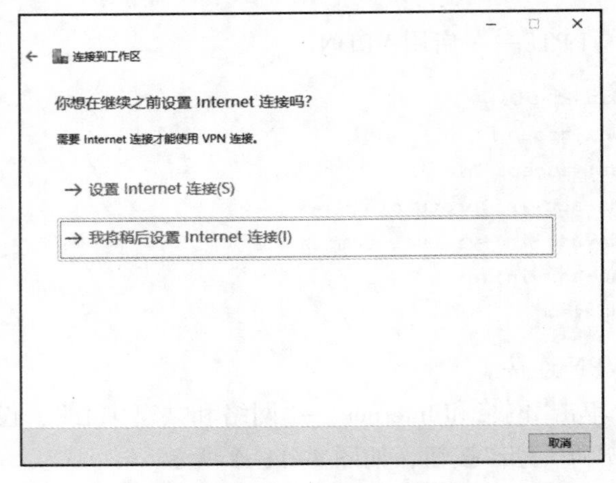

图 4-11-4　创建 VPN 连接(3)

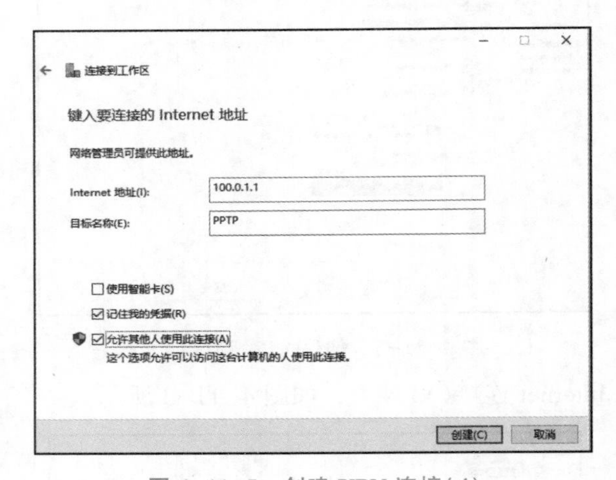

图 4-11-5　创建 VPN 连接(4)

⑤创建好后，打开“网络连接”面板，找到刚才创建好的 VPN 拨号器，右击，查看属性设置，如图 4-11-6 所示。

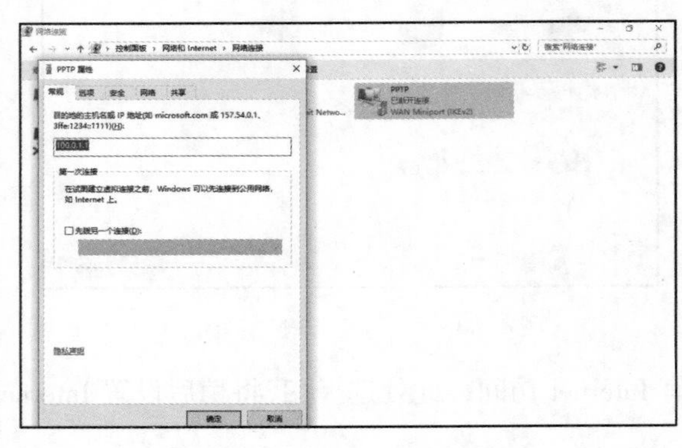

图 4-11-6　创建 VPN 连接(5)

⑥移动到“安全”选项卡，选择使用“Microsoft CHAP Version 2(MS-CHAP v2)”验证协议，单击“确定”按钮，如图4-11-7所示。

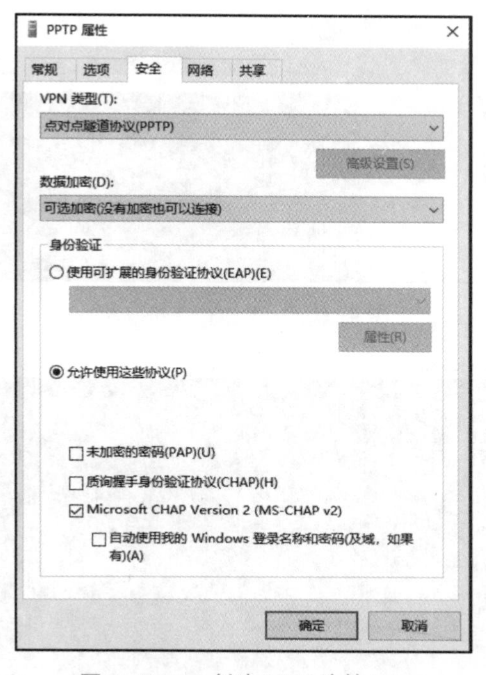

图 4-11-7　创建 VPN 连接(6)

⑦客户端 VPN 拨号器设置成功后，开始进行连接测试。单击“连接”按钮，弹出如图4-11-8 所示对话框，提示输入用户名和密码，此时输入用户名“vpnuser1”，密码“P@ssw0rd123”，单击“确定”按钮，开始连接。

⑧连接成功，如图 4-11-9 所示。使用“ipconfig”指令查看 VPN 地址获取情况；使用“ping”工具测试网络连通性，如图 4-11-10 所示。

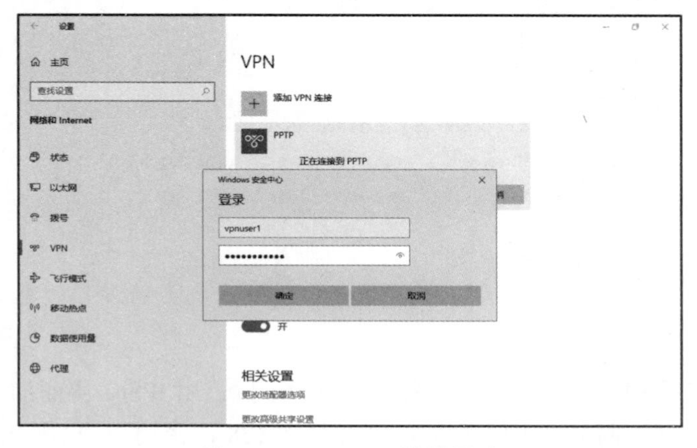

图 4-11-8　PPTP 连接测试

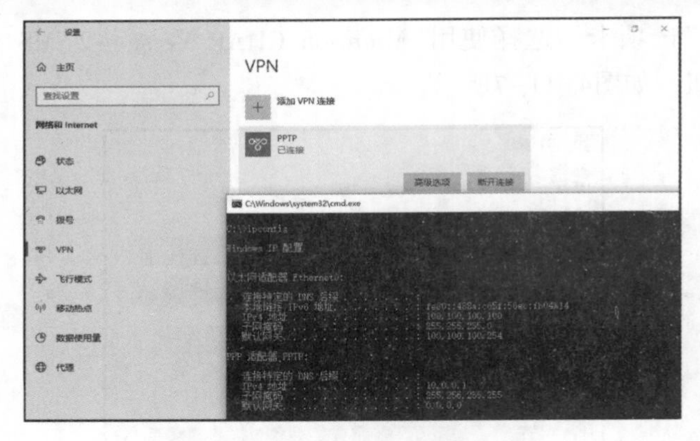

图 4-11-9　PPTP 连接成功

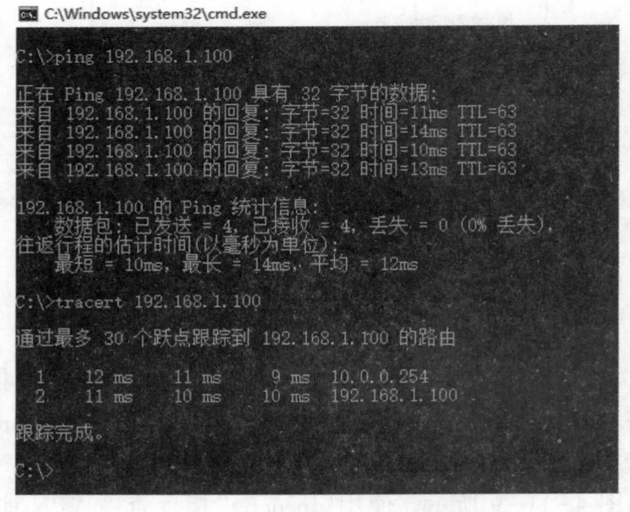

图 4-11-10　PPTP 连接功能测试

⑨在 Isprtr1 上使用指令检查 VPN 会话状态。

```
Isprtr1#show vpdn session
% No active L2TP tunnels
PPTP Session Information Total tunnels 1 sessions 1
LocID RemID TunID Intf     Username        State   Last Chg Uniq ID
56848 9433  57220 Vi3     vpnuser1       estabd  00:01:27 1
```

工作任务——L2TP 配置

【工作任务背景】

L2TP/IPSec 使用 AES 或者 3DES 加密(256 位密钥)，用 IPSec 协商加密方式，并且有电脑/用户双重认证机制，而 PPTP 只支持 MPPE(最多 128 位密钥)，只用 PPP 协商加密方式，并只有用户一层认证机制，相对来说 L2TP/IPSec 更安全。综合考虑，企业决定为远程工作站升级 VPN 网络，部署 L2TP/IPSec VPN。拓扑如图 4-11-1 所示。

【工作任务分析】

PC1 模拟企业出差员工客户端，Server2 和 Server1 分别模拟总公司和分公司内部的文件服务器。远程访问 VPN 部署成功后，PC1 可以通过 L2TP/IPSec VPN 访问公司内部服务器。详细参数见表 4-11-1 和表 4-11-2。

【任务实现】

1. 根据所学知识，完成拓扑中网络设备的主机名、网络地址的设定。
2. 在路由器设备上设置必要的路由，实现网络拓扑通信。
3. 在 Isprtr3 上配置 L2TP/IPSec——启用 AAA 身份验证。

```
Isprtr3(config)#aaa new-model
Isprtr3(config)#aaa authentication ppp L2TP-LOGIN local
Isprtr3(config)#aaa authorization network L2TP-NETWORK local
Isprtr3(config)#username vpnuser2 password P@ ssw0rd123
```

4. 在 Isprtr3 上配置 L2TP/IPSec——创建地址池。

```
Isprtr3(config)#ip local pool L2TP-POOL 10.0.1.1 10.0.1.30
Isprtr3(config)#interface loopback 0
Isprtr3(config-if)#ip address 10.0.1.254 255.255.255.0
Isprtr3(config-if)#exit
```

5. 在 Isprtr3 上配置 L2TP/IPSec——创建虚拟模板。

```
Isprtr3(config)#interface Virtual-Template1
Isprtr3(config-if)# ip unnumbered Loopback0
Isprtr3(config-if)# peer default ip address pool L2TP-POOL
Isprtr3(config-if)# ppp authentication ms-chap-v2 L2TP-LOGIN
Isprtr3(config-if)# ppp authorization L2TP-NETWORK
Isprtr3(config-if)#exit
```

6. 在 Isprtr3 上配置 L2TP/IPSec——启用 VPDN。

```
Isprtr3(config)#vpdn enable
Isprtr3(config)#vpdn-group l2tp_over_ipsec
Isprtr3(config-vpdn)# accept-dialin
Isprtr3(config-vpdn-acc-in)#  protocol l2tp
Isprtr3(config-vpdn-acc-in)#  virtual-template 1
Isprtr3(config-vpdn-acc-in)# no l2tp tunnel authentication
```

7. 创建 IPSec 规则。

```
Isprtr3(config)#crypto isakmp policy 10
Isprtr3(config-isakmp)# encr 3des
Isprtr3(config-isakmp)# authentication pre-share
Isprtr3(config-isakmp)# group 2
Isprtr3(config)# crypto isakmp key P@ ssword123 address 0.0.0.0
Isprtr3(config)#crypto ipsec transform-set IPSEC esp-3des esp-sha-hmac
```

```
Isprtr3(cfg-crypto-trans)# mode transport
Isprtr3(config)# crypto dynamic-map l2tp-dmap 10
Isprtr3(config-crypto-map)# set transform-set IPSEC
Isprtr3(config-crypto-map)#exit
Isprtr3(config)#crypto map smap 100 ipsec-isakmp dynamic l2tp-dmap
```

8. 启用接口。

```
Isprtr3(config)#int serial0/0/0
Isprtr3(config-if)#crypto map smap
Isprtr3(config-if)#end
```

9. 在客户端创建 VPN 连接。

①打开控制面板，单击“网络和 Internet”→“网络和共享中心”，设置连接和网络，选择“连接到工作区”，单击“下一步”按钮，如图 4-11-11 所示。

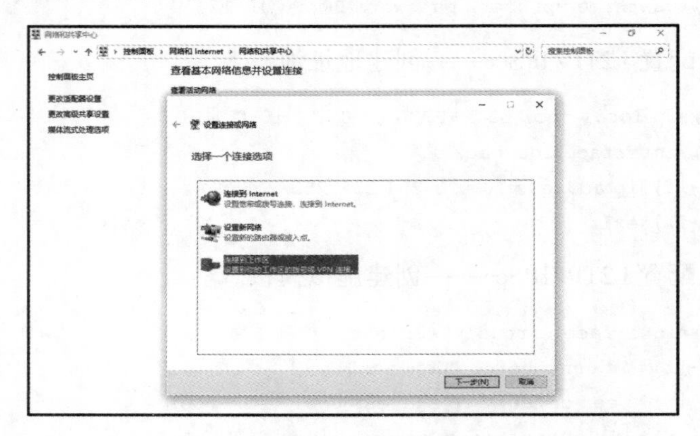

图 4-11-11　创建 VPN 连接(1)

②选择“使用我的 Internet 连接(VPN)，如图 4-11-12 所示。

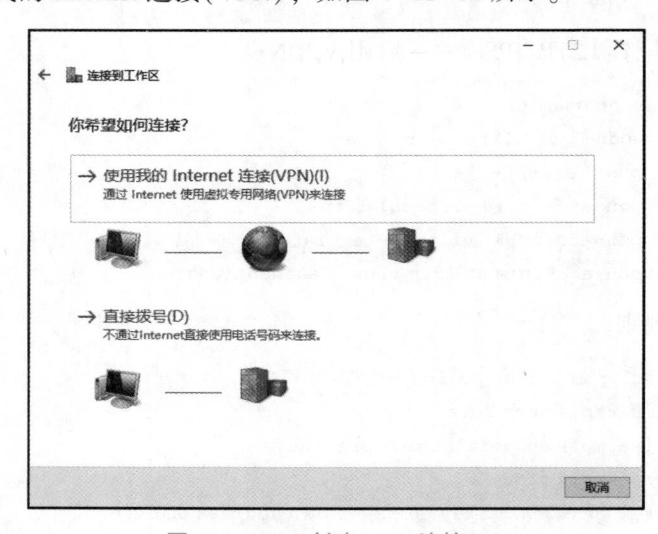

图 4-11-12　创建 VPN 连接(2)

③由于测试环境没有 Internet 访问，此处选择“我将稍后设置 Internet 连接”，如图 4-11-13 所示。

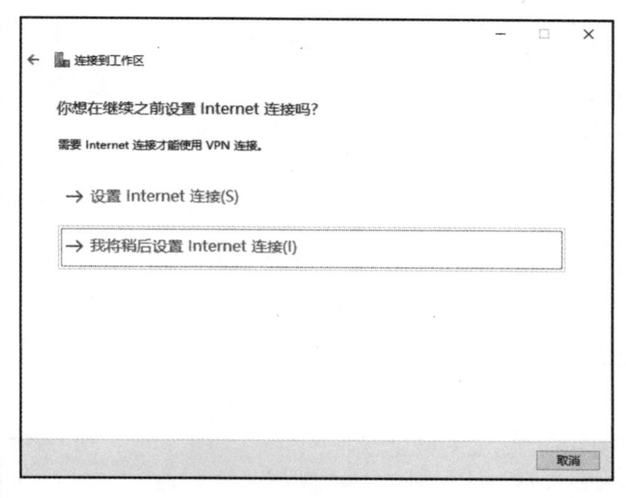

图 4-11-13　创建 VPN 连接(3)

④设置连接参数，在“Internet 地址”栏处输入 VPN 服务器地址“100. 0. 2. 1”，目标名称自定义。单击“创建”按钮，如图 4-11-14 所示。

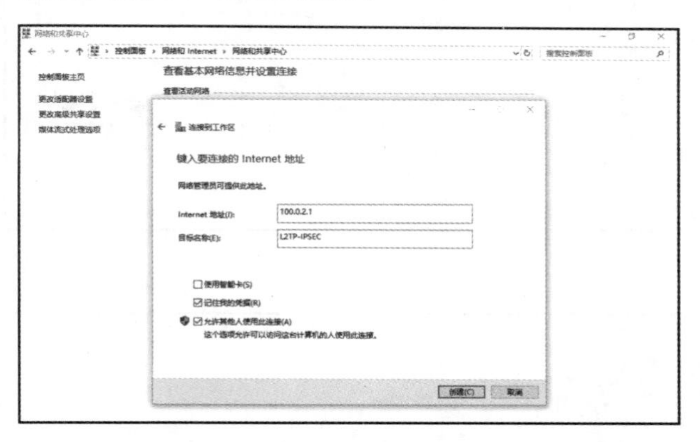

图 4-11-14　创建 VPN 连接(4)

⑤创建好后，打开“网络连接”面板，找到刚才创建好的 VPN 拨号器，右击，查看属性设置。

⑥移动到“安全”选项卡，VPN 类型选择“使用 IPSec 的第 2 层隧道协议(L2TP/IPSec)”，验证协议选择“Microsoft CHAP Version 2(MS-CHAP v2)”，单击“确定”按钮，如图 4-11-15 所示。

⑦单击“高级设置”按钮，选择使用预共享的密钥作为 IPSec 的身份验证，此处使用“P@ssword123”作为预共享密钥，如图 4-11-16 所示。

⑧客户端 VPN 拨号器设置成功后，开始进行连接测试。单击“连接”按钮后，弹出如图 4-11-17 所示窗口，提示输入用户名和密码，此时输入用户名“vpnuser2”，密码“P@

ssw0rd123”，单击“确定”按钮，开始连接。

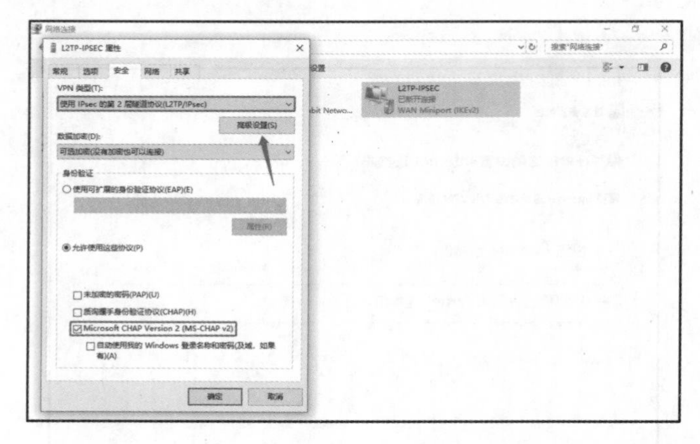

图 4-11-15　创建 VPN 连接(5)

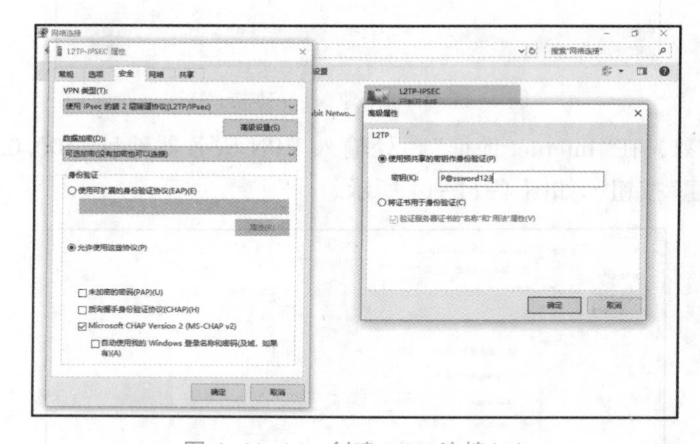

图 4-11-16　创建 VPN 连接(6)

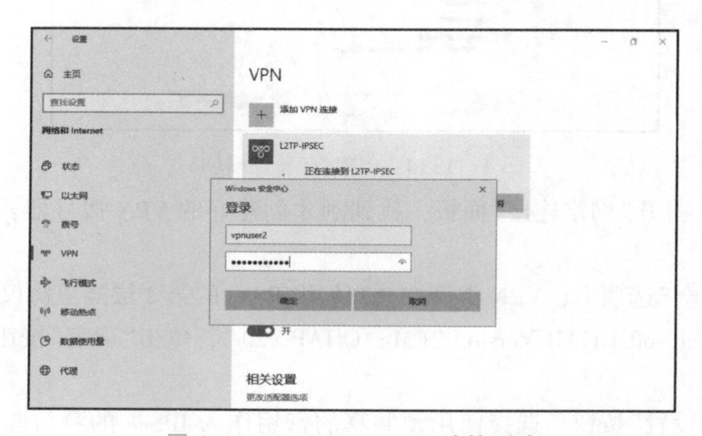

图 4-11-17　L2TP/IPSec 连接测试

⑨如图 4-11-18 所示，使用“ipconfig”指令查看 VPN 地址获取情况，使用“ping”工具测试网络连通性。

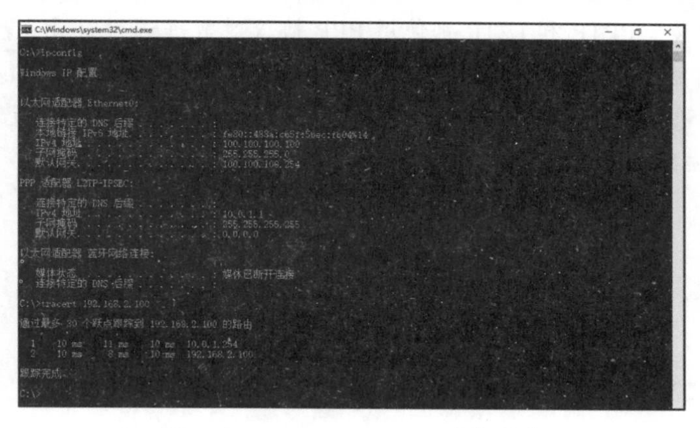

图 4-11-18　L2TP/IPSec 连接成功

10. 在 Isprtr3 上检查 VPN 会话状态。

```
Isprtr3#show vpdn session
L2TP Session Information Total tunnels 1 sessions 1
LocID  RemID  TunID  Username,Intf/  State  Last Chg Uniq ID
                     Vcid,Circuit
50741  1      16963   vpnuser2,Vi2.1  est    00:03:08 1
```

11. 在 Isprtr3 上检查 IPSec 加/解密情况。

```
Isprtr3#show crypto engine connections active
Crypto Engine Connections
ID  Type Algorithm  Encrypt  Decrypt LastSeqN IP-Address
1  IPsec  3DES+SHA  0    138    138    100.0.2.1
2  IPsec  3DES+SHA  71    0     0    100.0.2.1
  1001  IKE  SHA+3DES  0   0    0    100.0.2.1
```

问题探究

1. 简述 VPN(L2TP/PPTP)的应用。
2. 简述 L2TP 与 PPTP 的区别。

知识拓展

Point to Point Tunneling Protocol(PPTP)是用于在公共网络之间创建 VPN 隧道的网络协议。这些 VPN 隧道从一端加密到另一端，并允许在它们之间安全地传输数据。PPTP 通常在服务器和客户端之间实现，服务器属于企业网络，而客户端是远程工作站。Cisco 路由器可部署为 PPTP 服务器，或者称为虚拟专用拨号网络(VPDN)服务器。自 IOS 版本 12.1(5)T 以来，Cisco 路由器已支持 PPTP。

PPTP 使用 UDP 上的 PPP(端口 1723)来建立数据隧道。

第 2 层隧道协议(L2TP)是 IETF 基于 L2F(Cisco 的第 2 层转发协议)开发的 PPTP 的后续版本，是一种工业标准 Internet 隧道协议，其可以为跨越面向数据包的媒体发送点到点协议

(PPP)框架提供封装。PPTP 和 L2TP 都使用 PPP 协议对数据进行封装，然后添加附加包头用于数据在互联网络上的传输。L2TP 现在使用的类型多数为 L2TP/IPSec，仅在验证通过后，数据的通信才使用 IPSec 的 3DES 或者 AES 进行加密会话。L2TP 使用 UDP 上的 PPP(端口 1701)来建立数据隧道。

项目拓展

根据所学知识，完成在 ASA 防火墙上部署 L2TP/IPSec。

子任务十二　VPN(IPSec)配置

学习目标

- 掌握 VPN(IPSec)的配置方法
- 理解密钥在隧道建立过程中的作用

任务引言

随着信息化进程的推进，威胁信息安全的技术也呈现强势发展的趋势，网络数据安全要求越来越高，如何加强网络数据安全成为一大课题。VPN(IPSec)利用密码算法加强通信隧道数据安全。

知识引入

IPSec 是通过对 IP 协议的分组进行加密和认证来保护 IP 协议的网络传输协议族。IPSec 由建立安全分组流的密钥交换协议和保护分组流的协议组成。

工作任务——VPN(IPSec)配置

【工作任务背景】

企业 A 集团在用 VPN(L2TP/PPTP)搭建虚拟局域网后，发现其安全性仍存在较大威胁，于是公司决定用 VPN(IPSec)改造网络。

【工作任务分析】

PC1 和 PC2 分别模拟总公司内部客户端和分公司内部客户端。站点到站点 VPN 部署成功后，总公司内的客户端能够和分公司内部客户端互通。拓扑图如图 4-12-1 所示，详细的参数说明见表 4-12-1 和表 4-12-2。

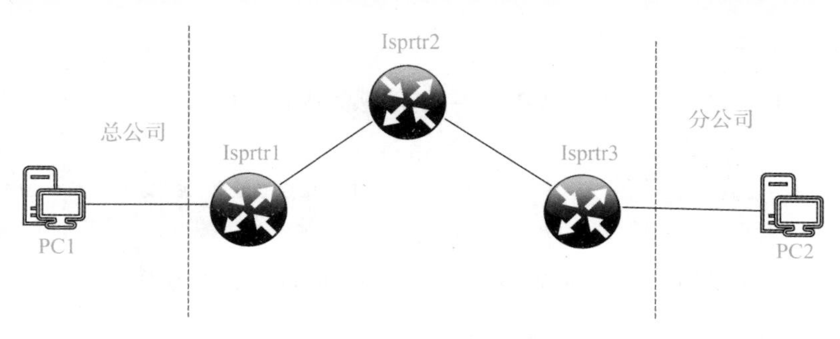

图 4-12-1　网络拓扑图

表 4-12-1　网络设备信息

设备	接口	IP	备注
Isprtr1	Gi0/0	192. 168. 1. 254/24	连接总公司内部网络
	Se0/0/0	100. 0. 1. 1/24	连接 Internet
Isprtr2	Se0/0/1	100. 0. 2. 2/24	连接 Isprtr3
	Se0/0/0	100. 0. 1. 2/24	连接 Isprtr1
Isprtr3	Gi0/0	192. 168. 2. 254/24	连接分公司内部网络
	Se0/0/0	100. 0. 2. 1/24	连接 Internet

表 4-12-2　PC 信息

PC	设备用途	IP 地址
PC1	总公司客户端	192. 168. 1. 100/24
PC2	分公司服务器	192. 168. 2. 100/24

【任务实现】

1. 根据所学知识，完成拓扑中网络设备的主机名、网络地址的设定。
2. 在路由器设备上设置必要的路由，实现网络拓扑通信。
3. 在 Isprtr1 上配置站点到站点 VPN——第一阶段。

```
Isprtr1(config)#crypto isakmp policy 10
Isprtr1(config-isakmp)#hash sha256
Isprtr1(config-isakmp)#encryption aes
Isprtr1(config-isakmp)#group 14
Isprtr1(config-isakmp)#authentication pre-share
Isprtr1(config-isakmp)#exit
Isprtr1(config)#crypto isakmp key P@ ssw0rd123 address 100.0.2.1
```

4. 在 Isprtr1 上配置站点到站点 VPN——第二阶段。

```
Isprtr1(config)#crypto ipsec transform-set STS esp-aes esp-sha256-hmac
Isprtr1(cfg-crypto-trans)#mode tunnel
```

```
Isprtr1(cfg-crypto-trans)#exit
```

5. 在 Isprtr1 上配置站点到站点 VPN——创建感兴趣流 ACL。

```
Isprtr1(config)#ip Access-list extended VPN-LIST
Isprtr1(config-ext-nacl)# permit ip 192.168.1.0 0.0.0.255 192.168.2.0 0.0.0.255
Isprtr1(config-ext-nacl)#exit
```

6. 在 Isprtr1 上配置站点到站点 VPN——创建 crypto map，并在接口上应用。

```
Isprtr1(config)#crypto map STS_MAP 10 ipsec-isakmp
Isprtr1(config-crypto-map)#match address VPN-LIST
Isprtr1(config-crypto-map)#set peer 100.0.2.1
Isprtr1(config-crypto-map)#set transform-set STS
Isprtr1(config-crypto-map)#exit
Isprtr1(config)#int serial0/0/0
Isprtr1(config-if)#crypto map STS_MAP
Isprtr1(config-if)#end
```

7. 检查接口 crypto map 状态。

```
Isprtr1#show crypto map interface serial 0/0/0
Crypto Map IPv4"STS_MAP"10 ipsec-isakmp
        Peer = 100.0.2.1
        Extended IP Access list VPN-LIST
            Access-list VPN-LIST permit ip 192.168.1.0 0.0.0.255 192.168.2.0 0.0.0.255
        Current peer:100.0.2.1
        Security association lifetime:4608000 kilobytes/3600 seconds
        Responder-Only(Y/N):N
        PFS(Y/N):N
        Mixed-mode:Disabled
        Transform sets={
                STS:{ esp-aes esp-sha256-hmac},
        }
        Interfaces using crypto map STS_MAP:
                Serial 0/0/0
```

8. 在 Isprtr3 上配置站点到站点 VPN——第一阶段。

```
Isprtr3(config)#crypto isakmp policy 10
Isprtr3(config-isakmp)# encr aes
Isprtr3(config-isakmp)# hash sha256
Isprtr3(config-isakmp)# authentication pre-share
Isprtr3(config-isakmp)# group 14
Isprtr3(config-isakmp)# exit
Isprtr3(config)#crypto isakmp key P@ ssw0rd123 address 100.0.1.1
```

9. 在 Isprtr3 上配置站点到站点 VPN——第二阶段。

```
Isprtr3(config)#crypto ipsec transform-set STS esp-aes esp-sha256-hmac
Isprtr3(cfg-crypto-trans)# mode tunnel
Isprtr3(cfg-crypto-trans)#exit
```

10. 在 Isprtr3 上配置站点到站点 VPN——创建感兴趣流 ACL。

```
Isprtr3(config)#ip Access-list extended VPN-LIST
Isprtr3(config-ext-nacl)# permit ip 192.168.2.0 0.0.0.255 192.168.1.0 0.0.0.255
Isprtr3(config-ext-nacl)#exit
```

11. 在 Isprtr3 上配置站点到站点 VPN——创建 crypto map，并在接口上应用。

```
Isprtr3(config)#crypto map STS_MAP 10 ipsec-isakmp
Isprtr3(config-crypto-map)# set peer 100.0.1.1
Isprtr3(config-crypto-map)# set transform-set STS
Isprtr3(config-crypto-map)# match address VPN-LIST
Isprtr3(config-crypto-map)#exit
```

12. 检查接口 crypto map 状态。

```
Isprtr3#show crypto map interface serial 0/0/0
Crypto Map IPv4"STS_MAP"10 ipsec-isakmp
        Peer = 100.0.1.1
        Extended IP Access list VPN-LIST
            Access-list VPN-LIST permit ip 192.168.2.0 0.0.0.255 192.168.1.0 0.0.0.255
        Current peer:100.0.1.1
        Security association lifetime:4608000 kilobytes/3600 seconds
        Responder-Only(Y/N):N
        PFS(Y/N):N
        Mixed-mode:Disabled
        Transform sets={
                STS:{ esp-aes esp-sha256-hmac},
        }
        Interfaces using crypto map STS_MAP:
                Serial0/0/0
```

13. 在 PC1 上使用 ping 进行连通性测试，如图 4-12-2 所示。

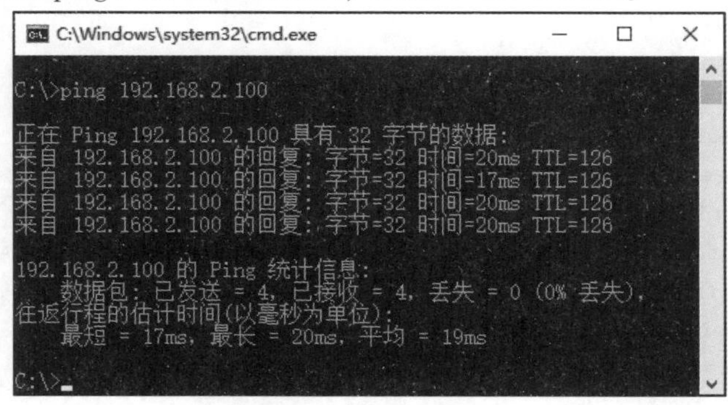

图 4-12-2　PC1 测试

14. 在 Isprtr1 上检查 ISAKMP SA 的建立情况。

```
Isprtr1#show crypto isakmp sa
IPv4 Crypto ISAKMP SA
dst            src            state          conn-id status
100.0.1.1      100.0.2.1      QM_IDLE           1001 ACTIVE
```

15. 在 Isprtr1 上检查 IPSec SA 的建立情况。

```
Isprtr1#show crypto ipsec sa
interface:Serial0/0/0
    Crypto map tag:STS_MAP,local addr 100.0.1.1
  protected vrf:(none)
  local  ident(addr/mask/prot/port):(192.168.1.0/255.255.255.0/0/0)
  remote ident(addr/mask/prot/port):(192.168.2.0/255.255.255.0/0/0)
  current_peer 100.0.2.1 port 500
    PERMIT,flags={origin_is_acl,}
    #pkts encaps:4,#pkts encrypt:4,#pkts digest:4
    #pkts decaps:4,#pkts decrypt:4,#pkts verify:4
    #pkts compressed:0,#pkts decompressed:0
    #pkts not compressed:0,#pkts compr.failed:0
    #pkts not decompressed:0,#pkts decompress failed:0
    #send errors 0,#recv errors 0
    local crypto endpt.:100.0.1.1,remote crypto endpt.:100.0.2.1
    plaintext mtu 1438,path mtu 1500,ip mtu 1500,ip mtu idb Serial0/0/0
    current outbound spi:0x87E0AD3B(2279648571)
    PFS(Y/N):N,DH group:none
    inbound esp sas:
      spi:0xCEBAD7FF(3468351487)
        transform:esp-aes esp-sha256-hmac,
        in use settings ={Tunnel,}
        conn id:1,flow_id:SW:1,sibling_flags 80000040,crypto map:STS_MAP
        sa timing:remaining key lifetime(k/sec):(4218711/3483)
        IV size:16 bytes
        replay detection support:Y
        Status:ACTIVE(ACTIVE)
    inbound ah sas:
    inbound pcp sas:
    outbound esp sas:
      spi:0x87E0AD3B(2279648571)
        transform:esp-aes esp-sha256-hmac,
        in use settings ={Tunnel,}
        conn id:2,flow_id:SW:2,sibling_flags 80000040,crypto map:STS_MAP
        sa timing:remaining key lifetime(k/sec):(4218710/3483)
        IV size:16 bytes
        replay detection support:Y
        Status:ACTIVE(ACTIVE)
```

```
outbound ah sas:
          outbound pcp sas:
```

问题探究

1. 简述 VPN 保护数据的区分方法。
2. 简述密钥算法。

知识拓展

DPD(Dead Peer Detection，死亡对等体检测)用于检测链路的故障，周期性地发送 DPD 包检测。默认情况下，IPSec 建立成功后，信任 1 小时。也就是说，当 Inside-1 和 Inside-2 建立好 VPN 关系之后，在受信任的 1 小时期间，不会去检测链路是否存在的问题。当 Active 路由器 Down 了之后，Inside-1 路由器依旧封装数据包发送给 Active 路由器。直到 1 小时后，重新发送密钥时，才会发现链路不连通。

DPD 的工作原理：VPN 使用一个 Keppalive(保活)机制 DPD，用来检测远端隧道 IPSec 路由器的可用性。如果网络发现不寻常的忙碌或者不稳定，则设置一个时间来等待，并且判断远端设备是否可用。PDP 技术能够和其他高可用性技术配合使用，尽快地清除有问题的 SA，并和正常工作的 Peer 建立 IPSec 隧道。

项目拓展

根据所学知识完成双链路(电信和移动)VPN 配置，并完成验证。

任务五
防火墙

防火墙是一个由软件和硬件设备组合而成，在内部网和外部网之间、专用网与公共网之间的界面上构造的保护屏障。防火墙通过访问规则、验证工具、包过滤和应用网关等保护内部网免受非法用户的侵入。公司购买两台防火墙放置在总公司和分公司，用于加强公司数据安全与网络行为管理。

子任务一　防火墙初始化配置

学习目标

- 设置主机名
- 设置域名
- 设置时间与时区
- 启用特权密码管理
- 启用远程管理

任务引言

Cisco ASA 可在一台设备中提供高级状态防火墙和 VPN 集中器功能，以及带有附加模块的集成服务。ASA 包括许多高级功能，例如多个安全上下文(类似于虚拟防火墙)、群集(将多个防火墙合并到一个防火墙中)、透明(第 2 层)防火墙或路由(第 3 层)防火墙操作、高级检查引擎、IPSec VPN、SSL VPN 和无客户端 SSL VPN 支持等。本任务介绍如何在 ASA 上进行基本设置。

知识引入

主机名最多可以包含 63 个字符，必须以字母或数字开头和结尾，并且只能包含字母、数字或连字符。

完全限定域名(Fully Qualified Domain Name，FQDN)是Internet上特定计算机或主机的完整域名。FQDN由两部分组成：主机名和域名。例如，假设防火墙设备的FQDN是fw. example. com，则主机名是fw，主机位于域名example. com中。

时间相关术语：

UTC：整个地球分为24时区，每个时区都有自己的本地时间。在国际无线电通信场合，为了统一起见，使用一个统一的时间，称为通用协调时(Universal Time Coordinated，UTC)。

GMT：格林尼治标准时间(Greenwich Mean Time)，指位于英国伦敦郊区的皇家格林尼治天文台的标准时间。

CST：中国标准时间(China Standard Time)，GMT+8=UTC+8=CST。

DST：夏令时(Daylight Saving Time)，指在夏天太阳升起得比较早时，将时间拨快1小时。

硬件时间：RTC(Real-Time Clock)或CMOS时间，一般在主板上靠电池供电，服务器断电后也会继续运行。仅保存日期时间数值，无法保存时区和夏令时设置。

系统时间：一般在服务器启动时复制RTC时间，之后独立运行，保存了时间、时区和夏令时设置。

工作任务——防火墙初始化配置

【工作任务背景】

企业A总公司在出口网络边界放置一台防火墙，先要对该防火墙进行初始化设定，并配置安全的访问规则，以实现网络管理员远程调控。详细参数要求见表5-1-1。

表5-1-1　网络设备信息

主机名	域名	接口	名称	安全等级	网络地址
fw	example. com	Gi0/0	Outside	0	100. 1. 1. 2/29
		Gi0/1	DMZ	50	172. 16. 1. 254/24
		Gi0/2	Inside	100	192. 168. 1. 254/24

【任务实现】

1. 初始化设定——配置主机名，默认主机名为ciscoasa。

```
ciscoasa(config)# hostname fw
```

2. 初始化设定——配置域名，默认域名是default. domain. invalid。

```
fw(config)# domain-name example.com
```

3. 初始化设定——启用接口，设定名称、安全等级和网络地址。

```
fw(config)# interface gigabitEthernet 0/0
fw(config-if)# nameif Outside
fw(config-if)# security-level 0
```

```
fw(config-if)# ip address 100.1.1.2 255.255.255.248
fw(config-if)# no shutdown
fw(config-if)# exit
fw(config)# interface gigabitEthernet 0/1
fw(config-if)# nameif Dmz
fw(config-if)# security-level 50
fw(config-if)# ip address 172.16.1.254 255.255.255.0
fw(config-if)# no shutdown
fw(config-if)# exit
fw(config)# interface gigabitEthernet 0/2
fw(config-if)# nameif Inside
fw(config-if)# security-level 100
fw(config-if)# ip address 192.168.1.254 255.255.255.0
fw(config-if)# no shutdown
fw(config-if)# exit
```

4. 检查接口网络地址设定情况。

```
fw(config)# show ip address
System IP Addresses:
Interface            Name      IP address      Subnet mask      Method
GigabitEthernet0/0   Outside   100.1.1.2      255.255.255.248  manual
GigabitEthernet0/1   Dmz       172.16.1.254    255.255.255.0  manual
GigabitEthernet0/2   Inside    192.168.1.254  255.255.255.0  manual
Current IP Addresses:
Interface            Name      IP address    Subnet mask      Method
GigabitEthernet0/0   Outside    100.1.1.2  255.255.255.248  manual
GigabitEthernet0/1   Dmz      172.16.1.254  255.255.255.0  manual
GigabitEthernet0/2   Inside    192.168.1.254    255.255.255.0  manualGigabitEthernet0/1
Dmz    172.16.1.254    255.255.255.0
```

5. 设置特权密码。

```
fw(config)# enable password P@ ssw0rd
```

6. 查看特权密码。

```
fw(config)# show run enable
enable password $sha512$5000$cAr2+Xdn4ieVv3Y0rAb9qQ==$NfkX22eTYZBYRXX7fmMkqw== pbk-
df2
```

7. 初始化设定——设置时区。

```
fw(config)# clock timezone UTC +8
fw(config)# clock set 12:00:00 may 01 2020
```

8. 查看当前设备时间。

```
fw(config)# show clock
12:00:24.269 UTC Fri May 1 2020
```

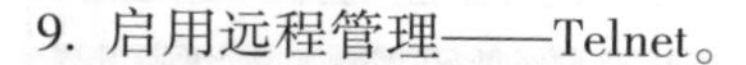

9. 启用远程管理——Telnet。

```
fw(config)# username  admin password P@ ssw0rd privilege 15
fw(config)# aaa authentication telnet Console LOCAL
fw(config)# telnet  192.168.1.0 255.255.255.0 Inside
```

10. 进行客户端连接。打开 PuTTY，在会话面板中，在服务器地址栏输入防火墙地址“192.168.1.254”，连接协议选择“Telnet”，连接端口保持默认“23”，单击“Open”按钮，如图 5-1-1 所示。连接成功后，根据提示输入用户名和密码即可登录，如图 5-1-2 所示。

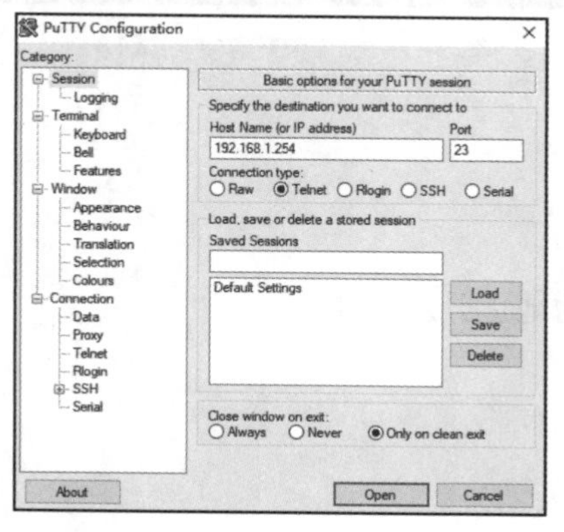

图 5-1-1　Telnet 连接测试(1)

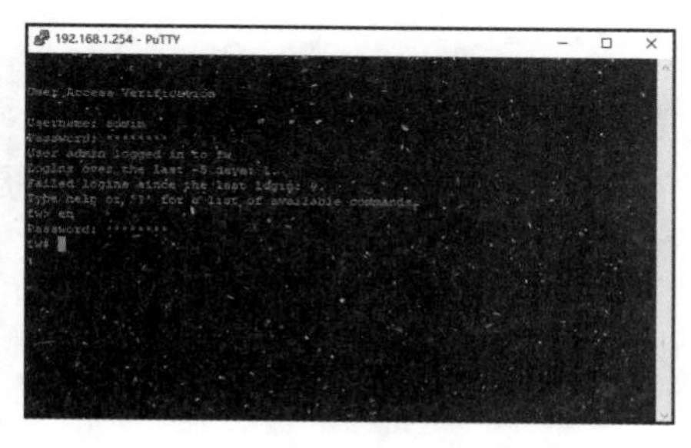

图 5-1-2　Telnet 连接测试(2)

11. 启用远程管理——SSH。

```
fw(config)# crypto key generate rsa label ssh.key modulus 2048
fw(config)# ssh 192.168.1.0 255.255.255.0 Inside
fw(config)# aaa authentication ssh Console LOCAL
```

12. 进行客户端连接。打开 PuTTY，在会话面板中，在服务器地址栏输入防火墙地址“192.168.1.254”，连接协议选择“SSH”，连接端口保持默认“22”，单击“Open”按钮，打开对话框，如图 5-1-3 和图 5-1-4 所示。连接成功后，根据提示输入用户名和密码即可登录，如图 5-1-5 所示。

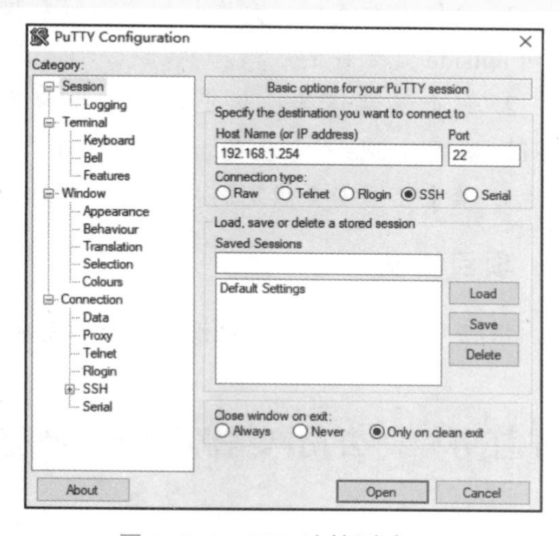

图 5-1-3　SSH 连接测试(1)

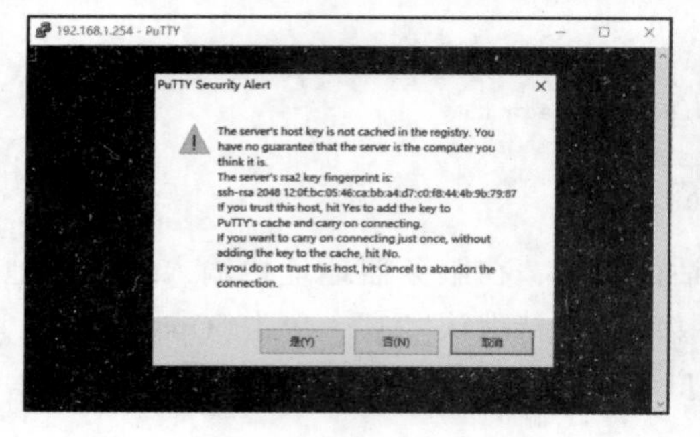

图 5-1-4　SSH 连接测试(2)

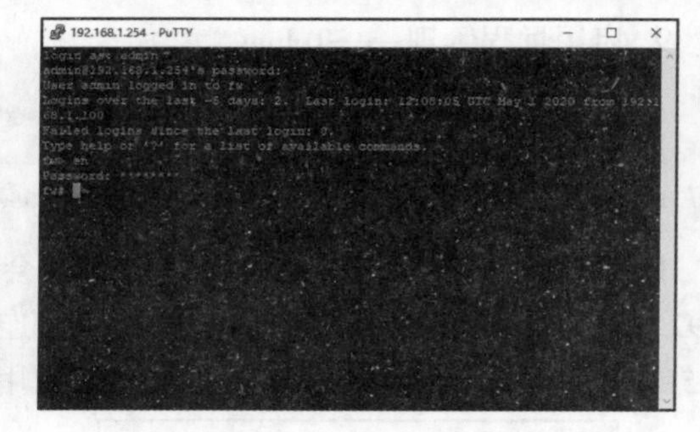

图 5-1-5　SSH 连接测试(3)

问题探究

1. 简述如何通过 DHCP 获取 IP 地址。
2. 简述如何部署 DHCP 服务为客户端提供自动地址分发功能。
3. 简述防火墙安全等级的作用。

知识拓展

防火墙安全级别：

每个接口都有一个安全级别，范围是 0~100，数值越大，安全级别越高。一般情况下，配置接口为 inside(内网接口)时，将其安全级别设置为 100；为 outside(外网接口)时，将其安全级别设置为 0；为 DMZ(隔离区)时，安全级别介于 inside 和 outside 之间即可。

不同安全级别的接口之间相互访问时，遵从以下默认规则：

1. 允许出站连接：允许从高安全级别接口到低安全级别接口的流量通过。比如从 inside 访问 outside 是允许的。

2. 禁止入站连接：禁止从低安全级别接口到高安全级别接口的流量通过。比如从 outside 访问 inside 是禁止的。

3. 禁止相同安全级别的接口之间通信。

项目拓展

根据所学知识，初始化设置分公司防火墙设备。

子任务二　公司网络源地址转换配置

学习目标

- 理解 SNAT 的原理
- 掌握 SNAT 的配置方法

任务引言

防火墙是防护内外网的屏障，通过SNAT(Source Network Address Translation，源地址转换)将内部 IP 数据包的源地址转换成外网地址，在实现正常通信之余，达到保护内网的作用。

知识引入

SNAT 是在内网地址向外访问时，将发起访问的内网 IP 地址转换为指定的 IP 地址，这使得内网的多部主机通过一个有效的公网 IP 地址访问外部网络。

工作任务——公司网络源地址转换配置

【工作任务背景】

企业 A 总公司在设置防火墙后，要求位于企业防火墙后端的内部客户端拥有访问因特网的权限，因此需要在防火墙 Edgefw 上进行源地址转换配置，以保证内网对外网的正常通信。拓扑如图 5-2-1 所示。

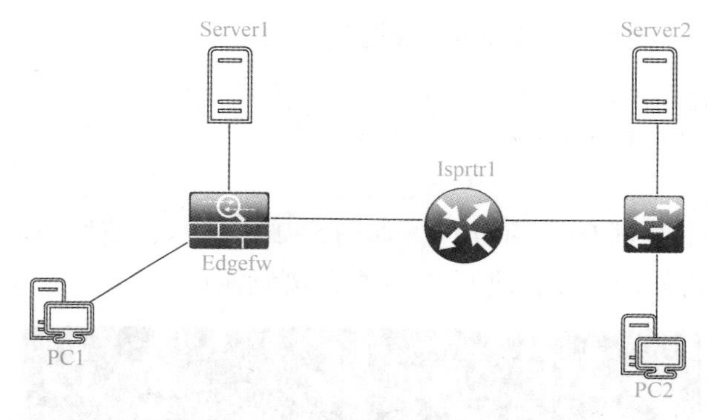

图 5-2-1 公司网络 SNAT 配置

【工作任务分析】

PC1 和 PC2 分别模拟总公司内部客户端和 Internet 客户端，Server1 和 Server2 分别模拟总公司内部服务器和 Internet 服务器。当配置成功后，PC1 能 ping 通公共网络和访问公共网络中的 Web 资源。详细参数见表 5-2-1 和表 5-2-2。

表 5-2-1 网络设备信息

设备	接口	IP	备注
Isprtr1	Gi0/0	100. 1. 1. 1/29	连接防火墙
	Gi0/1	100. 100. 100. 254/24	连接 Internet 测试区
Edgefw	Gi0/0(Outside)	100. 1. 1. 2/29	连接 Internet
	Gi0/1(DMZ)	172. 16. 1. 254/24	连接 DMZ 服务区
	Gi0/2(Inside)	192. 168. 1. 254/24	连接 Inside 内部区

表 5-2-2　PC 信息

设备名	设备用途	IP 地址
PC1	内部客户端	192. 168. 1. 100/24
PC2	Internet 客户端	100. 100. 100. 100/24
Server1	内部服务器	172. 16. 1. 100/24
Server2	Internet 服务区	100. 100. 100. 200/254

【任务实现】

1. 根据所学知识，完成拓扑中网络设备的主机名、网络地址的设定。

2. 在防火墙设备上设置必要的路由，实现网络拓扑通信。

3. 在 Edgefw 上创建 network-object，并启用 NAT 规则。

```
Edgefw(config)# object network SNAT
Edgefw(config-network-object)# subnet 192.168.1.0 255.255.255.0
Edgefw(config-network-object)# nat(Inside,Outside)dynamic interface
```

4. 标记 ICMP 流量，允许 ICMP reply 数据包返回。

```
Edgefw(config)# policy-map global_policy
Edgefw(config-pmap)# class inspection_default
Edgefw(config-pmap-c)# inspect icmp
```

5. 在客户端 PC1 上测试 Internet 访问。如图 5-2-2 所示，使用“ping”工具进行连通性测试；如图 5-2-3 所示，使用浏览器进行 Web 页面浏览测试。

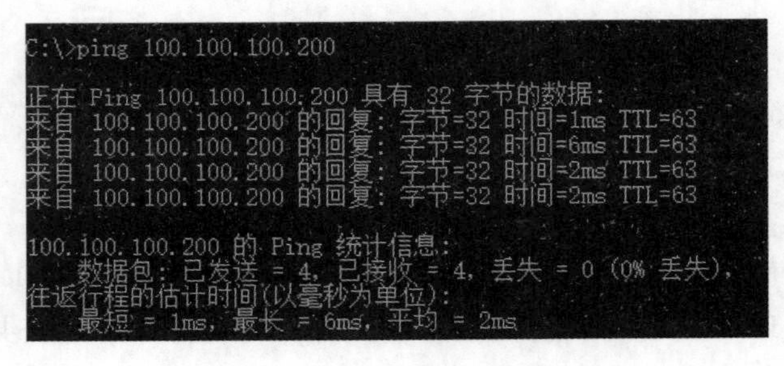

图 5-2-2　Internet ping 测试

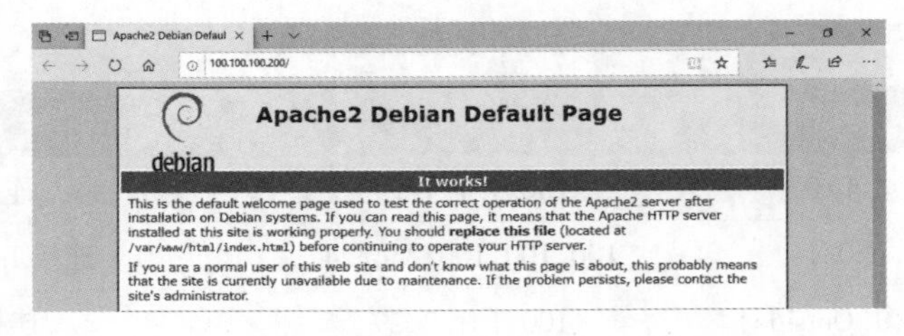

图 5-2-3　Internet Web 测试

6. 在 Edgefw 上检查 NAT 转换状态。

```
Edgefw(config)# show nat detail
Auto NAT Policies(Section 2)
1(Inside)to(Outside)source dynamic SNAT interface
   translate_hits = 21,untranslate_hits = 29
   Source - Origin:192.168.1.0/24,Translated:100.1.1.2/29
```

问题探究

1. 简述 SNAT 的应用。
2. 简述默认路由与安全策略在配置 SNAT 时的作用。

知识拓展

object network 可以包含主机、网络 IP 地址、IP 范围或者完全限定根域名(FQDN)。

1. 定义单个主机。

```
Edgefw(config)# object network HOST
Edgefw(config-network-object)# host 192.168.1.100
Edgefw(config-network-object)# exit
```

2. 定义主机范围。

```
Edgefw(config)# object network RANGE
Edgefw(config-network-object)# range 192.168.1.1 192.168.1.100
Edgefw(config-network-object)# exit
```

3. 定义一个网段。

```
Edgefw(config)# object network SUBNET
Edgefw(config-network-object)# subnet 192.168.1.0 255.255.255.0
Edgefw(config-network-object)# exit
```

4. 定义一个完全限定根域名。

```
Edgefw(config)# object network FQDN
Edgefw(config-network-object)# fqdn pc1.example.com
Edgefw(config-network-object)# exit
```

项目拓展

利用 SNAT 配置知识，完成分公司到公网的地址转换。

子任务三　公司对外服务安全配置

学习目标

- 了解 DMZ 区域的作用

- 理解 DNAT 的原理
- 掌握 DNAT 的配置方法

任务引言

在当前的网络结构中，设置外网对内网的安全访问已不可避免，特别是外网访问内网的各种服务，如 DNS、WWW、E-mail 等。

知识引入

目的地址转换(Destination Network Address Translation，DNAT)是在用外网 IP 地址访问内网服务时，将外网 IP 地址转换为指定的内网 IP 地址。这既能使外网正常访问内网服务，又能保护内网结构安全。

工作任务——DNAT 配置

【工作任务背景】

企业 A 总公司在防火墙的 DMZ 区域放置服务器，提供 Web、E-mail、DNS 等服务。为了使外网能正常并安全地访问这些服务，需要在防火墙上做目的地址转换配置。拓扑如图 5-3-1 所示。

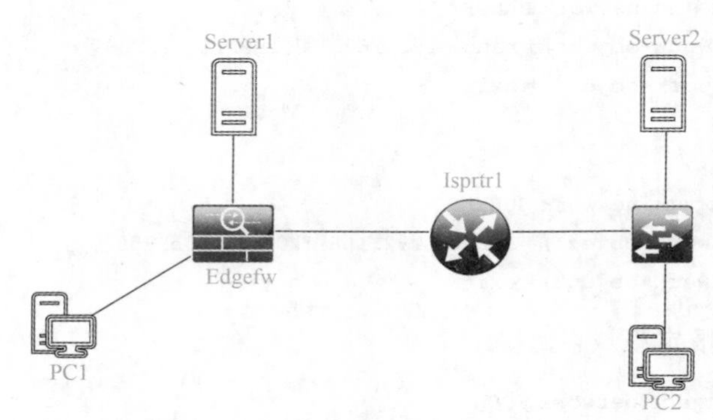

图 5-3-1 公司网络 DNAT 配置

【工作任务分析】

PC1 和 PC2 分别模拟总公司内部客户端和 Internet 客户端，Server1 和 Server2 分别模拟总公司内部服务器和 Internet 服务器。当配置成功后，PC2 能通过公共网络访问总公司 DMZ 区域的服务器资源。参数要求见表 5-3-1 和表 5-3-2。

表 5-3-1 网络设备信息

设备	接口	IP	备注
Isprtr1	Gi0/0	100.1.1.1/29	连接防火墙
	Gi0/1	100.100.100.254/24	连接 Internet 测试区

续表

设备	接口	IP	备注
Edgefw	Gi0/0(Outside)	100. 1. 1. 2/29	连接 Internet
	Gi0/1(Dmz)	172. 16. 1. 254/24	连接 DMZ 服务区
	Gi0/2(Inside)	192. 168. 1. 254/24	连接 Inside 内部区域

表 5-3-2　PC 信息

设备名	设备用途	IP 地址
PC1	内部客户端	192. 168. 1. 100/24
PC2	Internet 客户端	100. 100. 100. 100/24
Server1	内部服务器	172. 16. 1. 100/24
Server2	Internet 服务区	100. 100. 100. 200/254

【任务实现】

1. 根据所学知识，完成拓扑中网络设备的主机名、网络地址的设定。

2. 在路由器设备上设置必要的路由，实现网络拓扑通信。

3. 初始化在 Server1 上的 Web 和 DNS 服务。

(1)在 Server1 上打开网络连接控制面板，修改主机的 IP 地址和 DNS 服务器地址，如图 5-3-2 所示。

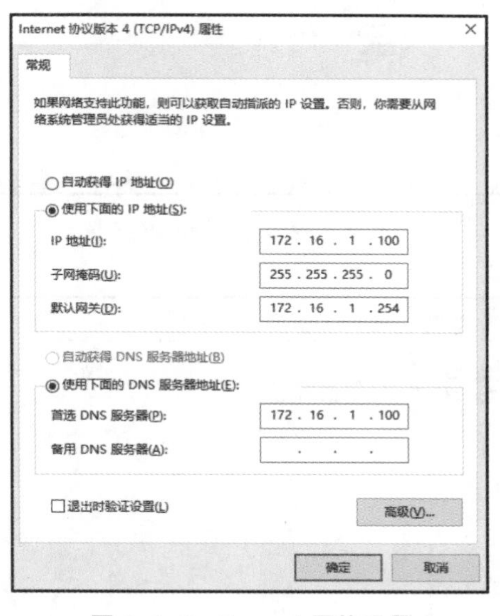

图 5-3-2　Server1 网络设置

(2)打开 Server1 服务区管理器仪表盘，单击右上角的“管理”菜单，选择“添加角色和功能”，如图 5-3-3 所示。

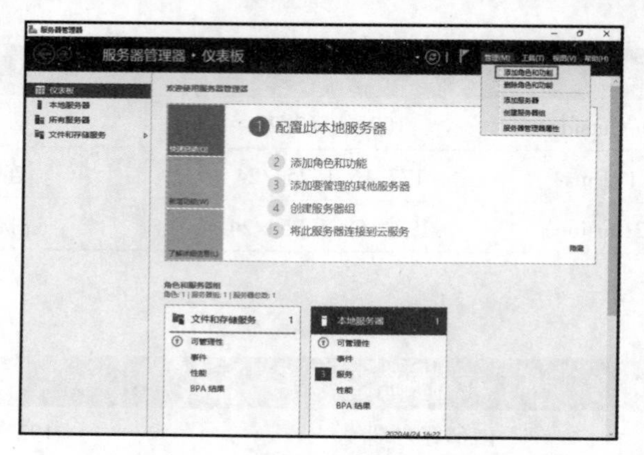

图 5-3-3 服务器管理器仪表盘

(3)根据提示单击“下一步”按钮，在“选择服务器角色”面板中选择“DNS 服务器”和“Web 服务器”进行安装，如图 5-3-4 所示。

(4)安装成功后，使用指令“dnsmgmt. msc”打开“DNS 管理器”页面，右击“正向查找区域”，选择“新建区域”，如图 5-3-5 所示。

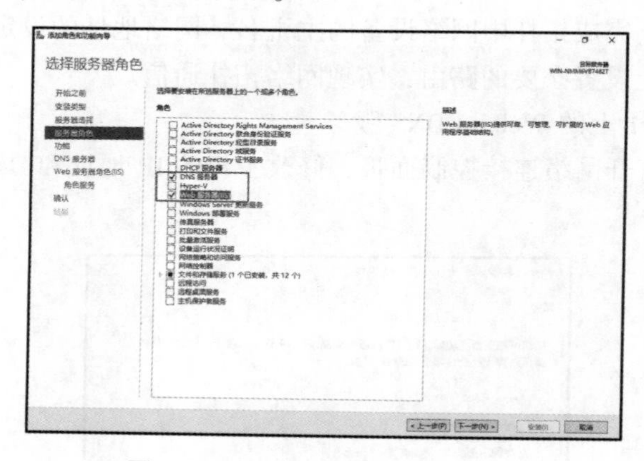

图 5-3-4 安装 DNS 和 Web 服务

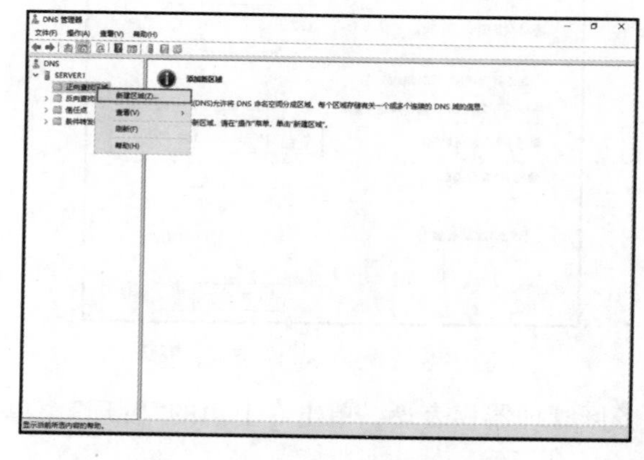

图 5-3-5 新建 DNS 正向区域

(5)选择“主要区域”，单击“下一步”按钮，如图 5-3-6 所示。在区域名称中输入“example. com”，如图 5-3-7 所示。单击“下一步”按钮，单击“完成”按钮。

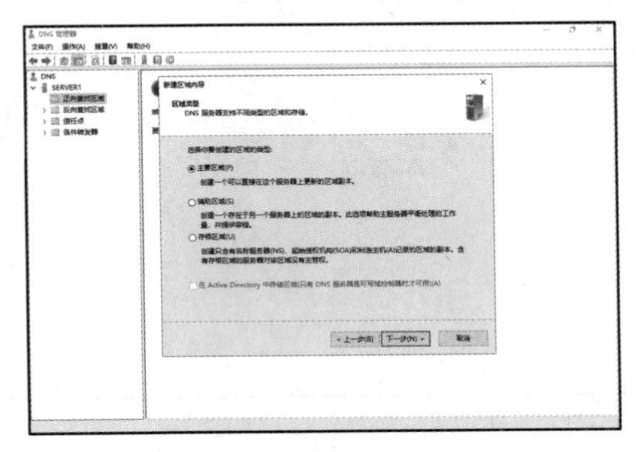

图 5-3-6　创建主要区域

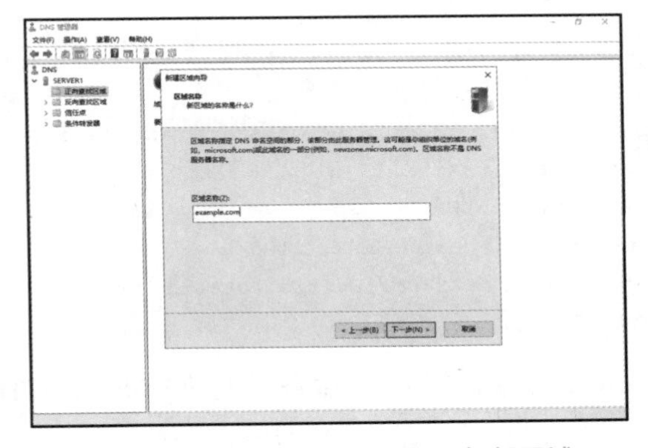

图 5-3-7　创建 example. com 解析区域

(6)创建好正向区域后，单击“example. com”正向解析文件，在空白处右击，选择“新建主机(A 或 AAAA)”，如图 5-3-8 所示。新建主机解析 A 记录，输入名称为“www”，解析的地址为“100. 1. 1. 2”，如图 5-3-9 所示。

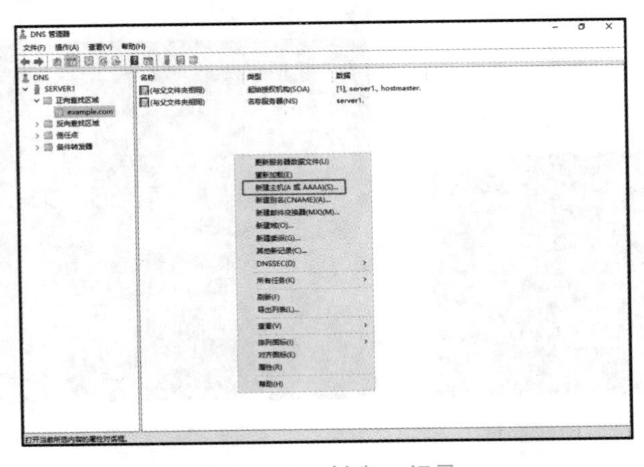

图 5-3-8　创建 A 记录

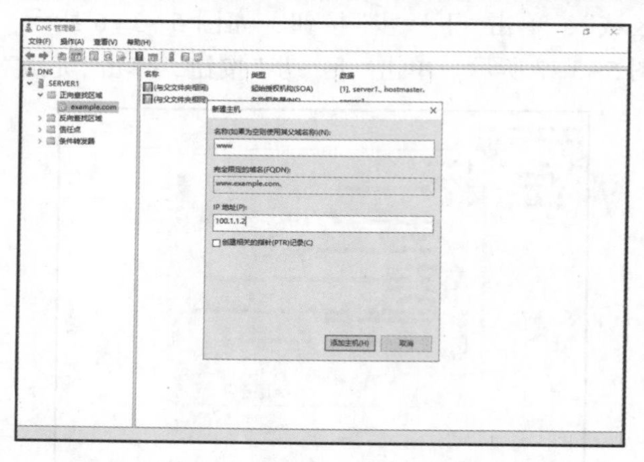

图 5-3-9　指定解析明细

4. 在 Edgefw 上部署 DNAT。

```
Edgefw(config)# object network DNS
Edgefw(config-network-object)# host 172.16.1.100
Edgefw(config-network-object)# nat(Dmz,Outside)static interface service udp domain domain
Edgefw(config-network-object)# exit
Edgefw(config)# object network WEB
Edgefw(config-network-object)# host 172.16.1.100
Edgefw(config-network-object)# nat(Dmz,Outside)static interface service tcp www www
Edgefw(config-network-object)# exit
```

5. 在 Edgefw 上放行 Internet 端访问 DMZ 服务器上的 DNS 和 HTTP 流量。

```
Edgefw(config)# Access-list Inbound extended permit udp any host 172.16.1.100 eq domain
Edgefw(config)# Access-list Inbound extended permit tcp any host 172.16.1.100 eq www
Edgefw(config)# Access-group Inbound in interface Outside
```

6. 在 PC2 上进行域名解析和 Web 访问测试，如图 5-3-10 和图 5-3-11 所示。

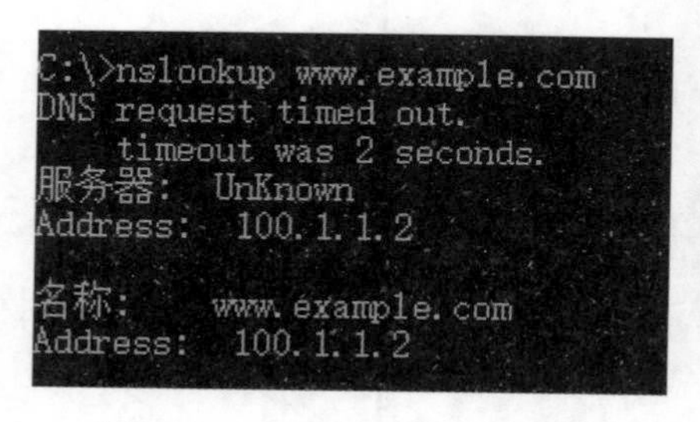

图 5-3-10　PC2 域名解析测试

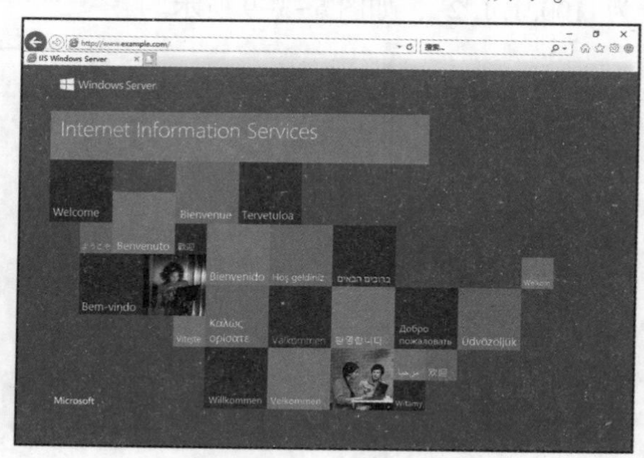

图 5-3-11　PC2 Web 访问测试

7. 在 Edgefw 上查看 NAT 转换状态。

```
Edgefw(config)# show nat detail
Auto NAT Policies(Section 2)
1(Dmz)to(Outside)source static DNS interface  service udp domain domain
    translate_hits = 0,untranslate_hits = 28
    Source - Origin:172.16.1.100/32,Translated:100.1.1.2/29
    Service - Protocol:udp Real:domain Mapped:domain
2(Dmz)to(Outside)source static WEB interface  service tcp www www
    translate_hits = 0,untranslate_hits = 2
    Source - Origin:172.16.1.100/32,Translated:100.1.1.2/29
    Service - Protocol:tcp Real:www Mapped:www
```

问题探究

1. 简述 DNAT 的应用。
2. 简述防火墙 ACL 的放行规则。

知识拓展

防火墙安全级别：默认情况下，同一个安全级别的接口不能相互通信，并且数据包无法进入和退出同一接口。

inter-interface：同一安全等级的接口之间可以通信。

intra-interface：启用连接同一接口的主机之间的通信。

项目拓展

在企业 A 总公司的 Server1 服务器上部署 FTP 服务，利用目的地址转换实现公共网络对服务的安全访问。

子任务四　防火墙 SNMP 流量监控管理

学习目标

- 理解 SNMP 的工作原理
- 掌握防火墙 SNMP 的配置方法
- 掌握 Cacti 监控平台搭建(基于 Linux)

任务引言

流量和性能监控一般旨在通过网络协议得到网络设备的流量信息，并将流量负载以图形或表格方式显示给用户，以非常直观的形式显示网络设备负载。在网络发展的今天，网络监控还可以网络应用层协议方式进行更精细化的监控，并通过网络监控对网络设备运行情况等信息进行分析。

对网络核心设备如防火墙、三层交换机、服务器等进行流量监控，一般都要将这些设备的SNMP(Simple Network Manger Protocol，简单网络管理协议)功能打开，同时，在网络内部署流量监控服务器，安装监控软件进行监控。在协议开启后，可以基于网管平台(Cacti)进行监控设置，完成对网络设备流量的实时监控。

知识引入

利用SNMP协议，网络管理员可以对网络上的节点进行信息查询、网络配置、故障定位、容量规划。网络监控和管理是SNMP的基本功能。

SNMP是一个应用层协议，为客户机/服务器模式，包括三个部分：SNMP网络管理器，一般为主机上的网管软件，如Cacti、Soldwind等，其工作在UDP 162端口；SNMP代理，是网络设备上运行的SNMP程序，负责处理请求及回应，其工作在UDP 161端口；MIB管理信息库，是预先定义好的树形结构库，单个节点代表一个信息。

MIB(Management Information Base，管理信息库)是网络管理数据的标准，也是一个数据库，它代表了某个设备或服务的一套可管理对象。由SNMP管理的每台主机必须有一个MIB，它描述了该主机上的可管理对象。所有的MIB必须用精确的组织结构定义。SNMP管理器在与其他代理连接时，使用MIB中的信息识别该代理上的信息是如何组织的。

MIB将每个变量定义为对象ID(OID)，将厂商(组织)定义到OID的层次结构中，在这样的类似树状结构的MIB库中，部分分支具有许多联网设备共有的变量，而一些独特的分支具有该设备特定的变量，如图5-4-1所示。

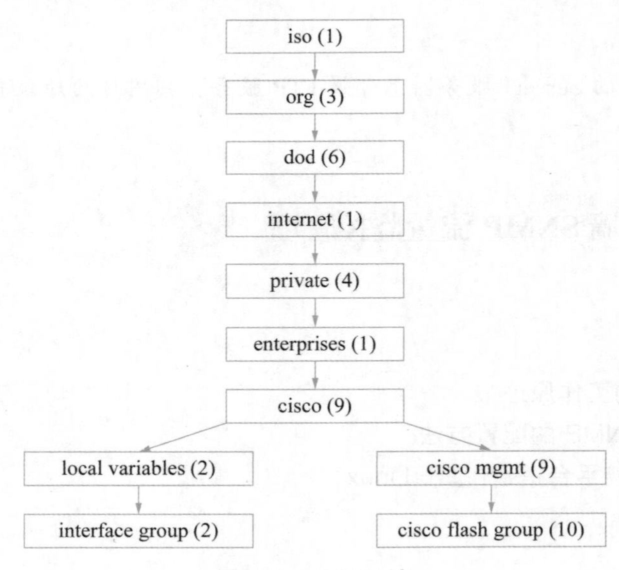

图5-4-1　MIB库

在ASA软件版本8.1之前，仅支持SNMPv1和SNMPv2c；ASA软件8.2及更高版本也支持SNMPv3，这是最安全的SNMP协议版本。

SNMP发展历史：

1989 年，SNMPv1。

1991 年，RMON(Remote Network Monitoring，远程网络监视)，它扩充了 SNMP 的功能，包括对 LAN 的管理及对依附于这些网络的设备的管理。RMON 没有修改和增加 SNMPv1，只是增加了 SNMP 监视子网的能力。

1993 年，SNMPv2(SNMPv1 的升级版)。

1995 年，SNMPv2 正式版，其中规定了如何在基于 OSI 的网络中使用 SNMP。

1995 年，RMON 扩展为 RMON2。

1998 年，SNMPv3，一系列文档定义了 SNMP 的安全性，并定义了将来改进的总体结构。SNMPv3 可以和 SNMPv2、SNMPv1 一起使用。

Cacti 介绍：

Cacti 是用 PHP 语言实现的一个软件，它的主要功能是用 SNMP 服务获取数据，然后用 RRDTool 储存和更新数据，当用户需要查看数据时，用 RRDTool 生成图表呈现给用户。因此，SNMP 和 RRDTool 是 Cacti 的关键。SNMP 关系着数据的收集，RRDTool 关系着数据存储和图表的生成。

MySQL 配合 PHP 程序存储一些变量数据，并对变量数据进行调用，如主机名、主机 IP、SNMP 团体名、端口号、模板信息等。

SNMP 获取数据后不是存储在 MySQL 中，而是存储在由 RRDTool 生成的 RRD 文件中(在 Cacti 根目录的 RRA 文件夹下)。RRDTool 对数据的更新和存储就是对 RRD 文件的处理，RRD 文件是大小固定的档案文件，它能够存储的数据量在创建时就已经定义。

工作任务——防火墙流量监控配置

【工作任务背景】

为了完善企业 A 公司网络设备工作状态监测监控功能，需要在公司内部服务器上搭建 Cacti 监控平台，如图 5-4-2 所示。

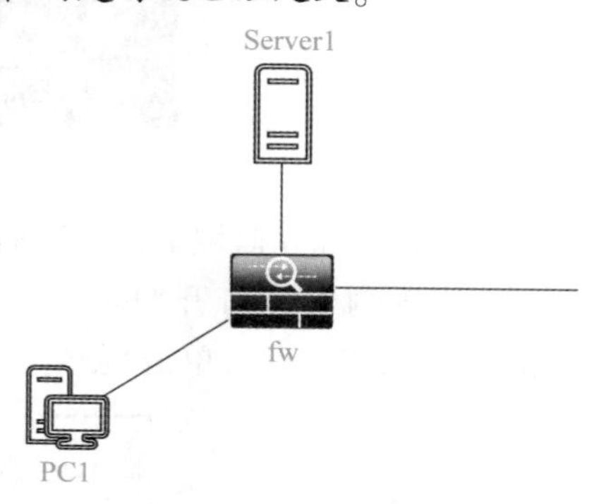

图 5-4-2 防火墙流量监控管理

【工作任务分析】

PC1 模拟总公司内部客户端，Server1 模拟总公司内部服务器。当配置成功后，PC 访问 DMZ 区域的服务器监控平台查看当前防火墙的流量情况。详细参数见表 5-4-1 和表 5-4-2。

表 5-4-1 网络设备信息

设备	接口	IP	备注
fw	Gi0/0(Outside)	100.1.1.2/29	连接 Internet
	Gi0/1(DMZ)	172.16.1.254/24	连接 DMZ 服务区
	Gi0/2(Inside)	192.168.1.254/24	连接 Inside 内部区

表 5-4-2 PC 信息

设备名	设备用途	IP 地址
PC1	内部客户端	192. 168. 1. 100/24
Server1	内部服务器	172. 16. 1. 100/24

【任务实现】

1. 根据所学知识，完成拓扑中网络设备的主机名、网络地址的设定。

2. 在防火墙设备上设置必要的路由，实现网络拓扑通信。

3. 在防火墙设备上配置 SNMP，指定团体密码、服务器地址、SNMP 版本等信息。

```
fw(config)# snmp-server communityP@ ssw0rd
fw(config)# snmp-server host Dmz 172.16.1.100 communityP@ ssw0rd version 2c
fw(config)# snmp-server location EdgeFW
fw(config)# snmp-server contact netadmin@ example.com
```

4. 在 Server1 服务器上执行以下命令，检查 SNMP 连接。测试结果如图 5-4-3 所示。

```
snmpwalk -v 2c -c P@ ssw0rd 172.16.1.254
```

图 5-4-3　SNMP 连接测试

5. 初始化 Cacti 监控平台，手动添加需要监控的设备。

(1)使用浏览器打开“http://172.16.1.100/cacit/”，默认用户名为“admin”，密码为“cacti”。登录成功后，单击“创建设备”按钮，开始添加新的监控对象，如图 5-4-4 所示。

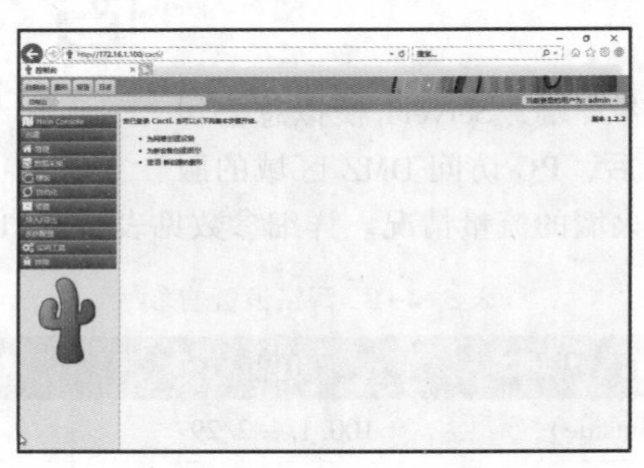

图 5-4-4　Cacti 控制面板

(2)在描述框内输入自定义名称，在主机名框内输入被监控的设备地址“172.16.1.254”，在设备模板中选择“Cisco Router”类型，在 SNMP 版本中选择“版本 2”，在 SNMP 团体中输入团体密码“P@ ssw0rd”，最后单击“创建”按钮，如图 5-4-5 所示。

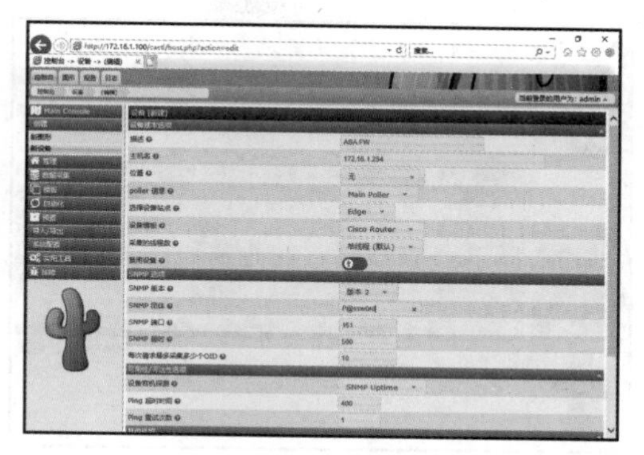

图 5-4-5　添加新的监控设备

(3)如果 SNMP 成功连接到对应的网络设备，可以在该页面查看到对应的设备信息。单击右上角的“为设备创建图形”按钮，为当前网络设备创建可视化的监控图标，如图 5-4-6 所示。

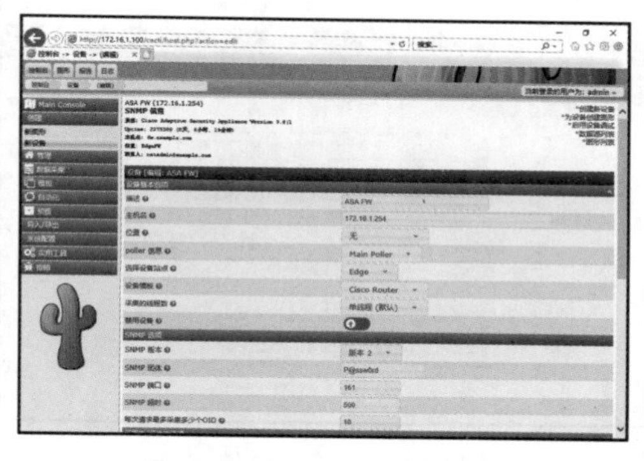

图 5-4-6　SNMP 设备信息

(4)在页面中选择需要被监控的网络接口，单击“创建”按钮即可生成图表，如图 5-4-7 所示。

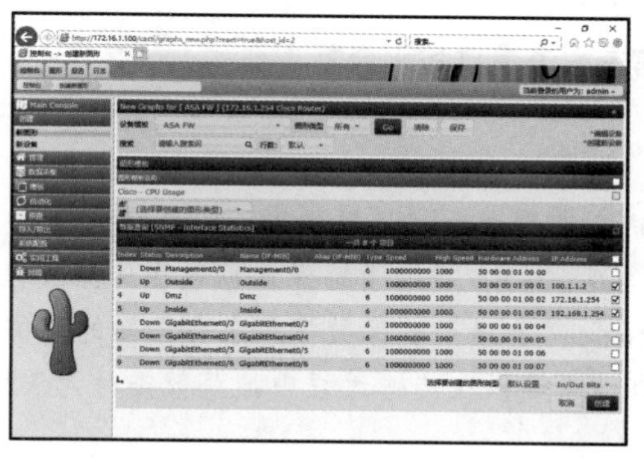

图 5-4-7　创建可视化监控图标

(5)图表创建成功后，单击左边工具栏，单击“管理”→“图形”，选择所有图形，将它们添加到"Default Tree"，如图 5-4-8 所示。

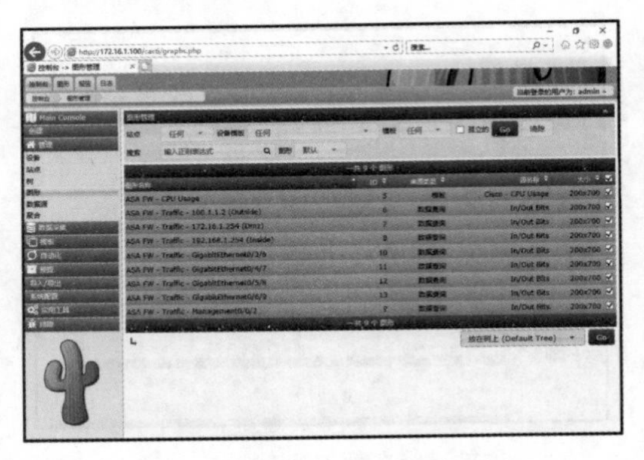

图 5-4-8　添加图形到默认树

6. 查看监控状态，在页面的顶端找到"图形"，单击打开后找到"Default Tree"，如图 5-4-9 所示，可以看到当前设备的监控状态。

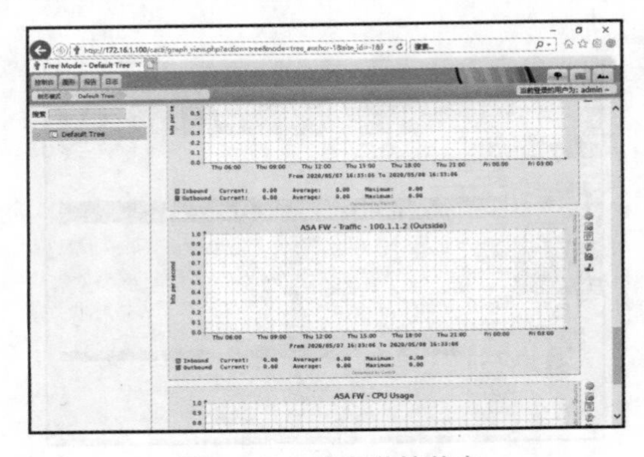

图 5-4-9　设备监控状态

问题探究

1. 如何配置防火墙 SNMPv3?
2. 还有哪些常用的第三方流量监控平台?

知识拓展

SNMPv3 通过对数据进行鉴别和加密，提供以下安全特性。

消息完整性(Message integrity)：有助于确保数据包在传输过程中未被篡改。

身份验证(Authentication)：有助于确保数据包来自已知的可信来源。

加密(Encryption)：有助于确保在传输过程中捕获数据时无法读取信息。

项目拓展

配置基于 SNMPv3 实现流量监控，使用 authPriv 安全验证等级。

子任务五 防火墙日志管理

学习目标

- 了解 CISCO 日志的工作原理
- 了解 CISCO 日志的格式分类
- 掌握 CISCO 远程日志部署方式

任务引言

通过网络设备日志消息管理，将系统错误警告消息分配到不同的警告级别，用于问题或事件的严重性分析。Cisco IOS 发送日志消息(包括 debug 命令的输出)到日志记录过程。默认情况下，只发送到控制台接口，可以将日志记录到设备内部缓存、终端线路、系统日志服务器和 SNMP 管理站等。

知识引入

1. 日志格式。在 Cisco IOS 设备中，日志消息采用以下格式：

```
seq no:timestamp:% facility-severity-MNEMONIC:description
```

Facility：表示系统消息的来源或原因。

Severity：消息的严重性，用 0~7 表示，描述严重性级别。

Mnemonic：唯一描述消息的文本字符串。

Description：包含所报告事件的详细信息的文本字符串。

例如：

```
000025:* Feb 26 04:12:29.798:% LINEPROTO-5-UPDOWN:Line protocol on Interface Ethernet0/1,
changed state to up
```

2. 严重级别。每个日志消息被关联一个严重级别，用来区分消息的严重等级，数字越小，消息越严重。严重级别的范围为从 0(最高)到 7(最低)，见表 5-5-1。使用 logging 命令可以用数字或者名称来指定严重性。

表 5-5-1 日志严重性级别描述

参数	级别	系统日志描述	描述
emergencies	0	LOG_EMERG	系统不可用
alerts	1	LOG_ALERT	在端口下是需要立即操作的
critical	2	LOG_CRIT	路由器上存在一个关键状态
errors	3	LOG_ERR	路由器上存在一个错误状态
warnings	4	LOG_WARNING	路由器上存在一个警告状态

续表

参数	级别	系统日志描述	描述
notifications	5	LOG_NOTICE	路由器上发生了一个平常的但重要的事件
informational	6	LOG_INFO	路由器上发生了一个信息事件
debugging	7	LOG_DEBUG	来自 debug 命令的输出

3. 日志输入方式。Console：默认情况下，路由器将所有日志消息发送到其控制台端口。因此，只有物理上连接到路由器控制台端口的用户才能查看这些消息。

Terminal：它类似于控制台日志记录，但是它显示日志消息到路由器的 VTY 线路。默认情况下未启用。

Buffered：此类型的日志记录使用路由器的 RAM 存储日志消息。缓冲区具有固定大小，以确保日志不会耗尽宝贵的系统内存。路由器通过在添加新消息时从缓冲区中删除旧消息来实现此目的。

Syslog Server：路由器可以使用 Syslog 将日志消息转发到外部 Syslog 服务器进行存储。默认情况下，不启用此类日志记录。

SNMP Trap：路由器能够使用 SNMP 陷阱将日志消息发送到外部 SNMP 服务器。

工作任务——防火墙远程日志管理

【工作任务背景】

为了完善企业 A 公司网络设备工作状态监测监控，如图 5-5-1所示，基于 Linux 平台，实现防火墙远程日志收集。

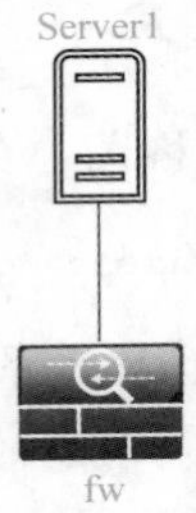

Server1

fw

图 5-5-1　防火墙流量监控管理

【工作任务分析】

Server1 模拟总公司内部服务器。当配置成功后，fw 设备上的日志将会存储一份到 Server1 服务器上。参数要求见表 5-5-2 和表 5-5-3。

表 5-5-2　网络设备信息

设备	接口	安全等级	IP	备注
fw	Gi0/0(Inside)	100	172.16.1.100	连接日志服务器

表 5-5-3　服务器信息

设备名	设备用途	IP 地址
Server1	内部日志服务器	172.16.1.100/24

【任务实现】

1. 根据所学知识，完成拓扑中网络设备的主机名、网络地址的设定。

2. 在防火墙设备上设置必要的路由，实现网络拓扑通信。

3. 在防火墙设备上设置时区和时间。

```
fw(config)# clock timezone UTC +8
fw(config)# clock set 12:00:00 may 01 2020
```

4. 启用日志功能，并将 0~6 级的日志都保存到缓冲区。

```
fw(config)# logging enable
fw(config)# logging buffered informational
```

5. 设置日志内容记录时间戳信息，配置日志服务器为 172. 16. 1. 100。

```
fw(config)# logging timestamp
fw(config)# logging trap informational
fw(config)# logging host Inside 172.16.1.100
```

6. 在日志服务器上查看日志服务器运行状态和日志接收情况，如图 5-5-2 所示。

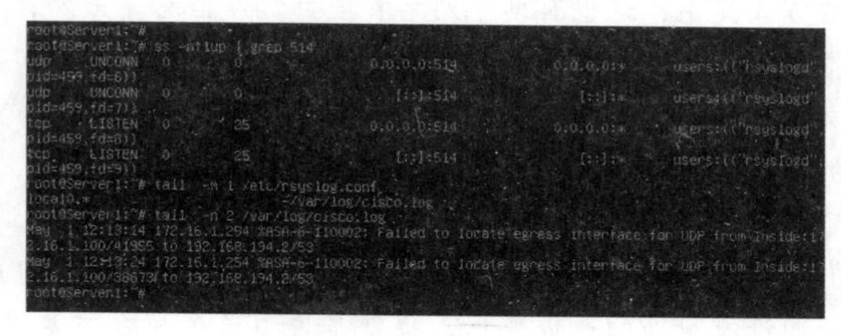

图 5-5-2 查看日志服务器状态和日志接收情况

问题探究

1. Syslog 协议使用 UDP 和 TCP 传输日志的区别。
2. 如何关闭和开启 Console 日志?

知识拓展

Debug 指令是排错时常用的一个工具，防火墙以 Syslog 格式保存日志，共有 8 个级别的日志，其中包含 MOST 信息的级别称为“debug”(严重性为 7)。对于启用 debug 级别的日志，防火墙可以将日志发送到内部的内存缓冲区，外部的日志服务器等进行功能调优或者故障排查。

关于 debug 命令，注意事项如下：

注意事项一：需要注意输出结果的不同。在不同的情况下，debug 命令输出结果的格式是不同的。网络管理员掌握这些输出结果的差异，对进行故障排查具有很大的使用价值。如上所述，debug 命令产生的信息量比较多，如果管理员能够了解不同情况下的不同输出格式，那么就可以在最短时间内找到自己需要的信息。也就是说，可以帮助管理员提高信息过滤的效率。

一是需要注意在使用这个命令进行排错时，输出的格式会随着协议的不同而变化。例如某些协议只是为每个数据包产生单行输出，而有些协议则为数据包产生多行输出。当网络管理员掌握这个规则之后，可以不看内容，而只看输出的格式，就了解这些输出结果可能对应哪些协议。这对于网络管理员从海量的信息中定位所需的内容是非常有帮助的。

二是需要注意这个命令所带的参数不同，其输出的结果的数量也是不同的。有些debug命令会产生大量的输出结果，而有些命令输出的结果数量很少。对于网络排错来说，并不是信息越多越好，也不是说越少越好，而是要看输出的结果是否明确，是否满足要求。这就对网络管理员提出了比较高的要求，要求管理员必须掌握尽可能多的debug命令，并在恰当的时候使用恰当的debug命令。也就是说，最后输出的结果能够满足管理员的需要。太多的话，是一种浪费，同时也会增加防火墙等网络设备的CPU负担。在使用这个命令时，最好能够按严重性从小到大使用。只有在当前命令收集的结果不满足需要的情况下，才使用更大范围的命令，这可以有效降低设备的CPU负荷。此外，错误的情形、协议的不同、采用命令的不同，其返回结果的格式也会有差异。如有些情况下其产生的结果是文本行的格式，而有时则以字段格式的方式提供，这也有助于网络管理员过滤信息。另外，需要注意的是，有些管理员可能会把根据debug命令收集起来的信息存入数据库中进行更加复杂的分析，此时就需要这个字段与文本行格式的差异。在某些情况下，需要对文本行格式的数据进行整理，才能够满足管理员的需要。

注意事项二：不要在生产环境特别复杂的情况下使用这个命令。通常情况下，使用debug命令可以帮助网络管理员收集到很多有用的信息，但是需要注意的是，这个命令也会产生大量的对解决问题没有帮助的垃圾数据。也就是说，这个命令本身并没有过滤的功能，其只是简单地收集相关的信息。这不仅会增加设备与网络的负担，而且分析这些信息的时候，也会有不少障碍。当信息比较多时，只有比较专业的人员才可以从繁杂的信息中整理出有用的信息。此外，在使用debug命令的过程中，也会使CPU出现比较大的开销，这会对网络的性能产生很大的负面影响。有时候甚至导致网络的堵塞，从而使得网络故障雪上加霜，破坏网络设备的正常运转。基于如上原因，建议最好能够在网络流量或者用户比较少时使用debug命令，从而最大限度地降低这个命令对其他用户的负面影响。如果必须马上解决问题，等不到网络空闲的时候，那么务必在已经了解故障的特定类型流量或者解决方案，并且已经将故障限定在某个局部范围内之后，才使用这个debug命令进一步收集相关信息。可以在这个命令后面加上相关的参数，来降低设备CPU的开销，提高信息的使用价值。

注意事项三：对debug命令收集到的信息要及时分析。事物是时刻在变化的，在网络中也是如此。连续使用两次debug命令来收集相关的信息，其结果可能有差异。为此，作为网络管理员，应该学会及时从debug命令中获取信息，并且还应该学会在调试完毕之后及时关闭debug命令，甚至禁用它，从而让网络设备在最短时间内恢复到工作状态。然后对收集到的信息进行分析，查找故障或者性能下降的原因。简单地说，就是不要一边使用debug命令收集信息，一边对数据进行分析。这主要还是由于debug命令会大量占用CPU的资源。在实际工作中，为了最大限度地降低debug命令的负面影响，最好创建目标行动计划。如每个星期让debug命令在网络比较空闲的时候运行一次，以收集网络管理员所关心的信息。这能够帮助网络管理员防患于未然，同时，也不会对用户网络的正常使用产生很大的负面影响。

注意事项四：学会在debug命令后面加上相关的参数。在思科的产品中，所有的debug

命令必须都在exec模式下运行，并且大部分的debug命令在运行时都没有强制参数的要求。但是笔者还是建议在使用debug命令的时候带上相关的参数，特别是在将调试信息隔离到特定接口或者特性的时候，带参数的debug命令会非常有用。如果不带参数，不仅难以将信息与接口或者特性一一对应，还会占用CPU等资源，这会扩大debug命令的负面影响。需要注意的是，有一个参数要慎用，即all参数。如debug all命令，如果采用这个命令，会产生压倒多数的被调试的进程，情况严重的话，会导致系统与网络崩溃。因此all参数往往只在非生产领域使用，或者是在网络刚组建时使用。可见，debug命令虽然只是思科产品中很小一部分的功能，但是在排错与性能优化中，其作用不可忽视。

项目拓展

在防火墙上使用debug指令进行故障排查，分析ICMP无法通信的原因有哪些。

注意，ASA仅显示用于ping到ASA接口的ICMP调试消息，而不显示用于ping通过ASA到其他主机的消息。

子任务六　公司SSL VPN(AnyConnect)远程访问

学习目标

- 了解SSL VPN的概念
- 掌握防火墙SSL VPN的配置方法

任务引言

SSL VPN是解决远程办公用户访问公司内部资源服务器的最简单、最安全的技术，它是对现有SSL应用的补充，增加了公司执行访问控制和安全的级别与能力。

知识引入

与复杂的IPSec VPN相比，SSL VPN通过简单易用的方法实现信息远程连通。

SSL(安全套接层)协议是一种在Internet上保证发送信息安全的通用协议。它处于应用层。SSL用公钥加密通过SSL连接传输的数据。SSL协议指定了在应用程序协议(如HTTP、Telnet和FTP等)和TCP/IP协议之间进行数据交换的安全机制，为TCP/IP连接提供数据加密、服务器认证及可选的客户机认证。SSL协议包括握手协议、记录协议及警告协议三部分。握手协议负责确定用于客户机和服务器之间的会话加密参数；记录协议用于交换应用数据；警告协议用于在发生错误时终止两个主机之间的会话。

VPN(虚拟专用网)则主要应用于虚拟连接网络，它可以确保数据的机密性并且具有一定的访问控制功能。VPN可以扩展企业的内部网络，允许企业的员工、客户利用Internet访问企业网。

工作任务——公司 SSL VPN 配置

【工作任务背景】

企业 A 广州总公司收到一份员工报告，在外出差的员工无法连接公司局域网，有些工作完成不了。公司决定使用 SSL VPN 技术来解决出差员工使用局域网的问题。拓扑如图 5-6-1 所示。

【工作任务分析】

PC1 模拟总公司内部客户端，PC2 模拟在外出差员工客户端，Server1 模拟总公司内部服务器。当配置成功后，PC2 访问通过 SSL VPN(AnyConnect)访问公司内部的客户端和 DMZ 区域的服务器。详细参数见表 5-6-1 和表 5-6-2。

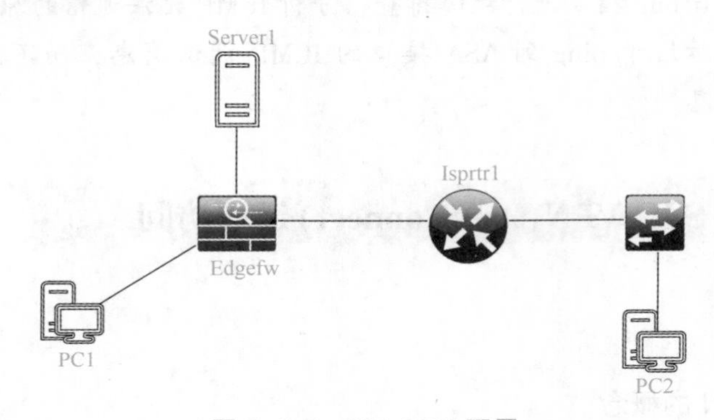

图 5-6-1 SSL VPN 配置

表 5-6-1 网络设备信息

设备	接口	IP	备注
fw	Gi0/0(Outside)	100.1.1.2/29	连接 Internet
	Gi0/1(DMZ)	172.16.1.254/24	连接 DMZ 服务区
	Gi0/2(Inside)	192.168.1.254/24	连接 Inside 内部区

表 5-6-2 PC 信息

设备名	设备用途	IP 地址
PC1	内部客户端	192.168.1.100/24
Server1	内部服务器	172.16.1.100/24
PC2	HomePC	100.1.2.2/24

【任务实现】

1. 根据所学知识，完成拓扑中网络设备的主机名、网络地址的设定。
2. 在防火墙设备上设置必要的路由，实现网络拓扑通信。

3. 在防火墙设备上创建拨号用户。

```
fw(config)# username vpnuser1 password P@ ssw0rd
```

4. 在防火墙设备上创建 VPN 客户端地址池。

```
fw(config)#ip local pool SSLVPN-POOL 10.0.0.1-10.0.0.7 mask 255.255.255.248
```

5. 在防火墙设备上启用 Web VPN，关联镜像文件“anyconnect.pkg”，该文件需要提前上传到防火墙 disk0 上。

```
fw(config)#webvpn
fw(config-webvpn)# enable outside
fw(config-webvpn)# anyconnect image disk0:/anyconnect.pkg
fw(config-webvpn)# anyconnect enable
fw(config-webvpn)# tunnel-group-list enable
```

6. 在防火墙设备上创建拨号策略。

```
fw(config)#group-policy SSLGP internal
fw(config)# group-policy SSLGP attributes
fw(config-group-policy)# vpn-tunnel-protocol ssl-client
fw(config-group-policy)# address-pools value SSLVPN-POOL
```

7. 在防火墙设备上创建 tunnel-group。

```
fw(config)# tunnel-group SSLVPNTP type  remote-Access
fw(config)# tunnel-group SSLVPNTP general-attributes
fw(config-tunnel-general)# default-group-policy SSLGP
fw(config-tunnel-general)# exit
fw(config)# tunnel-group SSLVPNTP webvpn-attributes
fw(config-tunnel-webvpn)# group-alias SSLVPNTP enable
```

8. 在 PC2 客户端上进行连接测试。

(1)使用浏览器访问 https://100.1.1.2，由于网站还没有部署 SSL 证书，所以此处会提示证书警告，单击“转到此网页”，跳转到 SSL VPN 页面，如图 5-6-2 所示。

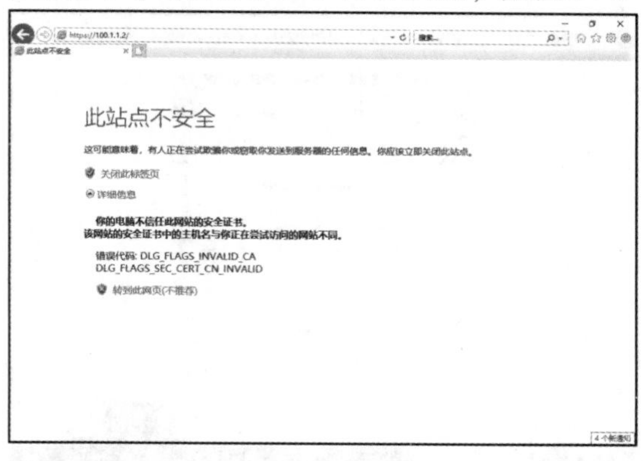

图 5-6-2　SSL VPN 连接测试

(2)在 SSL VPN 登录页面输入用户名“vpnuser1”和密码“P@ ssw0rd”，单击“Login”按钮进行登录，登录后会跳转到 AnyConnect 下载页面，如图 5-6-3 所示。首次打开时，会提示安全控件信任问题，单击“允许”按钮，开始下载，如图 5-6-4 所示。

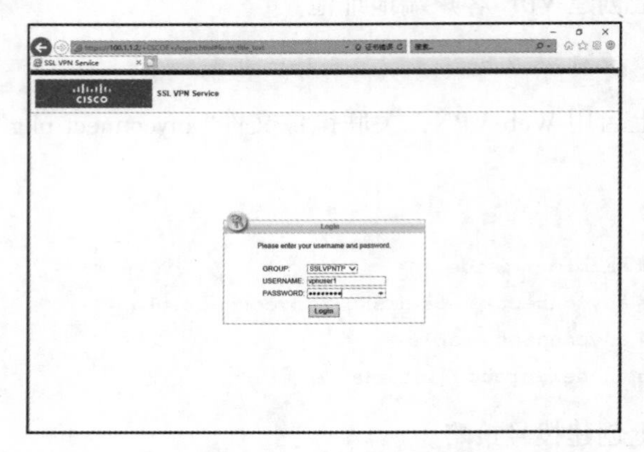

图 5-6-3　SSL VPN 连接测试(用户登录)

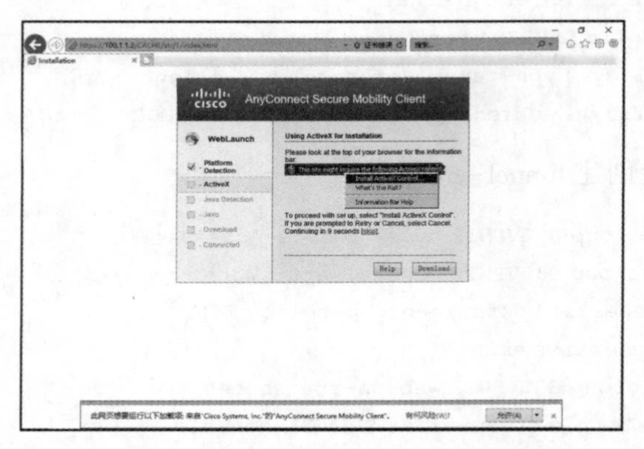

图 5-6-4　允许安装拨号客户端

(3)下载成功后，会自动连接 VPN。由于没有配置证书信任，会提示非安全连接，此时单击“Connect Anyway”按钮进行连接 VPN，如图 5-6-5 所示。

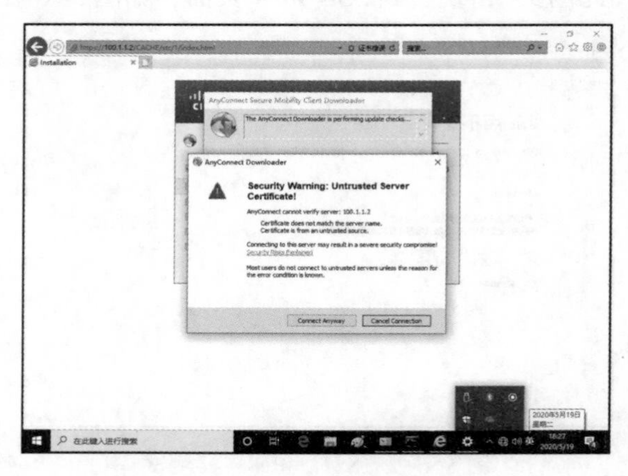

图 5-6-5　SSL VPN 连接测试

(4)连接成功，单击 AnyConnect 页面左下角的齿轮按钮，可以查看当前 VPN 的连接状态，如图 5-6-6 和图 5-6-7 所示。

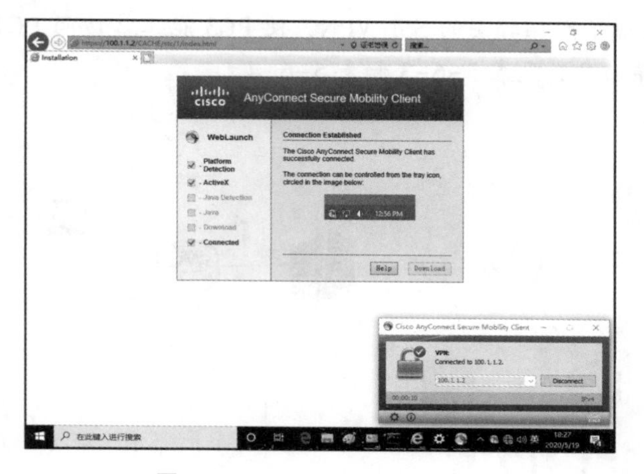

图 5-6-6　SSL VPN 连接成功

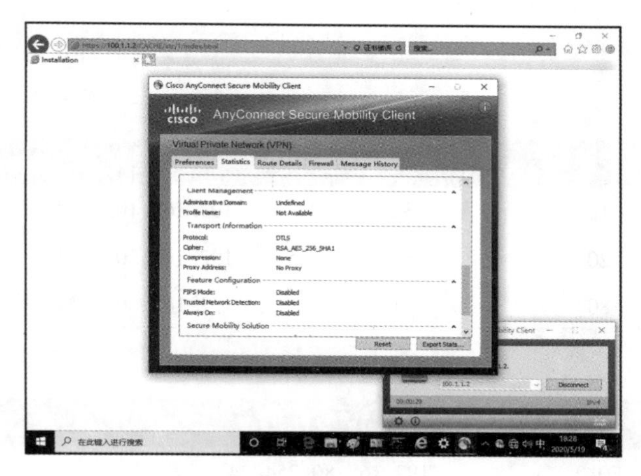

图 5-6-7　检查当前 SSL VPN 加密情况

问题探究

1. 简述 SSL VPN 的优势。
2. 简述 SSL VPN 与 IPSec VPN 的区别。

知识拓展

AES(Advanced Encryption Standard)：高级加密标准。
DES(Data Encryption Standard)：数据加密标准。
MD5(Message-Digest Algorithm 5)：消息摘要算法第五版。
SHA(Secure Hash Algorithm)：安全哈希算法。

项目拓展

利用所学知识实现下列拓扑图的 SSL VPN，使 PC3 能正常访问 PC1 的 Web 服务。拓扑如图 5-6-8 所示，详细参数见表 5-6-3 和表 5-6-4。

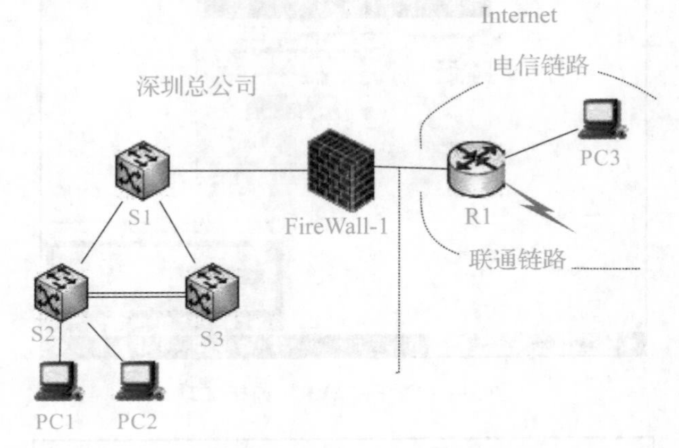

图 5-6-8　SSL VPN

表 5-6-3　总公司部门网络信息

部门	VLAN	所属设备	IP 地址	设备接口
销售部	10	S2	192.168.10.1/24	Fa0/1~4
财务部	20	S2	192.168.20.1/24	Fa0/5~8
信息中心	80	S1	192.168.80.1/24	Fa0/1~10

表 5-6-4　网络参数设置

设备名称	设备接口	IP 地址	备注
FireWall-1	F0/2	192.168.80.254/24	Trust
	F0/3	10.1.3.2/24	Untrust
R1	F0/1	10.1.3.1/24	与防火墙 Fa0/3 相连
	F0/2	10.1.11.1/24	与 PC3 相连
PC1	—	IP 地址：192.168.10.10/24 网关：192.168.10.1/24	销售部，配置 Web 服务
PC2	—	IP 地址：192.168.20.10/24 网关：192.168.20.1/24	财务部
PC3	—	IP 地址：10.1.11.10/24 网关：10.1.11.1/24	非企业内部网络计算机

子任务七　出口网络监控(IP SLA)

学习目标

- 理解什么是 SLA
- 掌握 SLA 的工作原理

任务引言

浮动静态路由是一种静态路由，在主路由失效时，提供备份路由，但在主路由存在的情况下，它不会出现在路由表中。浮动静态路由主要用于拨号备份，解决单点网关问题，提高冗余性和负载均衡。

知识引入

SLA(Service Level Aggrement，服务等级协议)在 ISP 领域指的是用户和服务提供者签订的服务等级合同。比如用户可以享受什么样的等级、什么样的带宽服务等。本任务主要探讨企业网络环境中 SLA 的功能。

SLA 功能介绍：

- 检测路由器之间的网络性能。
- 量化当前网络的性能、健康状况。
- 评估现有网络的服务质量。
- 帮助用户分析、排除网络故障。
- 和浮动静态路由、HSRP 等技术结合。

工作任务——防火墙部署浮动路由，通过 SLA 进行健康检测

【工作任务背景】

企业 A 总公司在出口网络边界放置一台防火墙，出口网络拥有两条链路，分别是电信网络和移动网络，互为备份，先要求使用电信网络作为最优线路，当电信网络不可用时，出口网关自动更改为移动网络。拓扑如图 5-7-1 所示。

【工作任务分析】

PC1 模拟总公司内部客户端，PC2 模拟 Internet 客户端，Server1 模拟总公司内部服务器。配置成功后，当防火墙连接的电信网络(Isprtr1)不可用时，出口网关自动更改为移动网络(Isprtr2)。详细参数见表 5-7-1。

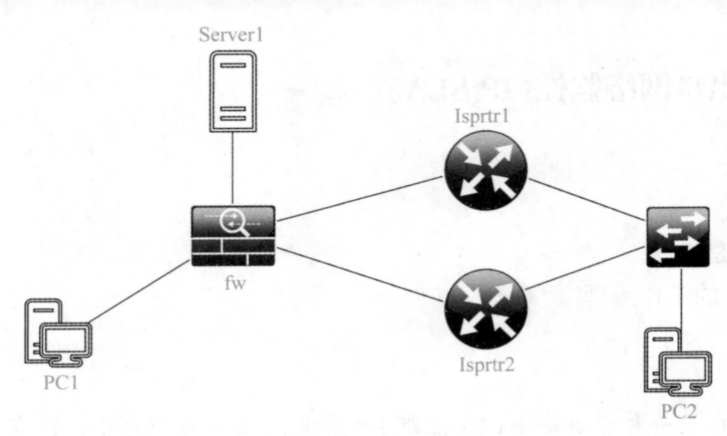

图 5-7-1　SLA 路由检测

表 5-7-1　网络设备信息

主机名	域名	接口	名称	安全等级	网络地址
fw	example.com	Gi0/0	Outside	0	100. 1. 1. 3/29
		Gi0/1	DMZ	50	172. 16. 1. 254/24
		Gi0/2	Inside	100	192. 168. 1. 254/24
Isprtr1	isp.org	Gi0/0	—	—	100. 1. 1. 1/29
	isp.org	Gi0/1	—	—	100. 1. 2. 1/9
	isp.org	Lo1			100. 100. 100. 100/32
Isprtr2	isp.org	Gi0/0	—	—	100. 1. 1. 2/9
	isp.org	Gi0/1	—	—	100. 1. 2. 2/9

【任务实现】

1. 根据所学知识，完成拓扑中网络设备的主机名、网络地址的设定。

2. 创建 SLA 规则，设置检测对象为 100. 100. 100. 100(该地址用于测试 Internet 是否可以访问，当该地址可访问时，表明 Internet 网络可用，当该地址不可访问时，表明 Internet 网络不可用，此时将自动切换出口网关)。

```
fw(config)# sla monitor 5
fw(config-sla-monitor)# type echo protocol ipicmpecho 100.100.100.100 Outside
fw(config)# sla monitor schedule 5 life forever start-time now
```

3. 配置浮动路由，关联 SLA 规则。

```
fw(config)# route outside 100.100.100.100 255.255.255.255 100.1.1.1
fw(config)# track 6 rtr 5 reachability
fw(config)# route outside 0.0.0.0 0.0.0.0 100.1.1.1 track 6
fw(config)# route outside 0.0.0.0 0.0.0.0 100.1.1.2 10
```

4. SLA 规则检测正常，查看防火墙的静态路由表。

```
fw(config)# show route static
S*        0.0.0.0 0.0.0.0[1/0]via 100.1.1.1,Outside
```

5. 在 Isprtr1 路由器上关闭 Lo1 接口，此时 100.100.100.100 地址无法访问。

```
fw(config)# show route  static
S*        0.0.0.0 0.0.0.0[10/0]via 100.1.1.2,Outside
```

问题探究

1. SLA 检查间隔是多少?
2. SLA 如何协同 FHRP 一起工作?

知识拓展

IP SLA 主要有三种应用场合：
1. 浮动静态路由下一跳检测。
2. 使用 HSRP 主备路由器检测连接互联网的接口。
3. PBR 策略路由下一跳检测。

项目拓展

在 FHRP 网络中，采用 IP SLA 检查网关路由器当前连接互联网的接口上网情况，实现主备路由器的动态切换。任务拓扑如图 5-7-2 所示。

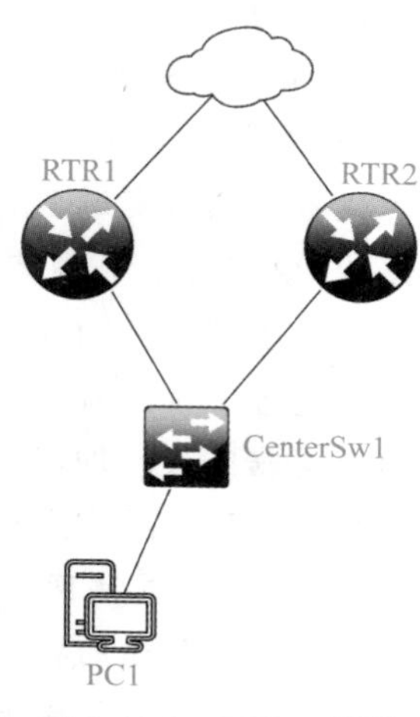

图 5-7-2 FHRP 配置

子任务八 防火墙通过 PPPoE 获取网络地址

学习目标

- 了解 PPP 的概念
- 掌握 PPPoE 客户端和服务器端的配置

任务引言

与传统的接入方式相比，PPPoE 具有较高的性能价格比，它在包括小区组网建设等一系列应用中被广泛采用，目前流行的宽带接入方式 ADSL 就使用了 PPPoE 协议。随着低成本的宽带技术变得日益流行，DSL(Digital Subscriber Line，数字用户线)技术更是使得许多计算机在互联网上能够酣畅淋漓地冲浪了。但是这也增加了 DSL 服务提供商对网络安全的担心。通过 ADSL 方式上网的计算机大都是通过以太网卡(Ethernet)与互联网相连的，并且使用的是普通的 TCP/IP 方式，并没有附加新的协议。另外，调制解调器的拨号上网使用的是 PPP(Point to Point Protocol，点到点协议)，该协议具有用户认证及通知 IP 地址的功能。

PPP over Ethernet(PPPoE)协议是在以太网络中转播 PPP 帧信息的技术，尤其适用于 ADSL 等方式。

知识引入

PPPoE 的工作过程分成两个阶段，即发现阶段和 PPP 会话阶段。

发现阶段的具体过程如下：

1. 用户主机用广播的方式发出 PADI(PPPoE Active Discovery Initiation)包，准备去获得所有可连接的接入设备(获得其 MAC 地址)。

2. 接入设备收到 PADI 包后，返回 PADO(PPPoE Active Discovery Offer)作为回应。

3. 用户主机从收到的多个 PADO 包中，根据其名称类型名或者服务名，选择一个合适的接入设备，然后发送 PADR(PPPoE Active Discovery Request)包。另外，如果一个用户主机在发出 PADI 后，在规定时间内没有收到 PADO，则会重发 PADI。

4. 接入设备收到 PADR 包后，返回 PAS(PPPoE Active Discovery Session-confirmation)包，其中包含了唯一 session ID，双方进入 PPP 会话阶段。

PPP 会话阶段，即在 session 建立后的通信阶段。

另外，无论是用户主机还是接入设备，都可随时发起 PADT 包，终止通信。

VLAN 即虚拟局域网，是一种通过将局域网内的设备逻辑地划分成一个个不同的网段，从而实现虚拟工作组的技术。划分 VLAN 的目的：一是提高网络安全性，不同 VLAN 的数据不能自由交流，需要接受第三层的检验；二是隔离广播信息，划分 VLAN 后，广播域缩小，有利于改善网络性能，能够将广播风暴控制在一个 VLAN 内部。

PPPoE 是一个客户端/服务器协议，客户端需要发送 PADI 包寻找 BAS，因此它必须与 BAS 在同一个广播式的二层网络内，与 VLAN 的结合很好地解决了这方面的安全隐患。此外，通过将不同业务类型的用户分配到不同的 VLAN 处理，可以灵活地开展业务，加快处理流程。当然，VLAN 的规划必须在二层设备和 BAS 之间统一协调。

BAS 收到上行的 PPPoE 包后，首先判别 VLAN ID 的所属类别，如果是普通的拨号用户，则确定是发现阶段还是会话阶段的数据包，并严格按照 PPPoE 协议处理。在会话阶段，根据不同的用户类型，从不同的地址池中向用户分配 IP 地址，地址池由上层网管配置。如果是已经通过认证的用户的数据包，则根据该用户的服务类型处理，比如，如果是本地认证的拨号用户，并且对方也申请有同样的功能，则直接由本地转发。

如果是专线用户，则不用经过 PPPoE 复杂的认证过程，直接根据用户的 VLAN ID 便可进入专线用户处理流程，接入速度大大提高。此外，为了统一网管，在 BAS 与其他设备之间需要通信，这些数据包是内部数据包，也可根据 VLAN ID 来辨别。

对于下行数据，由于 BAS 负责分配和解析用户的 IP，兼有网关的功能，它收到数据包的目的 IP 是用户的，因此以 IP 为索引查找用户的信息比根据 MAC 要方便得多，这一点与普通的交换机有所不同，具体过程与上行处理相似。

工作任务——公司防火墙通过 PPPoE 获取网络地址

【工作任务背景】

企业 A 总公司购买了一台新的防火墙设备，现在要将该防火墙部署到公司的出口，请为防火墙初始化设置，配置 PPPoE 方式拨号上网。拓扑如图 5-8-1 所示。

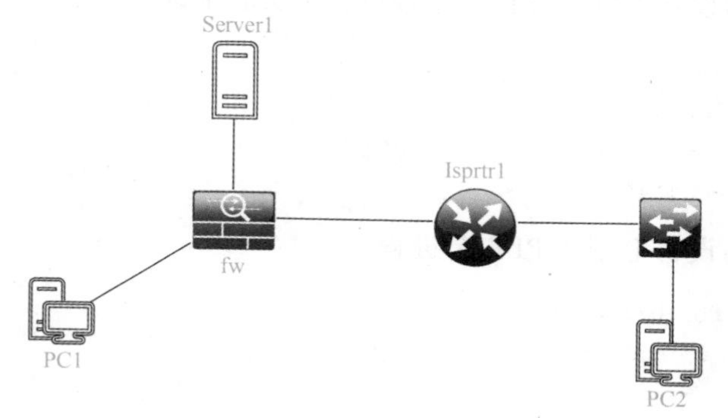

图 5-8-1 PPPoE 配置

【工作任务分析】

PC1 模拟总公司内部客户端，Server1 模拟总公司内部服务器。Isprtr1 模拟 Internet 路由器，并部署为 PPPoE 服务器端。当配置成功后，防火墙 Outside 接口能够通过 PPPoE 方式获取网络地址，并自动创建一条默认路由来供内部客户端访问 Internet。详细参数见表 5-8-1 和表 5-8-2。

表 5-8-1 网络设备信息

设备	接口	IP	备注
fw	Gi0/0(Outside)	From PPPoE	连接 Internet
	Gi0/1(DMZ)	172. 16. 1. 254/24	连接 DMZ 服务区
	Gi0/2(Inside)	192. 168. 1. 254/24	连接 Inside 内部区

表 5-8-2 PC 信息

设备名	设备用途	IP 地址
PC1	内部客户端	192. 168. 1. 100/24
Server1	内部服务器	172. 16. 1. 100/24
PC2	HomePC	100. 1. 2. 2/24

【任务实现】

1. 根据所学知识，完成拓扑中网络设备的主机名、网络地址的设定。
2. 在 Isprtr1 路由设备上设置必要的路由，实现网络拓扑通信。

3. 在 Isprtr1 路由设备上创建用于 PPPoE 拨号访问的用户。

```
ISPRTR1(config)# username test password cisco
```

4. 在 Isprtr1 路由设备上创建拨号成功后分配给 PPPoE 客户端使用的地址池。

```
ISPRTR1(config)# ip local pool PL 100.1.1.2 100.1.1.4
```

5. 在 Isprtr1 路由设备上创建虚拟拨号接口，并关联地址池。

```
ISPRTR1(config)# int virtual-template 1
ISPRTR1(config-if)# ip unnumbered ethernet 0/0
ISPRTR1(config-if)# peer default ip address pool PL
ISPRTR1(config-if)# exit
```

6. 在 Isprtr1 路由设备上创建 PPPoE 进程。

```
ISPRTR1(config)# bba-group pppoe pppoe
ISPRTR1(config-bba-group)#virtual-template 1
ISPRTR1(config-bba-group)#exit
```

7. 在 Isprtr1 路由接口上应用 PPPoE。

```
ISPRTR1(config)# int Gi0/0
ISPRTR1(config-if)# ip address 100.1.1.1 255.255.255.0
ISPRTR1(config-if)# no shutdown
ISPRTR1(config-if)# pppoe enable group pppoe
```

8. 在防火墙上配置 PPPoE 拨号。

```
fw(config)# vpdn group pppoe request dialout pppoe
fw(config)# vpdn group pppoe localname test
fw(config)# vpdn group pppoe ppp authentication chap
fw(config)# vpdn username test password cisco
```

9. 在防火墙接口上应用 PPPoE。

```
fw(config)# int gi 0/0
fw(config-if)# no sh
fw(config-if)# nameif Outside
fw(config-if)# pppoe client vpdn group pppoe
fw(config-if)# ip add pppoe setroute
```

10. 在防火墙上检查接口 IP 地址。

```
fw(config)# show ip address Outside
System IP Addresses:
Interface          Name     IP address       Subnet mask     Method
GigabitEthernet0/0 Outside 100.1.1.2       255.255.255.255 manual
Current IP Addresses:
Interface          Name     IP address       Subnet mask     Method
GigabitEthernet0/1  Outside  100.1.1.2  255.255.255.255 manual
```

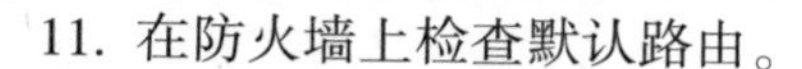

11. 在防火墙上检查默认路由。

```
fw(config)# show route static
S*        0.0.0.0 0.0.0.0[1/0]via 100.1.1.1,Outside
```

12. 在防火墙上检查 PPPoE 拨号情况。

```
fw(config)# show vpdn pppinterface
PPP virtual interface id = 1
PPP authentication protocol is CHAP
Server ip address is 100.1.1.1
Our ip address is 100.1.1.2
Transmitted Pkts:17,Received Pkts:19,Error Pkts:0
MPPE key strength is None
  MPPE_Encrypt_Pkts:0,  MPPE_Encrypt_Bytes:0
  MPPE_Decrypt_Pkts:0,  MPPE_Decrypt_Bytes:0
  Rcvd_Out_Of_Seq_MPPE_Pkts:0
```

问题探究

1. 简述防火墙接口配置 IP 地址的方法。
2. PPPoE 在路由器上如何拨号?
3. PPPoE 在 Windows 客户端上如何拨号?

知识拓展

PPP：Point-to-Point Protocol，链路层协议，使用户实现点对点的通信。

PPP 协议中提供了一整套方案来解决链路建立、维护、拆除、上层协议协商、认证等问题。具体包含：链路控制协议(Link Control Protocol，LCP)；网络控制协议(Network Control Protocol，NCP)；认证协议，最常用的是口令验证协议(Password Authentication Protocol，PAP)和挑战握手验证协议(Challenge Handshake Authentication Protocol，CHAP)。

PPP 的帧格式与 HDLC 相似，不同的是，PPP 是面向字符，而 HDLC 是面向位。PPP 的帧格式如图 5-8-2 所示。

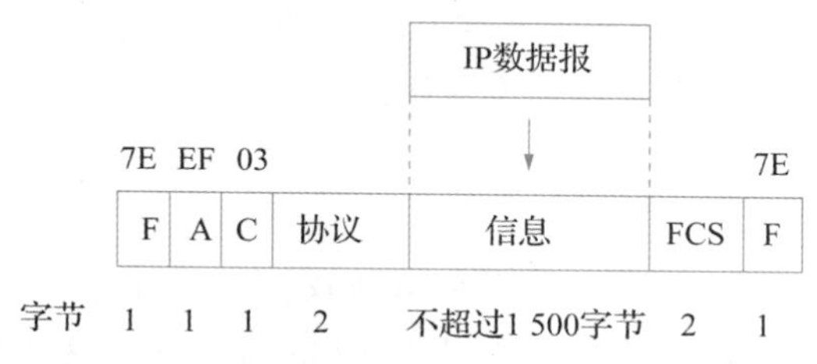

图 5-8-2　PPP 的帧格式

协议的两个字节表示“信息”位的数据协议类型，数据协议类型包括：

0x0021——信息字段是 IP 数据报。

0xC021——信息字段是 LCP。

0x8021——信息字段是 NCP。

0xC023——信息字段是 PAP。

0xC025——信息字段是 LQR。

0xC223——信息字段是 CHAP。

项目拓展

使用PPPoE拨号的用户账户由RADIUS服务器提供，实现防火墙和客户端同时通过PPPoE拨号上网。拓扑如图5-8-3所示。

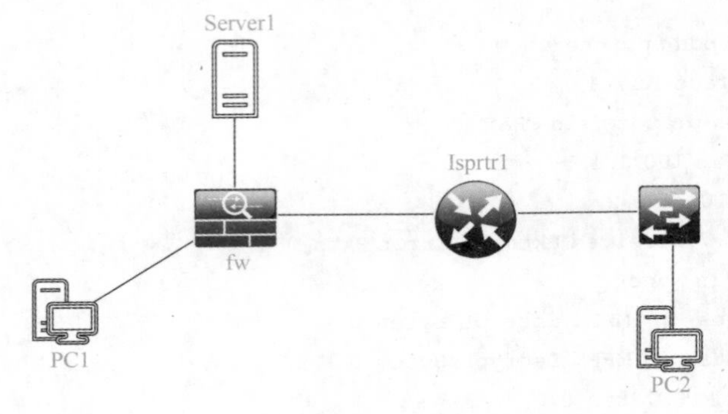

图5-8-3　PPPoE配置

子任务九　统一身份验证AAA(RADIUS)

学习目标

- 熟悉和了解AAA的工作原理
- 熟悉和了解RADIUS服务的工作原理
- 掌握NPS服务器的部署方式

任务引言

AAA是验证(Authentication)、授权(Authorization)和记账(Accounting)的英文单词的简称，是一个能够处理用户访问请求的服务器程序，提供验证授权及账户服务，主要目的是管理用户访问网络服务器，对具有访问权的用户提供服务。

AAA服务器通常与网络访问控制、网关服务器、数据库及用户信息目录等协同工作。与AAA服务器协作的网络连接服务器接口是“远程身份验证拨入用户服务(RADIUS)”。

知识引入

RADIUS是一种网络协议，可通过身份验证和计费来控制用户访问网络。RADIUS协议通常由Internet服务提供商(ISP)、蜂窝网络提供商及公司和教育网络使用，它具有三个主要功能：

- 在允许用户或设备访问网络之前对其进行身份验证。
- 授权这些用户或设备使用特定的网络服务。
- 解释这些服务的使用情况。

RADIUS 协议通常隐藏在受控网络内部，最终用户无法直接看到，即它在网络中的受信任系统之间运行。

RADIUS 客户端-服务器协议为客户提供了许多优势，包括：

- 一个开放且可扩展的解决方案。
- 大型供应商群体的广泛支持。
- 容易修改。
- 安全和通信流程分离。
- 适用于大多数安全系统。
- 可与任何支持协议的客户端设备一起使用。
- 非常简单的客户端实现，通常只有几百行代码。

RADIUS 客户端-服务器体系结构提供了一个开放且可扩展的解决方案。该解决方案得到了大型供应商的广泛支持，它可以很容易地修改，以满足各种情况。客户可以修改基于 RADIUS 的身份验证服务器，以与市场上的大量安全系统一起使用。RADIUS 服务器可与任何支持 RADIUS 客户端协议的通信设备一起使用。

此外，RADIUS 身份验证机制的灵活性使组织可以维持对现有安全技术的任何投资，客户可以修改 RADIUS 服务器，以使其以任何类型的安全技术运行。RADIUS 服务器中固有的灵活身份验证机制可在需要时促进其与现有系统和旧系统的集成。

RADIUS 体系结构的另一个优点是，支持 RADIUS 协议的安全系统的任何组件都可以从中央 RADIUS 服务器获得身份验证和授权，或者中央服务器可以与单独的身份验证机制集成。

RADIUS 协议的使用程序扩展到了那些利用网络访问设备和终端服务器进行网络访问的系统。RADIUS 已被 Internet 服务提供商(ISP)广泛接受，以提供虚拟专用网(VPN)服务。在这种情况下，RADIUS 技术使组织可以安全地使用 ISP 基础结构进行通信。

RADIUS 的分布式性质有效地将安全过程(在身份验证服务器上执行)与通信过程(由调制解调器池或网络访问服务器(NAS)实现)分开，从而为授权和身份验证信息提供单个集中式信息存储。这种集中化可以大大减轻为大量远程用户提供适当访问控制的管理负担。如果确保高可用性不是优先事项，那么就不需要冗余。由于 LAN 上所有 RADIUS 兼容的硬件都可以从单个服务器获取身份验证服务，因此可以最大限度地实现这种集中化。

工作任务——防火墙通过 AAA 验证用户登录

【工作任务背景】

企业公司 A 在部署远程访问管理时，需要在所有网络设备上创建远程管理用户，并且每隔一段时间要更换一次密码，每次配置都需要花费大量的时间进行更改和测试。现决定在企业内部服务器 Server1 上部署 AAA 服务，用于统一的远程和本地用户登录身份验证。任务拓扑如图 5-9-1 所示。

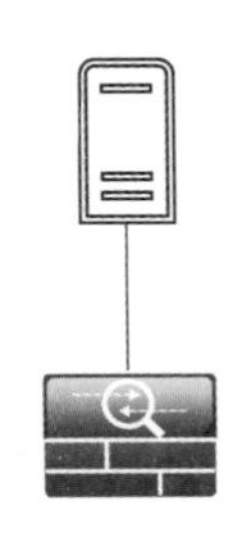

图 5-9-1　RADIUS 身份验证

【工作任务分析】

当配置成功后，Server1 上的用户能通过 AAA 服务提供的用户账户登录到防火墙。Server1 模拟总公司内部服务器，参数见表 5-9-1。

表 5-9-1　PC 信息

设备名	设备用途	IP 地址
Server1	内部服务器	192. 168. 10. 100

【任务实现】

1. 根据所学知识，完成拓扑中网络设备的主机名、网络地址的设定。

2. 在 Server1 上部署 NPS(AAA)服务。

(1)打开服务器管理器仪表板，找到"添加角色和功能"，准备安装网络策略和访问服务，如图 5-9-2 所示。

图 5-9-2　服务器管理器仪表板

(2)在服务器角色中选择"网络策略和访问服务"，单击"下一步"按钮，单击"安装"按钮即可，如图 5-9-3 所示。

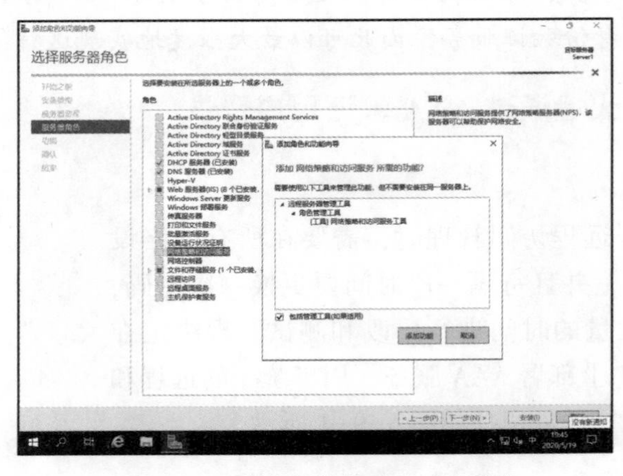

图 5-9-3　安装网络策略和访问服务

(3)安装成功后，运行“nps. msc”，打开“网络策略服务器”对话框，右击“RADIUS 客户端”，选择“新建”选项，如图 5-9-4 所示。

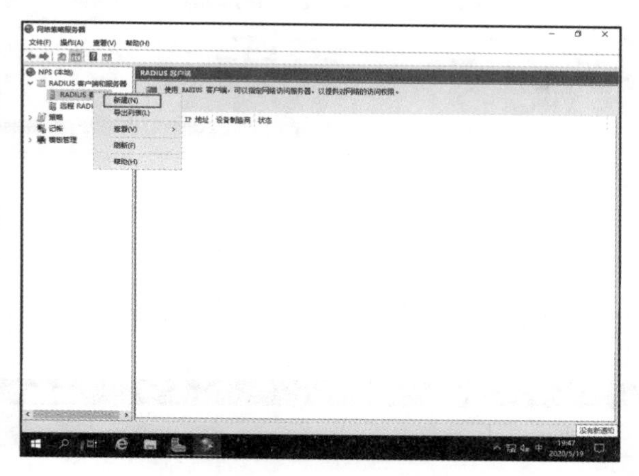

图 5-9-4 创建 RADIUS 客户端账号

(4)在“友好名称”处写上设备的自定义名称，该名称仅作标识用。在地址栏输入需要使用 RADIUS 身份验证的设备地址，这里输入防火墙的接口地址。在“共享机密”中输入密码，单击“确定”按钮，如图 5-9-5 所示。

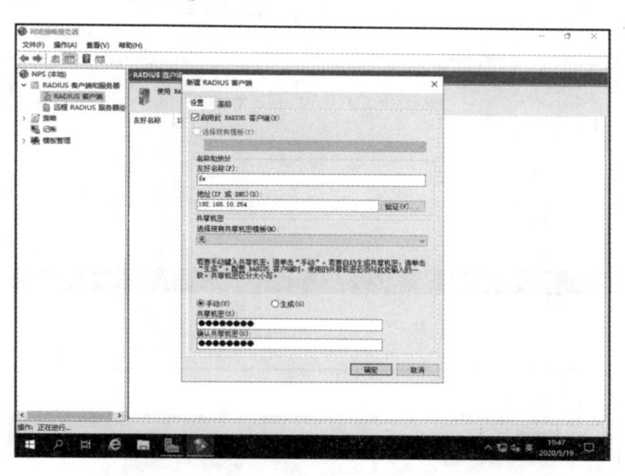

图 5-9-5 设置 RADIUS 客户端连接信息

(5)在左侧功能栏中单击“策略”，右击“网络策略”，选择“新建”选项，如图 5-9-6 所示。

(6)自定义策略名称，“网络访问服务器的类型”选择“未指定”，单击“下一步”按钮，如图 5-9-7 所示。

(7)在指定访问条件中，选择“用户组”，并把本地 Users 用户组添加到策略中，表示允许该用户组进行认证、授权，如图 5-9-8 和图 5-9-9 所示。

(8)单击“下一步”按钮，授权本地 Users 用户组访问权限，此处选择“已授予访问权限”，如图 5-9-10 所示。

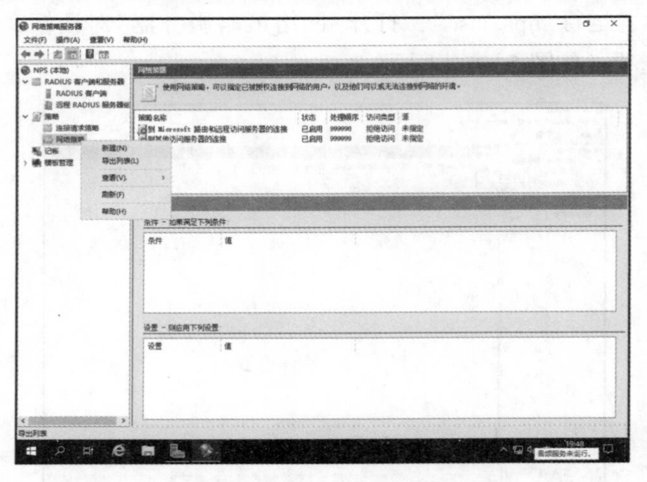

图 5-9-6　创建网络策略

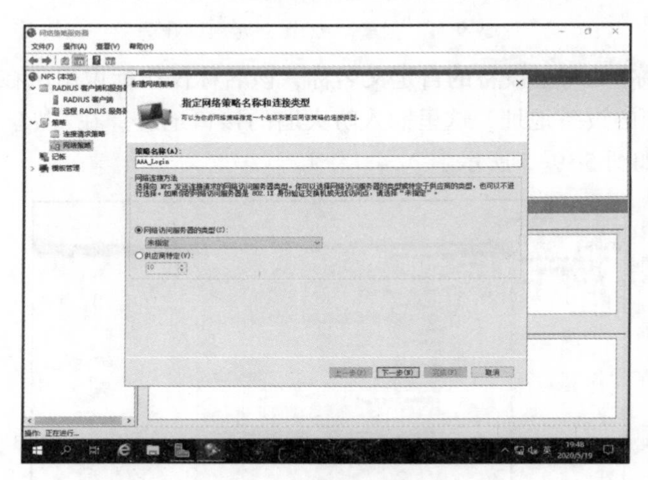

图 5-9-7　设置策略名称和类型

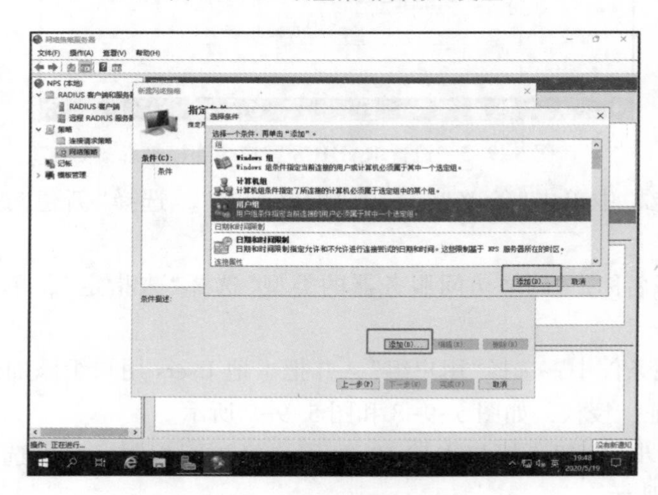

图 5-9-8　指定条件

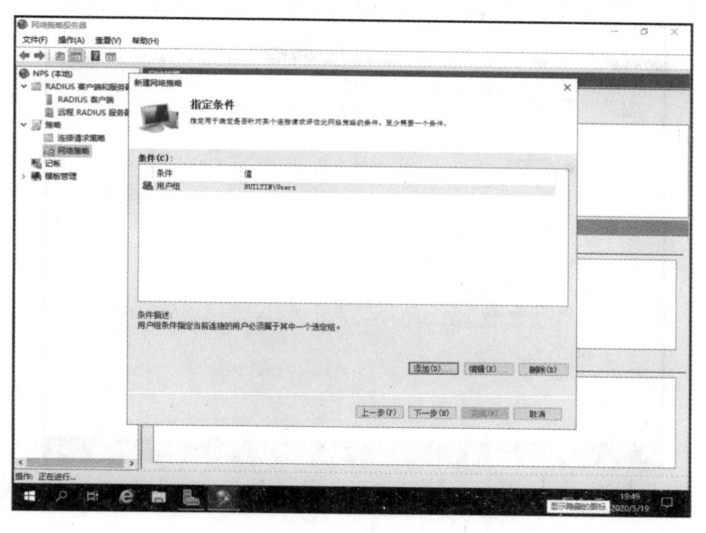

图 5-9-9　添加本地 Users 用户组到条件中

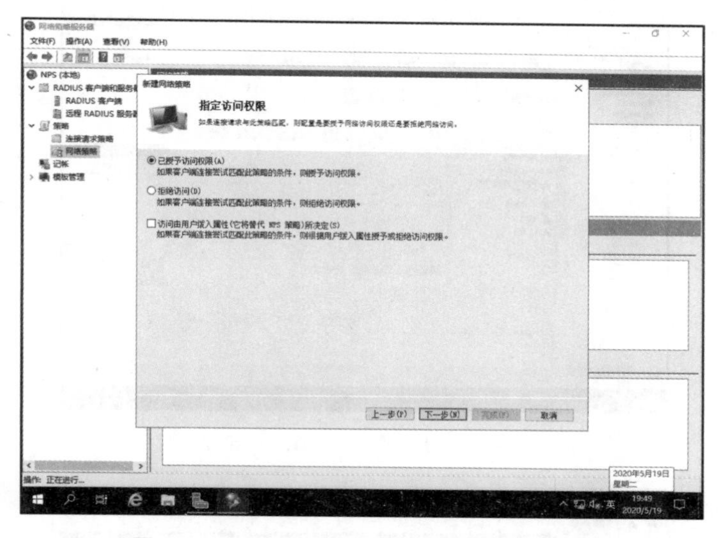

图 5-9-10　授予本地 Users 用户组访问权限

(9)在“配置身份验证方法”面板中，勾选“未加密的身份验证(PAP，SPAP)(S)”，否则，路由设备无法通过身份验证，如图 5-9-11 所示。

(10)在“配置设置”面板中，单击“RADIUS 属性”→“标准”，在标准的“属性”栏中移除默认的属性类型。找到“Service-Type”属性类型，属性值选择“NAS Prompt”，如图 5-9-12 所示。

(11)检查网络策略配置，确认没有问题后，单击“完成”按钮结束策略配置，如图 5-9-13 所示。

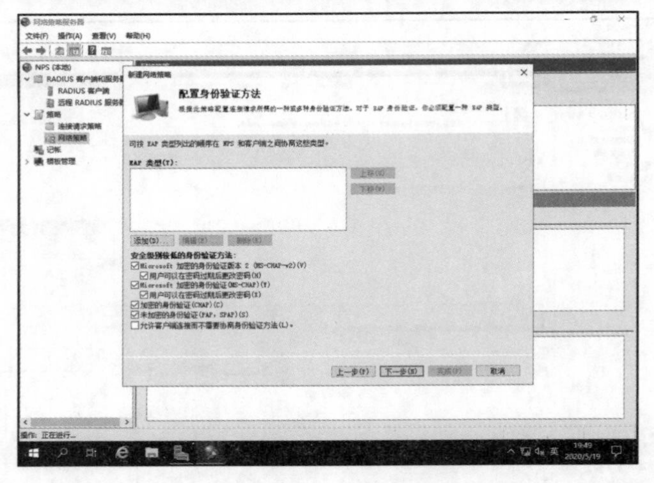

图 5-9-11　设置身份验证方法

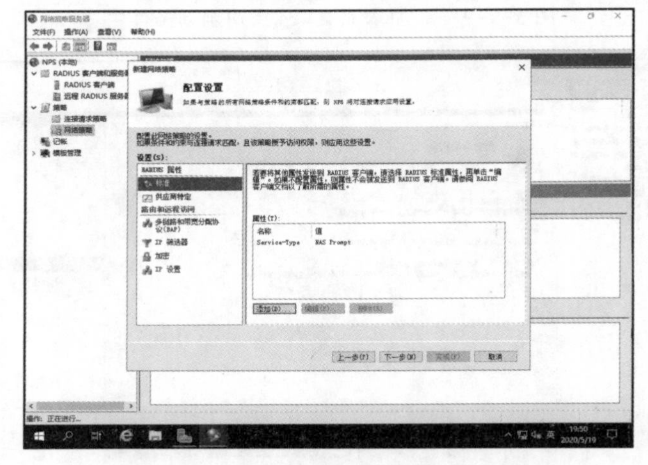

图 5-9-12　设置策略 RADIUS 标准属性

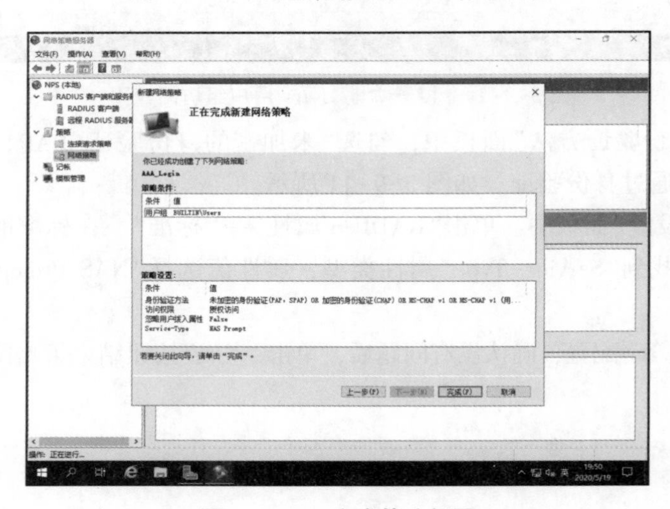

图 5-9-13　完成策略部署

（12）创建本地用户，进行用户远程访问测试，如图 5-9-14 所示。

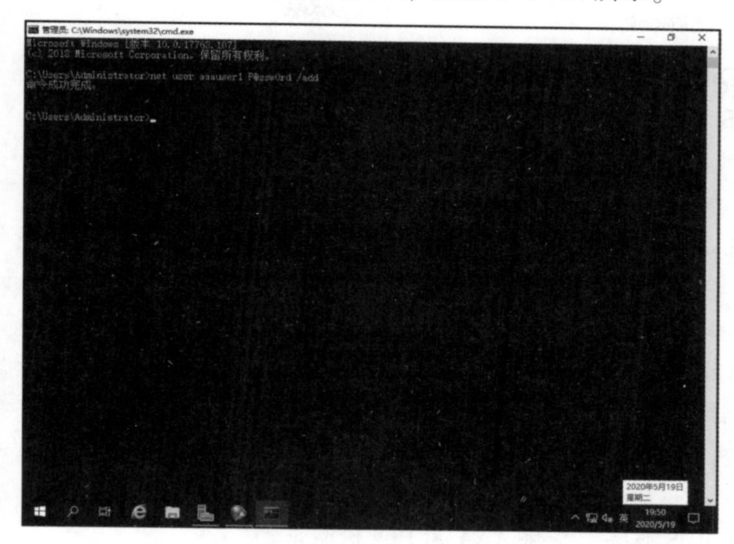

图 5-9-14　创建测试用户

3. 在防火墙上部署 AAA 服务。

```
fw(config)# aaa-server NPS protocol radius
fw(config)# aaa-server NPS(Inside)host 192.168.10.100
fw(config-aaa-server-host)# authentication-port 1812
fw(config-aaa-server-host)# accounting-port 1813
fw(config-aaa-server-host)# keyP@ ssw0rd
fw(config-aaa-server-host)# end
```

4. 在防火墙上测试用户登录。

```
fw# test aaa-server authentication NPS username aaauser1 password P@ ssw0rd
Server IP Address or name:192.168.10.100
INFO:Attempting Authentication test to IP address(192.168.10.100)(timeout:12 seconds)
INFO:Authentication Successful
```

5. 在防火墙上设置本地 Console 登录采用 NPS 用户进行身份验证。

```
fw(config)# aaa authentication serial Console NPS
```

6. 用户登录测试。

```
Username:aaauser1
Password:* * * * * * * *
User aaauser1 logged in to fw
Logins over the last 1 days:1.
Failed logins since the last login:0.
Type help or'? ' for a list of available commands.
fw>
```

问题探究

1. 简述 RADIUS 和 TACACS+的区别。
2. 简述 NPS 和 FreeRADIUS 的区别。

知识拓展

FreeRADIUS 是世界上最流行和部署最广泛的 RADIUS 服务器。它是提供多种商业产品的基础，并且满足了许多财富 500 强公司和 1 级 ISP 的身份验证、授权和计费(AAA)的需求。它也被学术界广泛使用。

FreeRADIUS 由 Alan DeKok 和 Miquel van Smoorenburg 于 1999 年 8 月开发。FreeRADIUS 是使用模块化设计开发的，旨在鼓励社区更加积极地参与。

项目拓展

部署 FreeRADIUS 服务，提供 AAA 用户身份验证。

任务六 VoIP

与传统的公共交换电话网络(PSTN)使用的电路交换电话相反,VoIP 电话利用分组交换 Internet 协议语音(VoIP)或 Internet 电话通过 Internet 传输电话呼叫。VoIP 电话的优势在于,与常规的长途电话不同,通过 VoIP 电话服务拨打的电话是免费的,除了 Internet 接入费用之外,没有其他费用。

VoIP 电话也称为在线电话或 Internet 电话,它可以是具有内置 IP 语音技术和 RJ-45 以太网连接器的物理电话或者软件应用程序,而不是标准电话中的 RJ-11 电话连接器。VoIP 利用互联网以数据包的形式传输语音通话,而不是通过一对实体铜线进行传输。IP 语音技术非常适合各种小型企业用户。电话线路可供员工在任何位置使用,并且支持将通话从办公室电话无缝转接到手机。对话可以从短信演变为语音通话,再升级到视频会议通话,只需一款应用程序便可实现。

子任务一 Cisco 语音电话注册

学习目标

- 了解语音信令协议 H.323
- 掌握将语音电话注册到语音网关的方法
- 掌握为语音电话分配分机号码的方法

任务引言

Cisco Unified Communications Manager Express 是 Cisco IOS 软件中的呼叫处理应用程序,它使 Cisco 路由器能够为企业分支机构或小型企业提供密钥系统或混合 PBX 功能。Cisco Unified CME 是功能丰富的入门级 IP 电话解决方案,直接集成到 Cisco IOS 软件中。Cisco Unified CME 允许小型企业客户和自治小型企业分支机构在用于小型办公室的单一平台上部署语音、数据和 IP 电话,从而简化运营并降低网络成本。

Cisco Unified CME 系统是模块化的，因此非常灵活。Cisco Unified CME 系统由充当网关的路由器和将 IP 电话和电话设备连接到路由器的一个或多个 VLAN 组成。

知识引入

H.323 是在 IP 网络中提供多媒体通信服务及实时音频、视频和数据通信服务的标准，它定义的内容包括组件、协议和流程。H.323 是 ITU-T(国际电信联盟远程通信标准化组)提出的 H.32X 协议家族的一部分，H.32X 家族定义了在各种网络上提供多媒体通信服务的标准，涵盖了语音、视频和数据同步传输的各方面内容，并定义了端到端的呼叫信令。

SCCP 是 Cisco 的私有协议，用于实现 Cisco 通信管理器和 Cisco IP 电话之间的通信。使用 SCCP 的终端工作站(电话)称为 Skinny 客户端，它消耗的处理资源较少。客户端使用面向连接的(基于 TCP 的)会话来与 Cisco 统一通信管理器(常被称为 CallManager，缩写为 UCM)进行通信，并依此与另一个遵从 H.323 标准的终端工作站建立通话。SCCP 被广泛应用于 Cisco IP 电话。

VoIP 网络中，实际语音数据是利用 RTP 和 RTCP(RTP 控制协议)在传输媒介中传输的。RTP 定义了在 Internet 中传输的音频和视频的标准化数据包格式。RTCP 定义了为单独的 RTP 流传递控制信息的方式。cRTP(压缩 RTP)和 sRTP(安全 RTP)曾增强了 RTP 的性能。数据报协议，如 UDP，将媒体流当作一系列小数据包发送。这种发送方式既简单又有效。然而，在传输过程中，数据包又可能丢失。根据协议和数据包丢失程度，客户可以使用错误更正技术恢复丢失的数据包，如插入数据。但是，这也有可能造成数据丢失。RTP 和 RTCP 的设计初衷是在网络中传输流媒体，并且它们都使用 UDP 协议。

工作任务——部署公司语音网关系统

【工作任务背景】

企业 A 总公司购买了一台新的路由器设备，现在要求在路由器中搭建语音网关系统，实现部门间语音通信功能。任务拓扑如图 6-1-1 所示。

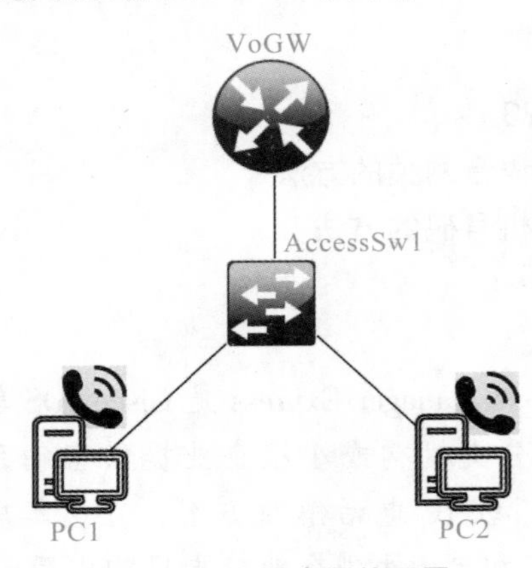

图 6-1-1　语音通信配置

【工作任务分析】

PC1 和 PC2 模拟总公司内部客户端，均在电脑上安装 VoIP 软件程序 Cisco IP Communicator。当 VoGW 部署成功后，PC1 和 PC2 通过向语音网关注册电话，并获取分级号码后，能够正常进行语音通话。详细参数见表 6-1-1 和表 6-1-2。

表 6-1-1 网络设备信息

设备	接口	IP	备注
VoGW	Gi0/0. 10	192. 168. 10. 254/24	连接销售部门
	Gi0/0. 20	192. 168. 20. 254/24	连接财务部门

表 6-1-2 PC 信息

设备名	设备用途	IP 地址	电话号码	名称
PC1	内部客户端	通过 DHCP 获取	1001	zhangsan
PC2	内部客户端	通过 DHCP 获取	1002	lisi

【任务实现】

1. 初始化 VoGW 路由器的基础设定。

```
Router(config)#hostname VoGW
VoGW(config)#interface gigabitEthernet 0/0
VoGW(config-if)#no shutdown
VoGW(config-if)#exit
VoGW(config)#interface gigabitEthernet 0/0.10
VoGW(config-subif)#encapsulation dot1Q 10
VoGW(config-subif)#ip address 192.168.10.254 255.255.255.0
VoGW(config-subif)#exit
VoGW(config)#interface gigabitEthernet 0/0.20
VoGW(config-subif)#encapsulation dot1Q 20
VoGW(config-subif)#ip add 192.168.20.254 255.255.255.0
VoGW(config-subif)#exit
```

2. 初始化 AccessSw1 交换机的基础设定。

```
Switch(config)#hostname AccessSw1
AccessSw1(config)#vlan 10
AccessSw1(config-vlan)#name Sales
AccessSw1(config-vlan)#exit
AccessSw1(config)#vlan 20
AccessSw1(config-vlan)#name Finance
AccessSw1(config-vlan)#exit
AccessSw1 ( config ) # interface gigabitEthernet 0/1AccessSw1 ( config - if ) # switchport
mode trunk
```

```
AccessSw1(config-if)#exit
AccessSw1(config)#interface fastEthernet 0/1
AccessSw1(config-if)#switchport mode Access
AccessSw1(config-if)#switchport Access vlan 10
AccessSw1(config-if)#exit
AccessSw1(config)#interface fastEthernet 0/2
AccessSw1(config-if)#switchport mode Access
AccessSw1(config-if)#switchport Access vlan 20
AccessSw1(config-if)#exit
```

3. 在 VoGW 路由器上创建 DHCP 服务器，为客户端动态分配地址。

```
VoGW(config)#ip dhcp pool Sales_pool
VoGW(dhcp-config)#network 192.168.10.0 /24
VoGW(dhcp-config)#default-router 192.168.10.254
VoGW(dhcp-config)#dns-server 114.114.114.114
VoGW(dhcp-config)#option 150 ip 192.168.10.254
VoGW(dhcp-config)#exit
VoGW(config)#ip dhcp pool Finance_Pool
VoGW(dhcp-config)#network 192.168.20.0 /24
VoGW(dhcp-config)#default-router 192.168.20.254
VoGW(dhcp-config)#dns-server 114.114.114.114
VoGW(dhcp-config)#option 150 ip 192.168.20.254
VoGW(dhcp-config)#exit
```

4. 部署语音服务，并创建分机号码。

```
VoGW(config)#telephony-service
VoGW(config-telephony)#max-dn 10
VoGW(config-telephony)#max-ephones 10
VoGW(config-telephony)#auto assign 1 to 10
VoGW(config-telephony)#ip source-address 192.168.10.254 port 2000
VoGW(config-telephony)#create cnf-files
VoGW(config-telephony)#exit
VoGW(config)#ephone-dn 1
VoGW(config-ephone-dn)#number 1001
VoGW(config-ephone-dn)#exit
VoGW(config)#ephone-dn 2
VoGW(config-ephone-dn)#number 1002
VoGW(config-ephone-dn)#exit
```

5. 在客户端安装语音电话软件。

(1)单击“Cisco IP Communicator”安装软件包，进入安装界面。

(2)选择“I accept the terms in the license agreement”选项，同意电话软件授权许可协议，单击“Next”按钮，如图 6-1-2 所示。

(3)选择软件安装位置，可以选择默认路径，单击“Next”按钮，或者单击“Change…”按钮，选择自定义的安装路径。建议选择默认路径，如图 6-1-3 所示。

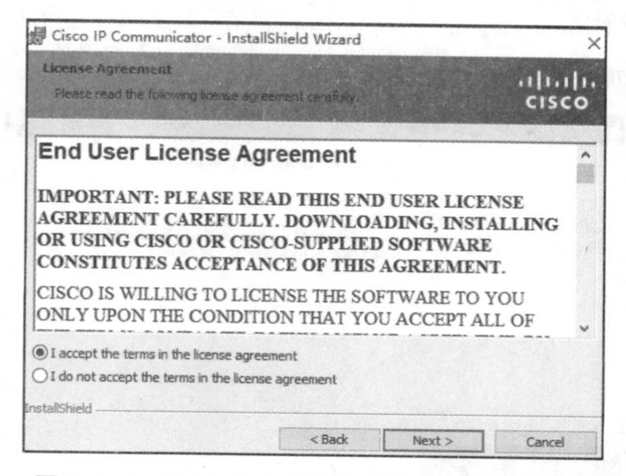

图 6-1-2 PC 版软电话安装(同意软件许可协议)

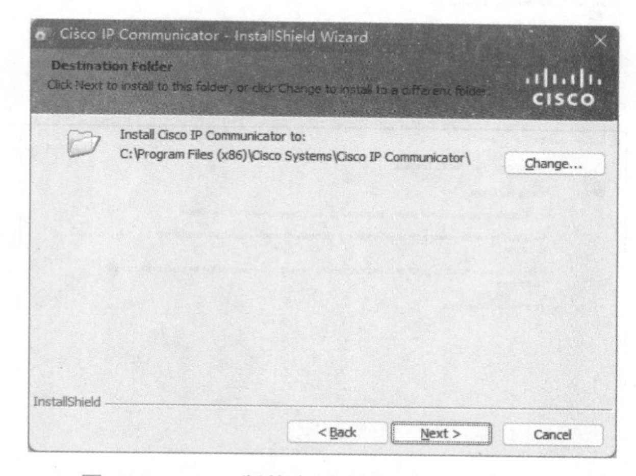

图 6-1-3 PC 版软电话安装(选择安装位置)

(4)进入安装界面，单击“Install”按钮，开始安装软件，如图 6-1-4 所示。

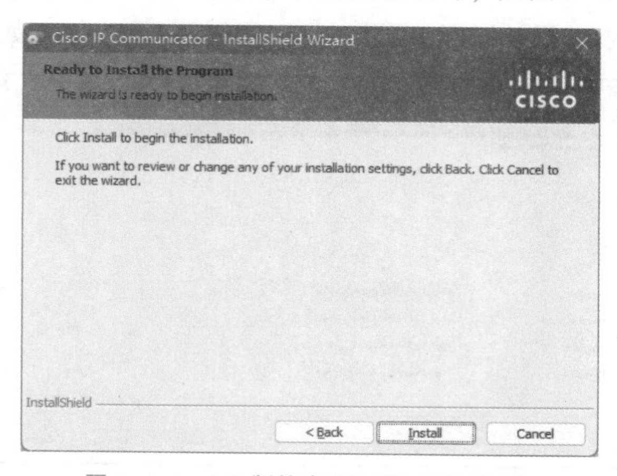

图 6-1-4 PC 版软电话安装(开始安装)

(5)软件安装完成后，单击“Finish”按钮，完成软件安装，如图 6-1-5 所示。

(6)双击“Cisco IP Communicator”图标，运行软电话软件，单击“Next”按钮完成软件相关配置，如图 6-1-6 所示。

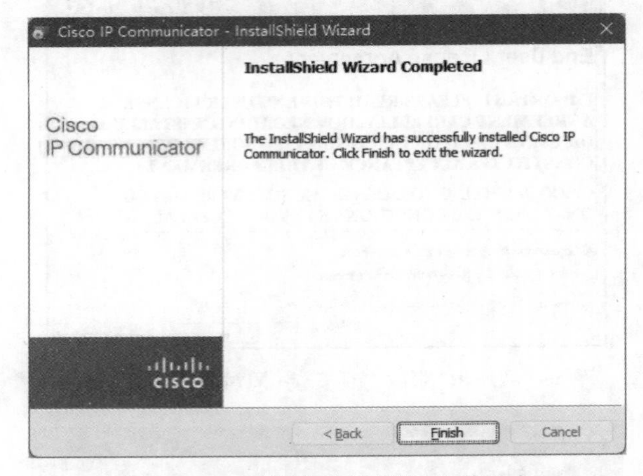

图 6-1-5　PC 版软电话安装(安装完成)

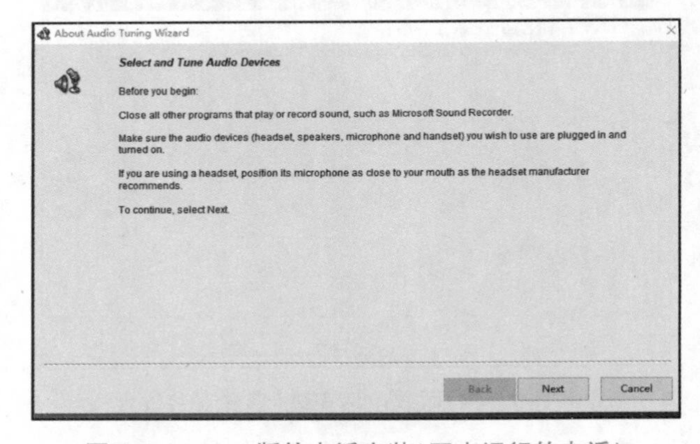

图 6-1-6　PC 版软电话安装(双击运行软电话)

(7)完成音频的选择，默认即可，单击“Next”按钮进入下一步，如图 6-1-7 所示。

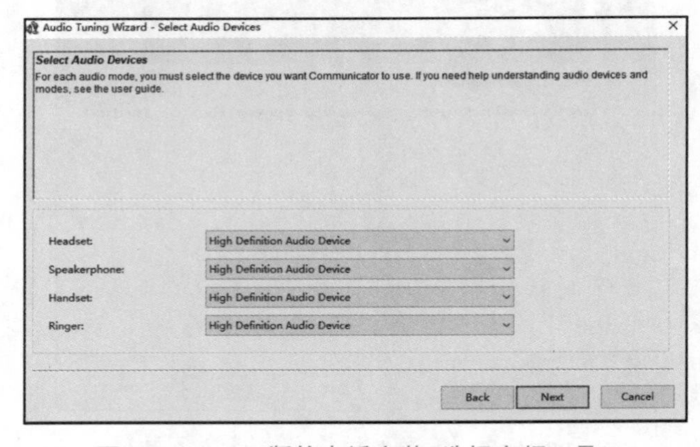

图 6-1-7　PC 版软电话安装(选择音频工具)

(8)完成扬声器测试，如果测试正常，单击“Next”按钮进入下一步，如图 6-1-8 所示。

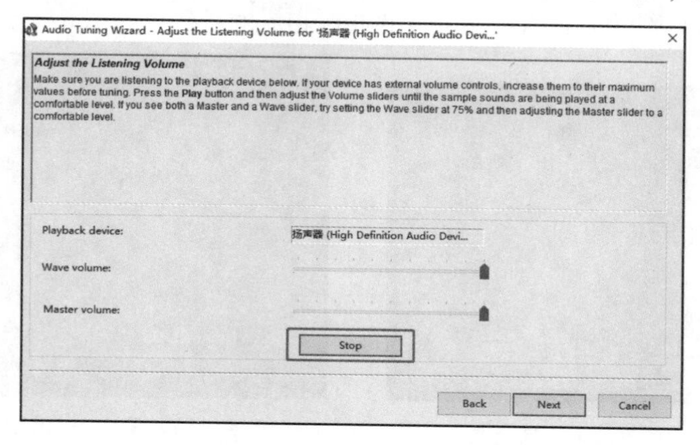

图 6-1-8　PC 版软电话安装(测试扬声器)

(9)完成麦克风测试，如果测试正常，单击“Next”按钮进入下一步，如图 6-1-9 所示。

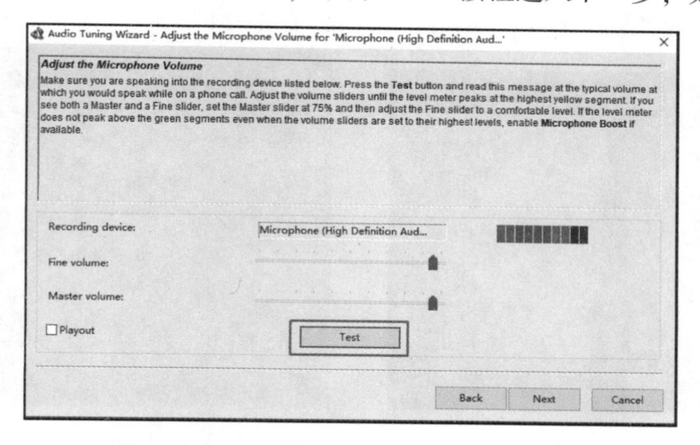

图 6-1-9　PC 版软电话安装(测试麦克风)

(10)完成电话软件的安装与测试，单击“Finish”按钮完成，如图 6-1-10 所示。

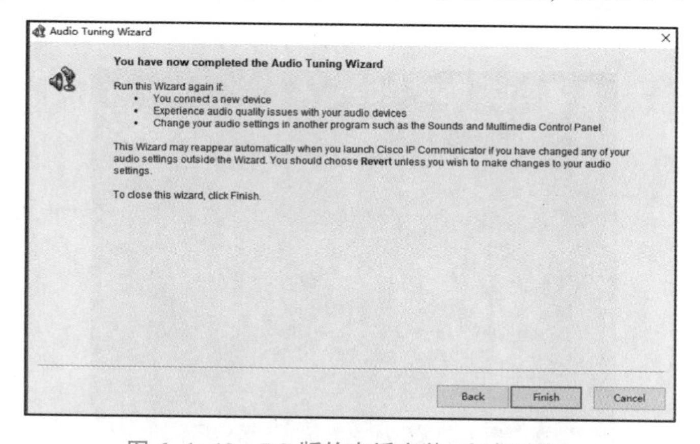

图 6-1-10　PC 版软电话安装(完成测试)

6. 完成 PC1 客户端注册到语音网关，并获取相应的号码，如图 6-1-11 所示。

7. 完成 PC2 客户端注册到语音网关，并获取相应的号码，如图 6-1-12 所示。

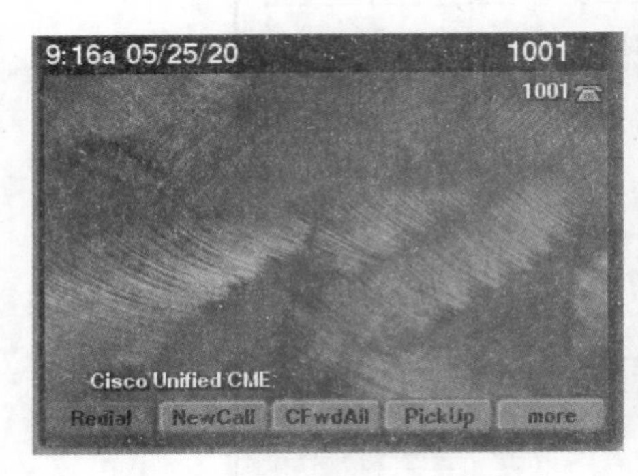

图 6-1-11　PC1 电话状态

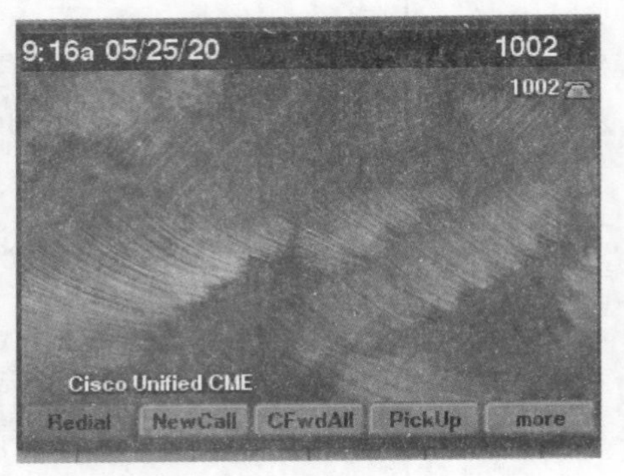

图 6-1-12　PC2 电话状态

8. 用 PC1 拨打 PC2 的号码 1002(lisi)，完成拨号测试，如图 6-1-13 所示。

9. 查看 PC2 是否收到来自 PC1 的呼叫，如图 6-1-14 所示。

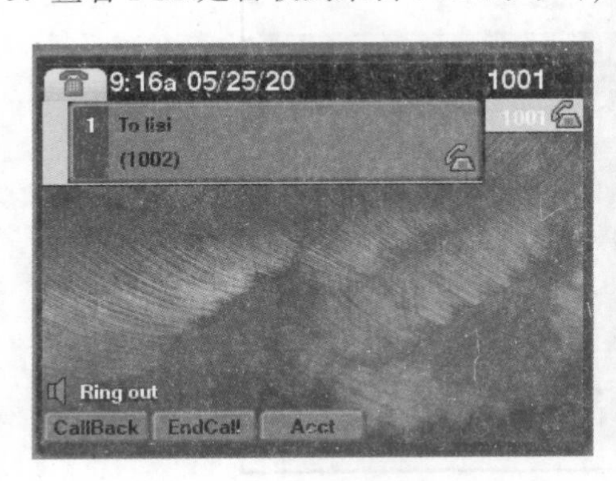

图 6-1-13　拨号演示

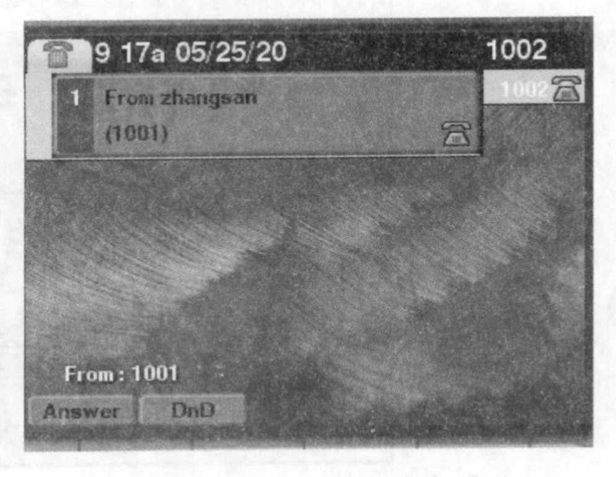

图 6-1-14　PC2 接收来电呼叫

10. 在 PC2 接通来自 PC1 的呼叫，测试两台软电话能够正常通话，完成测试，如图 6-1-15所示。

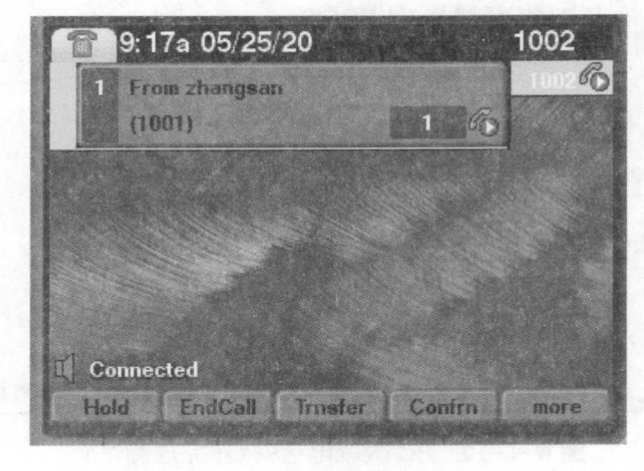

图 6-1-15　正常通话中

问题探究

1. 简述 Voice VLAN 和 Data VLAN 的区别。
2. 如何手动注册电话设备到语音网关路由器?

知识拓展

网络中经常有数据、语音、视频等多种流量同时传输。因为丢包和时延对通话质量的影响很大，用户对语音的质量比数据或者视频的质量更为敏感，因此，在带宽有限的情况下，就需要优先保证通话质量。通过配置 Voice VLAN，交换机可识别语音流，将语音流加入 Voice VLAN 中传输，并对其进行有针对性的 QoS 保障，当网络发生拥塞时，可以优先保证语音流的传输。

```
Switch(config)# interface FastEthernet0/1
Switch(config-if)# switchport Access vlan 10
Switch(config-if)# switchport mode Access
Switch(config-if)# switchport voice vlan 11
```

项目拓展

通过手动的方式将 PC1 和 PC2 注册到 VoGW 语音网关。

子任务二　Cisco 语音电话(呼叫驻留)

学习目标

- 掌握 VoIP 电话的常规使用
- 掌握 VoIP 电话分级号码的分配
- 掌握如何在 Cisco CME 中部署呼叫驻留

任务引言

Call Park(又称为呼叫暂留)是电话系统的一项功能，它允许一个人在一个电话机上保持呼叫并从任何其他电话机继续通话。例如，张三打电话给李四，这时呼叫的电话被王五接听了，王五所在的电话系统存在呼叫暂留功能。王五会对李四说："李四，您有一个呼叫暂留在 627。"然后李四将拨打 627，以访问保持的呼叫。在这个过程中，张三始终保持电话呼叫。

知识引入

呼叫驻留功能可以保留呼叫，因此可以从 Cisco Call Manager 系统中的另一部电话(例如，另一间办公室或会议室中的电话)中检索该呼叫。如果正在通过电话进行通话，则可以通过按驻留软键或“呼叫驻留”按钮将呼叫驻留至呼叫驻留分机。然后，系统中另一部电话上的某人可以拨打呼叫驻留分机以检索呼叫。

可以定义一个目录号码或一系列目录号码用作呼叫寄存分机号码。每个呼叫寄存分机号码只能寄存一个呼叫。

呼叫驻留工作过程：

1. 电话 A 上的用户呼叫电话 B。

2. 电话 A 上的用户希望把通话地点更换到会议室，以保持通话的隐私性。按下“呼叫驻留”按钮。

3. 向电话 A 注册的 Cisco Call Manager 服务器发送第一个可用的呼叫驻留目录 1234，该目录显示在电话 A 上。电话 A 上的用户监视显示屏上的呼叫驻留目录号码(以便可以拨打该目录电话 C 上的号码)。

4. 电话 A 上的用户离开办公室，然后走到可用的会议室。会议室中的电话指定为电话 C。用户在电话 C 上摘机并拨打 1234，以检索驻留的呼叫。

5. 系统在电话 C 和 B 之间建立呼叫。

工作任务——部署呼叫驻留服务

【工作任务背景】

企业 A 总公司购买了一台新的路由器设备，现在要求在路由器中搭建语音网关系统，实现部门间语音通信功能，并且提供电话呼叫功能。拓扑如图 6-2-1 所示。

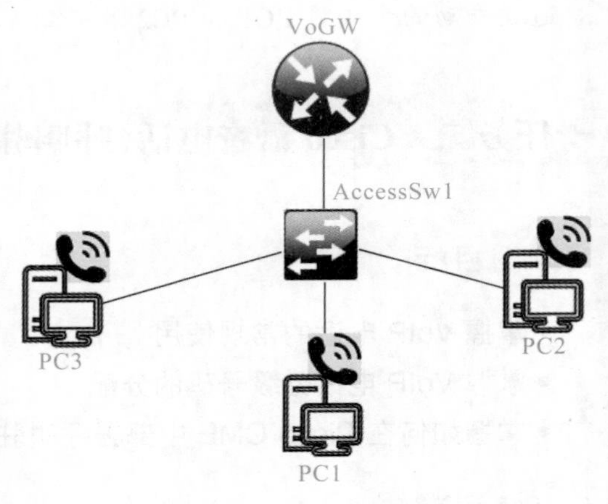

图 6-2-1　语音通信配置

【工作任务分析】

PC1、PC2 和 PC3 模拟总公司内部客户端，均在电脑上安装 VoIP 软件程序“Cisco IP Communicator”。当配置成功后，PC1、PC2 和 PC3 之间能够正常语音通话，当 PC1 和 PC2 之间的通话需要转接给 PC3 时，PC2 用户按下“呼叫驻留”按钮后，PC3 用户拨打 1000 号码就可以实现和 PC1 的不间断通话。详情参数见表 6-2-1 和表 6-2-2。

表 6-2-1　网络设备信息

设备	接口	IP	备注
VoGW	Gi0/0. 10	192. 168. 10. 254/24	连接销售部门
	Gi0/0. 20	192. 168. 20. 254/24	连接财务部门
	Gi0/0. 30	192. 168. 30. 254/24	连接人事部门

表 6-2-2 PC 信息

设备名	设备用途	IP 地址	电话号码	名称
PC1	内部客户端	通过 DHCP 获取	1001	zhangsan
PC2	内部客户端	通过 DHCP 获取	1002	lisi
PC3	内部客户端	通过 DHCP 获取	1003	wangwu

【任务实现】

1. 初始化 VoGW 路由器的基础设定。

```
Router(config)#hostname VoGW
VoGW(config)#interface gigabitEthernet 0/0
VoGW(config-if)#no shutdown
VoGW(config-if)#exit
VoGW(config)#interface gigabitEthernet 0/0.10
VoGW(config-subif)#encapsulation dot1Q 10
VoGW(config-subif)#ip address 192.168.10.254 255.255.255.0
VoGW(config-subif)#exit
VoGW(config)#interface gigabitEthernet 0/0.20
VoGW(config-subif)#encapsulation dot1Q 20
VoGW(config-subif)#ip add 192.168.20.254 255.255.255.0
VoGW(config-subif)#exit
VoGW(config)#interface gigabitEthernet 0/0.30
VoGW(config-subif)#encapsulation dot1Q 30
VoGW(config-subif)#ip add 192.168.30.254 255.255.255.0
VoGW(config-subif)#exit
```

2. 初始化 AccessSw1 交换机的基础设定。

```
Switch(config)#hostname AccessSw1
AccessSw1(config)#vlan 10
AccessSw1(config-vlan)#name Sales
AccessSw1(config-vlan)#exit
AccessSw1(config)#vlan 20
AccessSw1(config-vlan)#name Finance
AccessSw1(config-vlan)#exit
AccessSw1(config)#interface gigabitEthernet 0/1
AccessSw1(config-if)#switchport mode trunk
AccessSw1(config-if)#exit
AccessSw1(config)#interface fastEthernet 0/1
AccessSw1(config-if)#switchport mode Access
AccessSw1(config-if)#switchport Access vlan 10
AccessSw1(config-if)#exit
AccessSw1(config)#interface fastEthernet 0/2
AccessSw1(config-if)#switchport mode Access
```

```
AccessSw1(config-if)#switchport Access vlan 20
AccessSw1(config-if)#exit
AccessSw1(config)#interface fastEthernet 0/3
AccessSw1(config-if)#switchport mode Access
AccessSw1(config-if)#switchport Access vlan 30
AccessSw1(config-if)#exit
```

3. 在 VoGW 路由器上创建 DHCP 服务器，为客户端动态分配地址。

```
VoGW(config)#ip dhcp pool Sales_pool
VoGW(dhcp-config)#network 192.168.10.0 /24
VoGW(dhcp-config)#default-router 192.168.10.254
VoGW(dhcp-config)#dns-server 114.114.114.114
VoGW(dhcp-config)#option 150 ip 192.168.10.254
VoGW(dhcp-config)#exit
VoGW(config)#ip dhcp pool Finance_Pool
VoGW(dhcp-config)#network 192.168.20.0 /24
VoGW(dhcp-config)#default-router 192.168.20.254
VoGW(dhcp-config)#dns-server 114.114.114.114
VoGW(dhcp-config)#option 150 ip 192.168.20.254
VoGW(dhcp-config)#exit
VoGW(config)#ip dhcp pool HR_Pool
VoGW(dhcp-config)#network 192.168.30.0 /24
VoGW(dhcp-config)#default-router 192.168.30.254
VoGW(dhcp-config)#dns-server 114.114.114.114
VoGW(dhcp-config)#option 150 ip 192.168.30.254
VoGW(dhcp-config)#exit
```

4. 部署语音服务，并创建分机号码。

```
VoGW(config)#telephony-service
VoGW(config-telephony)#max-dn 10
VoGW(config-telephony)#max-ephones 10
VoGW(config-telephony)#auto assign 1 to 10
VoGW(config-telephony)#ip source-address 192.168.10.254 port 2000
VoGW(config-telephony)#create cnf-files
VoGW(config-telephony)#exit
VoGW(config)#ephone-dn 1
VoGW(config-ephone-dn)#number 1001
VoGW(config-ephone-dn)#exit
VoGW(config)#ephone-dn 2
VoGW(config-ephone-dn)#number 1002
VoGW(config-ephone-dn)#exit
VoGW(config)#ephone-dn 3
VoGW(config-ephone-dn)#number 1003
VoGW(config-ephone-dn)#exit
VoGW(config)#ephone-dn 4 dual-line
```

```
VoGW(config-ephone-dn)#number 1000
VoGW(config-ephone-dn)#exit
```

5. 设置分机号码 1000 为呼叫驻留号码。

```
VoGW(config)#ephone-dn 4 dual-line
VoGW(config-ephone-dn)#park-slot
```

6. 测试呼叫驻留。

(1)首先，在 PC1 和 PC2 上建立通话。在 PC1 上拨打 PC2 分机号码 1002，如图 6-2-2 所示。

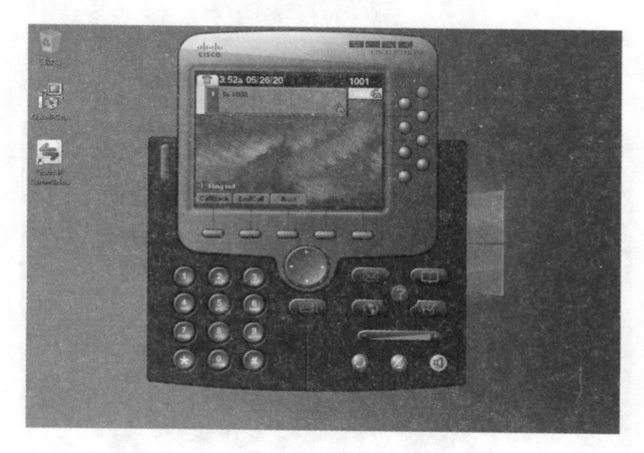

图 6-2-2 PC1 拨打 PC2 分机号码

(2)在 PC2 上打开软件，收到来自 PC1 1001 的拨号请求，单击“Answer”按钮接通电话，如图 6-2-3 和图 6-2-4 所示。

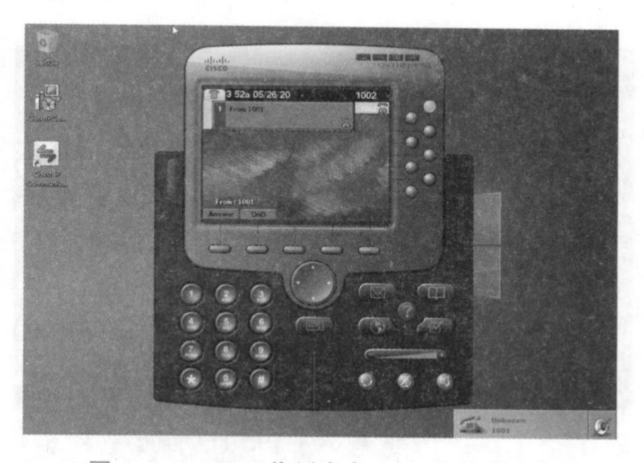

图 6-2-3 PC2 收到来自 PC1 的呼叫请求

(3)开始测试呼叫驻留，在 PC2 上单击“more”选项，然后单击“Park”按钮，如图 6-2-5 所示。

(4)按下“Park”按钮后，当前和 PC1 1001 的通话将被驻留到呼叫驻留号码 1000 上，如图 6-2-6 所示。

图 6-2-4　PC1 和 PC2 建立语音通话

图 6-2-5　激活呼叫驻留

图 6-2-6　通话驻留到 1000 分机号码

(5) 查看 PC1 上的通话，此时可以看到当前 PC1 的通话并没有直接被挂断，而是转接到分机号码 1000 上，如图 6-2-7 所示。

(6) 使用 PC3 拨打呼叫驻留号码 1000，如图 6-2-8 所示。

(7) 当 PC3 成功拨通 1000 号码后，会自动连接 PC1 的通话，此时成功地把会话与 1002

暂存到 1000，再由 1003 续听成功，如图 6-2-9 和图 6-2-10 所示。

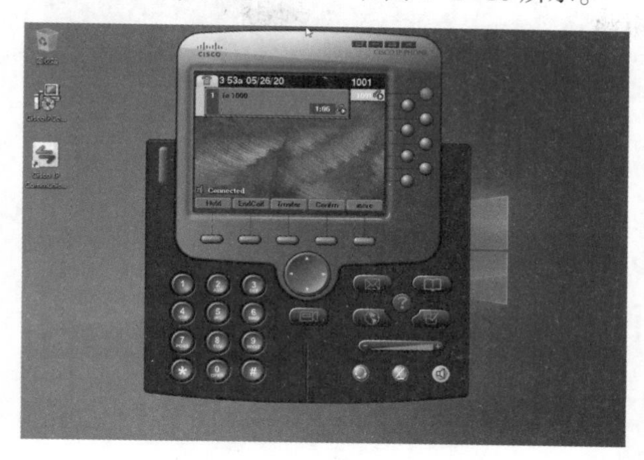

图 6-2-7　查看 PC1 通话状态

图 6-2-8　PC3 拨打驻留号码 1000

图 6-2-9　PC3 与 PC1 成功建立通话

图 6-2-10　PC1 通话正常

问题探究

1. 分机号码单线模式和双线模式的区别有哪些?
2. 除了呼叫驻留需要用到双线模式的分机号码，还有哪些功能需要用到双线模式?

知识拓展

刷新电话状态的两个指令：

restart 用途：可用于改变电话线路、拨号速率等。该指令通常被理解为电话的软重启，主要用于向电话服务器请求新的电话配置文件。

reset 用途：DHCP 范围改变(地址更换)、时间和日期改变(配置文件有时效性)、固件改变、区域改变、Button 改变等，都需要硬重启电话，重启获取地址，更新 TFTP 文件。

项目拓展

根据工作任务，完成呼叫驻留实验，并测试 restart 和 reset 指令的区别。

子任务三　Cisco 语音电话(电话簿目录)

学习目标

- 掌握电话簿目录的配置方法
- 掌握在 IP 电话中使用电话簿目录的方法。

任务引言

电话簿也称电话本，电话簿作为手机的基本功能之一，可用来记录亲人和朋友的电话。Cisco Unified CME 自动创建一个本地电话目录，其中包含在电话的目录号码配置中分配的电话号码。可以在电话服务配置模式下向本地目录添加其他条目。其他条目可以是非本地号码，例如公司使用的其他 Cisco Unified CME 系统上的电话号码。

知识引入

当电话用户单击“目录”→“本地目录”时，电话将显示来自 Cisco Unified CME 的搜索页面。用户输入搜索信息后，电话将信息发送到 Cisco Unified CME，后者在目录号码配置中搜索请求的号码或名称模式，并将响应发送回电话，电话将显示匹配的结果。手机最多可以显示 32 个目录条目。如果搜索结果超过 32 个条目，电话将显示一条错误消息，用户必须优化搜索条件，以缩小结果范围。

工作任务——部署电话簿目录

【工作任务背景】

企业 A 总公司已经完成了语音系统的安装和部署，现在出现了一些新的问题。公司员工众多，记录电话号码比较困难。现通过部署电话簿目录服务在线记录所有同事的分级号码，拓扑如图 6-3-1 所示。

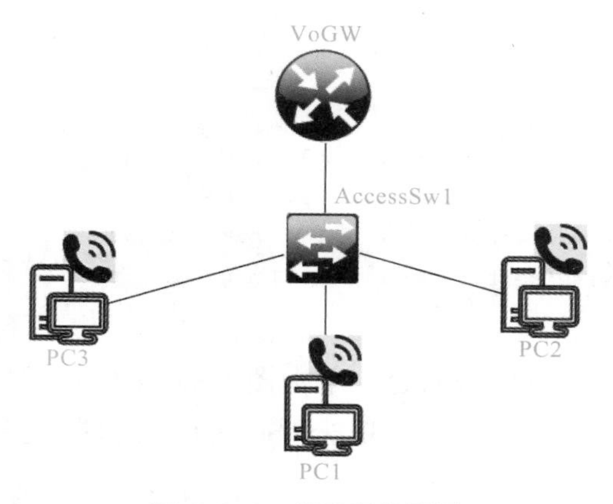

图 6-3-1 语音通信配置

【工作任务分析】

PC1、PC2 和 PC3 模拟总公司内部客户端，均在电脑上安装 VoIP 软件程序“Cisco IP Communicator”。当配置成功后，PC1、PC2 和 PC3 都能够在目录服务中找到站点内用户和分机号码等信息。详情参见表 6-3-1 和表 6-3-2。

表 6-3-1 网络设备信息

设备	接口	IP	备注
VoGW	Gi0/0. 10	192. 168. 10. 254/24	连接销售部门
	Gi0/0. 20	192. 168. 20. 254/24	连接财务部门
	Gi0/0. 30	192. 168. 30. 254/24	连接人事部门

表 6-3-2 PC 信息

设备名	设备用途	IP 地址	电话号码	名称
PC1	内部客户端	通过 DHCP 获取	1001	zhangsan
PC2	内部客户端	通过 DHCP 获取	1002	lisi
PC3	内部客户端	通过 DHCP 获取	1003	wangwu

【任务实现】

1. 根据所学知识，完成基础配置，并成功为 PC 分配分机号码。

2. 在 VoGW 上启用目录服务。

```
VoGW(config)#ip http server
VoGW(config)#telephony-service
VoGW(config-telephony)#service dnis dir-lookup
VoGW(config-telephony)#url services http://192.168.10.254/LocalDirectory
VoGW(config-telephony)#create cnf-files
VoGW(config-telephony)#exit
```

3. 创建电话簿条目。

```
VoGW(config)#telephony-service
VoGW(config-telephony)#directory entry 1 1001 name zhangsan
VoGW(config-telephony)#directory entry 2 1002 name lisi
VoGW(config-telephony)#directory entry 3 1003 name wangwu
VoGW(config-telephony)#directory entry 4 1000 name call-part
VoGW(config-telephony)#exit
```

4. 在客户端中查看电话簿目录内容，单击图 6-3-2 中标记的目录按钮。选择“Local Directory”选项卡，如图 6-3-3 所示。单击“Submit”按钮跳过号码查询，如图 6-3-4 所示。

图 6-3-2 单击目录服务按钮

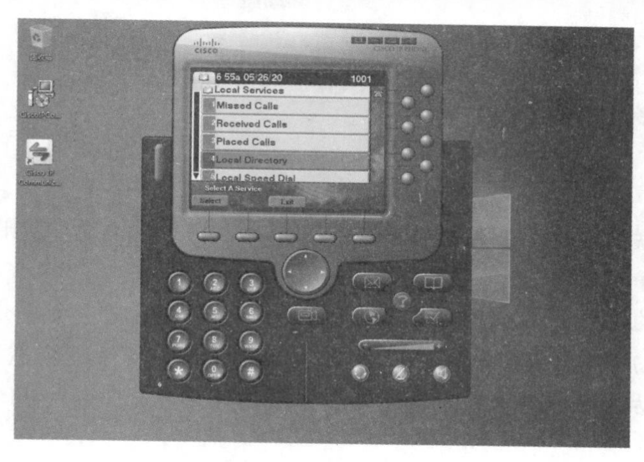

图 6-3-3　选择“**Local Directory**”选项卡

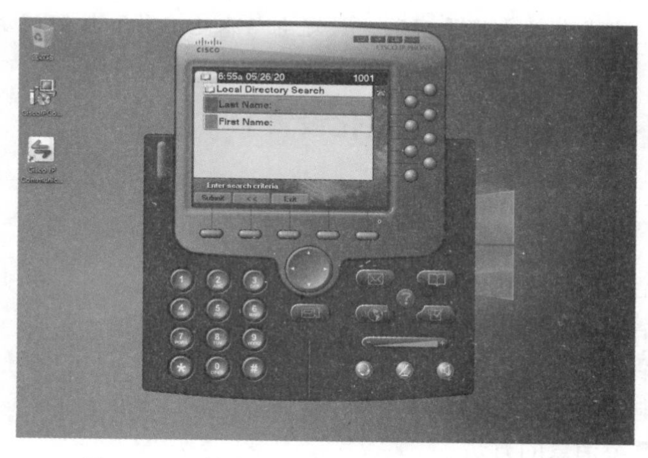

图 6-3-4　单击“**Submit**”按钮，查看所有条目

5. 如图 6-3-5 所示，可以看到当前语音系统中用户和对应的分机号码。

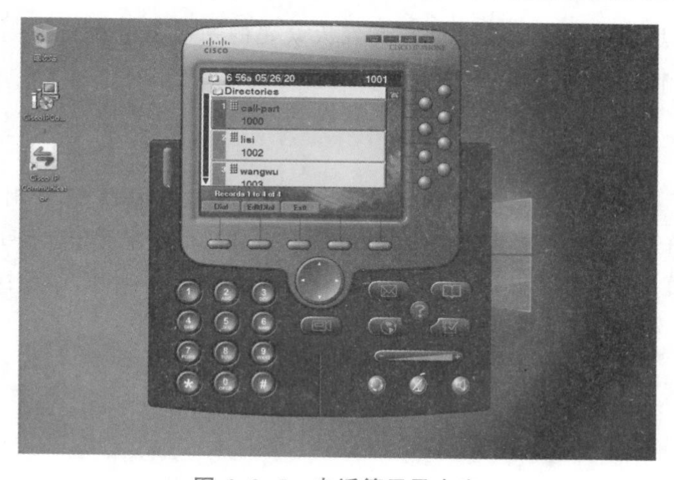

图 6-3-5　电话簿目录内容

问题探究

电话簿目录最多支持多少条?

知识拓展

与目录号码关联的名称不能包含特殊字符，例如“&”号。名称中允许的特殊字符只有逗号(,)和百分号(%)。

定义目录条目的目录号必须已经具有使用 number(ephone-dn)命令分配的号码。

如果手动创建的 DN 有指定的名字，那么该 DN 号码和名字就会默认被添加到电话簿。如果其他站点的电话号码没有写进来，就需要手动创建。

项目拓展

根据工作任务，完成电话簿目录实验，设定电话来电名称和按键显示名称。

子任务四　Cisco 语音电话(个性化设置)

学习目标

- 掌握修改电话的时间格式的方法
- 掌握修改电话的日期格式的方法
- 掌握修改电话的时区的方法
- 掌握自定义电话名称显示的方法
- 掌握自定义系统消息的方法

任务引言

个性化，顾名思义，就是非大众化，是在大众化的基础上增加独特、另类、拥有自己特质的需要，独具一格，别开生面。

知识引入

12 小时制属于分段计时法，将 1 天的 24 小时分为两段，每段 12 小时。从深夜 0 时起到中午 12 时叫作上午(午前)，再从中午 12 时起到深夜 12 时叫作下午(午后)。

24 小时制采用 0~24 时计时法。按照这种计时法，下午 1 时就是 13:00，下午 2 时就是 14:00，依此类推，夜里 12 时就是 24:00，又是第二天的 00:00。

工作任务——语音电话个性化设置

【工作任务背景】

语音通信配置如图 6-4-1 所示。

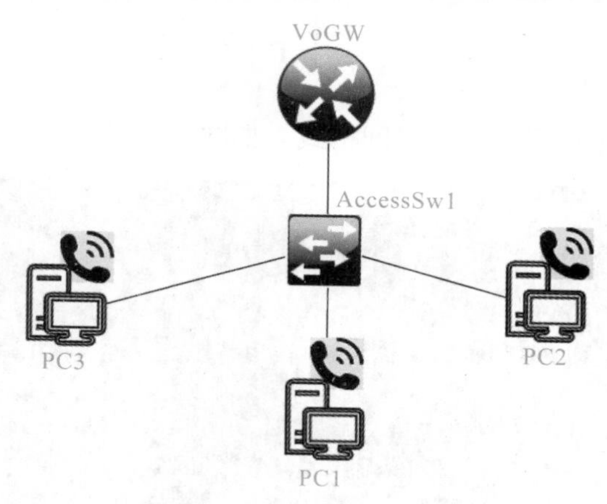

图 6-4-1 语音通信配置

【工作任务分析】

PC1、PC2 和 PC3 模拟总公司内部客户端，均在电脑上安装 VoIP 软件程序 Cisco IP Communicator。当配置成功后，PC1、PC2 和 PC3 都能够相互通信。拓扑图如图 6-4-1 所示。基础配置完成后，根据使用习惯对电话进行一些个性化自定义设置。详细参数见表6-4-1和表 6-4-2。

表 6-4-1 网络设备信息

设备	接口	IP	备注
VoGW	Gi0/0. 10	192. 168. 10. 254/24	连接销售部门
	Gi0/0. 20	192. 168. 20. 254/24	连接财务部门
	Gi0/0. 30	192. 168. 30. 254/24	连接人事部门

表 6-4-2 PC 信息

设备名	设备用途	IP 地址	电话号码	名称
PC1	内部客户端	通过 DHCP 获取	1001	zhangsan
PC2	内部客户端	通过 DHCP 获取	1002	lisi
PC3	内部客户端	通过 DHCP 获取	1003	wangwu

【任务实现】

1. 根据所学知识，完成基础配置，并为 PC 分配分机号码。

2. 在 VoGW 上修改语音电话的时区、时间格式和日期格式。

```
VoGW(config)#telephony-service
VoGW(config-telephony)#time-zone 42
VoGW(config-telephony)#time-format 24
VoGW(config-telephony)#date-format yy-mm-dd
```

```
VoGW(config-telephony)#reset all
VoGW(config-telephony)#exit
```

3. 等待 PC1 软电话重启后，查看时间格式，如图 6-4-2 所示。

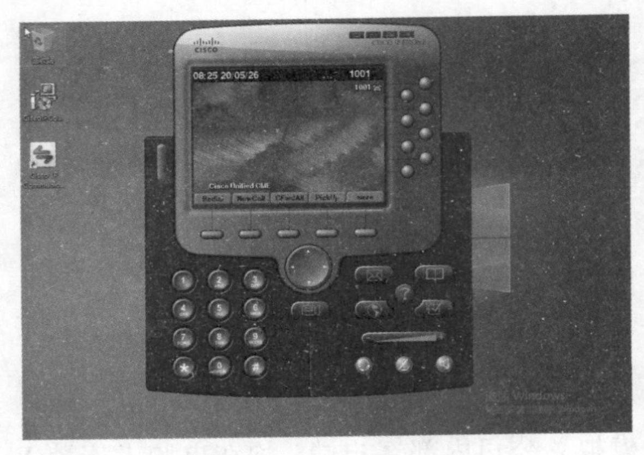

图 6-4-2　时间格式修改

4. 在 VoGW 上修改电话名称，使其个性化显示。

```
VoGW(config)#ephone-dn 1
VoGW(config-ephone-dn)#label zhangsan
VoGW(config-ephone-dn)#description PC1_Phone
VoGW(config-ephone-dn)#exit
VoGW(config)#ephone 1
VoGW(config-ephone)#restart
VoGW(config-ephone)#exit
```

5. 等待 PC1 软重启成功后，查看显示效果，如图 6-4-3 所示。

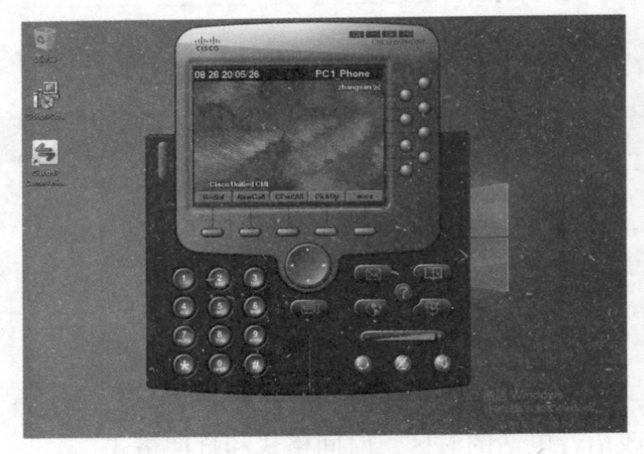

图 6-4-3　自定义名称

6. 在 VoGW 上下发系统消息。

```
VoGW(config)#telephony-service
VoGW(config-telephony)#system message A daily newspaper
```

```
VoGW(config-telephony)#end
```

结果如图 6-4-4 所示。

图 6-4-4 自定义系统消息

问题探究

如何自定义电话背景图?

知识拓展

电话顶部描述是在 IP 电话的第一个号码中设置的。

```
ephone-dn  1
  name zhangsan              # 设置来电显示名称 #
  label zhangsan             # 设置电话按钮处显示名称 #
  description PC1_Phone      # 设置电话栏,描述名称 #
ephone  1
  device-security-mode none
mac-address 0003.E40A.D822
  type CIPC
  button  1:1
```

项目拓展

根据工作任务，完成 IP 电话个性化设置实验。

子任务五 Cisco 语音电话(呼叫转移)

学习目标

- 了解呼叫转移的工作方式

• 掌握 CME 呼叫转移部署方法

任务引言

呼叫转移是指当电话无法接听或不愿意接电话时，将来电转移到其他电话号码上。这是电信业一项传统的通信业务，又称呼叫前转、呼入转移。

知识引入

呼叫转移功能可在以下情况下将呼叫转移到指定的号码。

所有呼叫：电话用户激活了所有呼叫转移功能后，所有来电都会转移。转接呼叫的目的地可以在路由器配置中指定，也可以由电话用户使用软键或功能访问代码指定。不管如何输入，Cisco Unified CME 都会识别最近输入的目的地。

无人接听：当分机在超时前未应答时，来电将转移。转接呼叫的目的地在路由器配置中指定。

电话繁忙：分机忙且呼叫等待未激活时，来电将转移。转接呼叫的目的地在路由器配置中指定。

夜间服务：在夜间服务时间内，所有来电都会自动转移。转接呼叫的目的地在路由器配置中指定。

工作任务——部署语音电话呼叫转移服务

【工作任务背景】

当公司内同一部门的某个用户请假，电话无法接听时，可以通过部署呼叫转移功能，把该用户的来电转移到另一个同事的电话上，这样就不会错过所有的业务来电。拓扑图如图 6-5-1 所示。

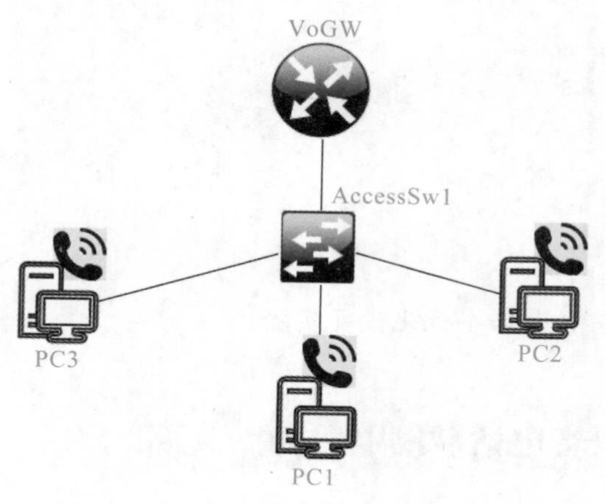

图 6-5-1 语音通信配置

【工作任务分析】

PC1、PC2 和 PC3 模拟总公司内部客户端，均在电脑上安装 VoIP 软件程序“Cisco IP Communicator”。当配置成功后，PC3 拨打 PC1 电话时，会被转移到 PC2 的分机号码上进行接听。详细参数见表 6-5-1 和表 6-5-2。

表 6-5-1　网络设备信息

设备	接口	IP	备注
VoGW	Gi0/0. 10	192. 168. 10. 254/24	连接销售部门
	Gi0/0. 20	192. 168. 20. 254/24	连接财务部门
	Gi0/0. 30	192. 168. 30. 254/24	连接人事部门

表 6-5-2　PC 信息

设备名	设备用途	IP 地址	电话号码	名称
PC1	内部客户端	通过 DHCP 获取	1001	zhangsan
PC2	内部客户端	通过 DHCP 获取	1002	lisi
PC3	内部客户端	通过 DHCP 获取	1003	wangwu

【任务实现】

1. 根据所学知识，完成基础配置，并为 PC 分配分机号码。

2. 在语音电话上启用呼叫转移功能。

(1) 在 PC1 上打开软电话，在电话面板中单击“CFwdAll”按钮，如图 6-5-2 所示。输入呼叫转移的目标分机号，如图 6-5-3 所示。

图 6-5-2　激活呼叫转移

(2) 设置成功后，如图 6-5-4 所示，成功地把所有来电转移到 1002 分机号码。

3. 测试呼叫转移功能。在 PC3 上拨打 PC1 1001 分机号码，如图 6-5-5 所示。拨打成功后，发现呼叫对象改为 1002，如图 6-5-6 所示。

图 6-5-3　设置呼叫转移分机号

图 6-5-4　来电转移到 1002 分机号码

图 6-5-5　测试呼叫转移

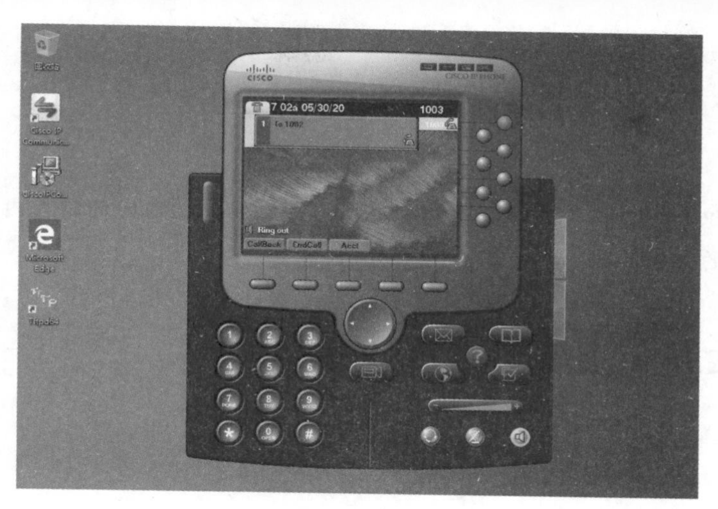

图 6-5-6 测试成功

4. 在 PC2 上查看来电显示，从来电显示中可以看出，该来电是从 PC1 1001 上转移过来的，如图 6-5-7 所示。

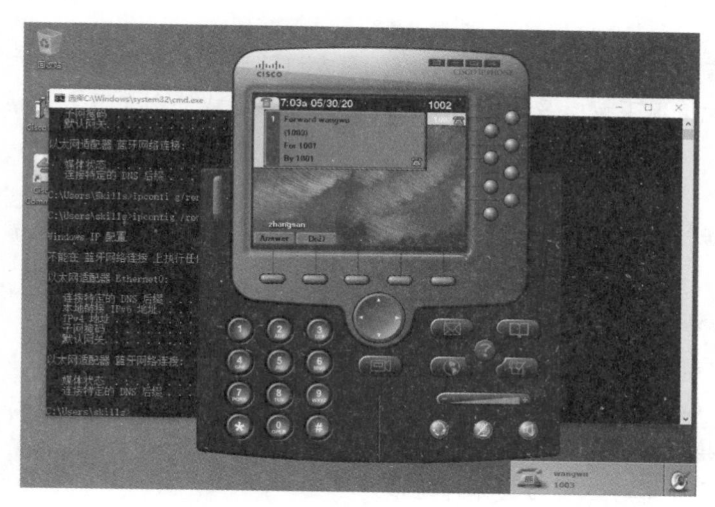

图 6-5-7 查看呼叫转移来电

问题探究

1. 呼叫转移的场景有哪些?
2. 什么情况下才需要呼叫转移技术?

知识拓展

```
VoGW(config-ephone-dn)#call-forward ?
  all     forward all calls    #转发所有来电,默认手动设置转发的模式
  busy   forward call on busy  #在忙碌的时候转发
```

```
night-service  forward call on activated night-service  #规定时间转移
noan     forward call on no-answer         #无应答转移
```

项目拓展

根据所学知识，完成特定条件下呼叫转移，当呼叫对象在规定的时间内没有接听时，会话被转移到指定的分机号码。

子任务六 Cisco 语音电话(电话会议)

学习目标

- 了解三方通话的工作原理
- 掌握三方通话的部署方式

任务引言

三方通话是与呼叫保持功能配合使用的，两方通话时，如需要第三方加入通话，可在不中断与对方通话的情况下拨叫另一方，实现三方共同通话或分别与两方通话。

知识引入

通过三方通话，可以与其他两个具有本地号码的呼叫者进行电话会议。

使用流程：

1. 照常拨打第一人的电话号码。
2. 接听电话后，请第一个人在您与其他人开会时保持通话。
3. 快速按下“Confrn”键，拨打另一个人的电话号码。
4. 第二个人接通后，再按下“Confrn”键来合并所有通话。
5. 此时第一方和第二方都与您保持通话。

工作任务——部署语音系统三方通话服务

【工作任务背景】

企业 A 总公司需要部署电话会议系统，以满足多个电话会议，现要求在 VoGW 上部署三方通话服务。拓扑图如图 6-6-1 所示。

【工作任务分析】

PC1、PC2 和 PC3 模拟总公司内部客户端，均在电脑上安装 VoIP 软件程序“Cisco IP Communicator”。当配置成功后，PC1、PC2 和 PC3 之间能同时进行通话。详情见表 6-6-1 和表 6-6-2。

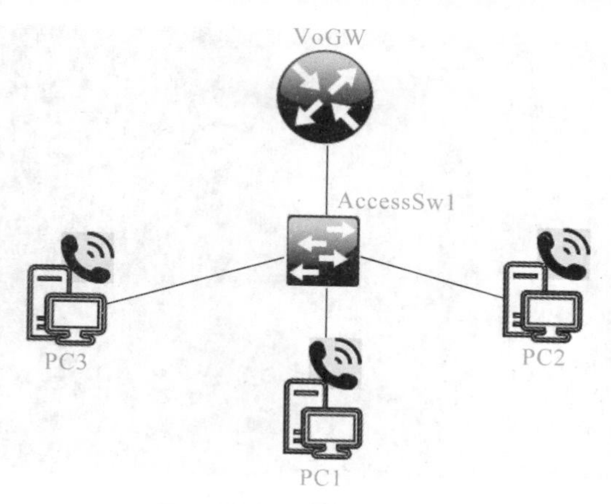

图 6-6-1 语音通信配置

表 6-6-1 网络设备信息

设备	接口	IP	备注
VoGW	Gi0/0. 10	192. 168. 10. 254/24	连接销售部门
	Gi0/0. 20	192. 168. 20. 254/24	连接财务部门
	Gi0/0. 30	192. 168. 30. 254/24	连接人事部门

表 6-6-2 PC 信息

设备名	设备用途	IP 地址	电话号码	名称
PC1	内部客户端	通过 DHCP 获取	1001	zhangsan
PC2	内部客户端	通过 DHCP 获取	1002	lisi
PC3	内部客户端	通过 DHCP 获取	1003	wangwu

【任务实现】

1. 根据所学知识，完成基础配置。为电话分配号码，其中能够发起三方通话的电话号码必须设置为“dual-line”类型。

```
VoGW(config)# ephone-dn  2  dual-line
VoGW(config-ephone-dn)#number 1002
VoGW(config-ephone-dn)#exit
VoGW(config)#ephone 2
VoGW(config-ephone)#button 1:2
VoGW(config-ephone)#restart
VoGW(config-ephone)#end
```

2. 在 PC2 客户端上发起三方通话。

(1)首先必须使用拥有“dual-line”分机号码的电话发起，PC2 客户端率先发起通话，拨通 1001 电话，并建立正常通话，如图 6-6-2 所示。

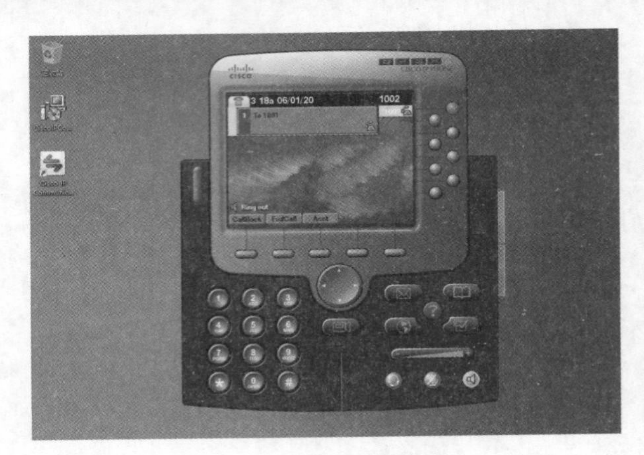

图 6-6-2　拨打 1001 分机号

(2)接通会话后，在软电话面板上单击“Confrn”按钮，如图 6-6-3 所示。

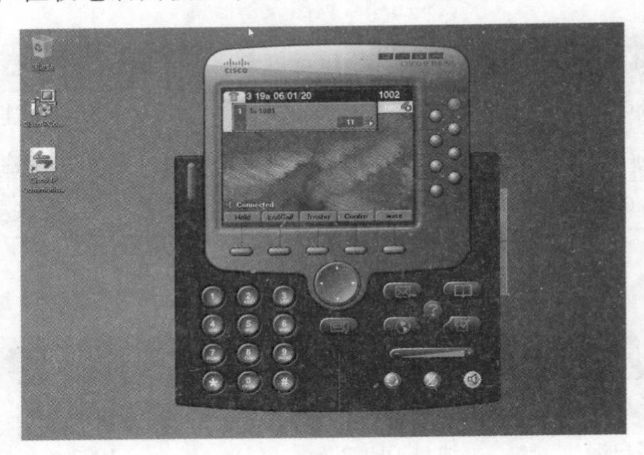

图 6-6-3　建立三方通话

(3)PC2 发起三方通话，拨打 PC3 号码，此时与 PC1 的通话被暂停，如图 6-6-4 所示。

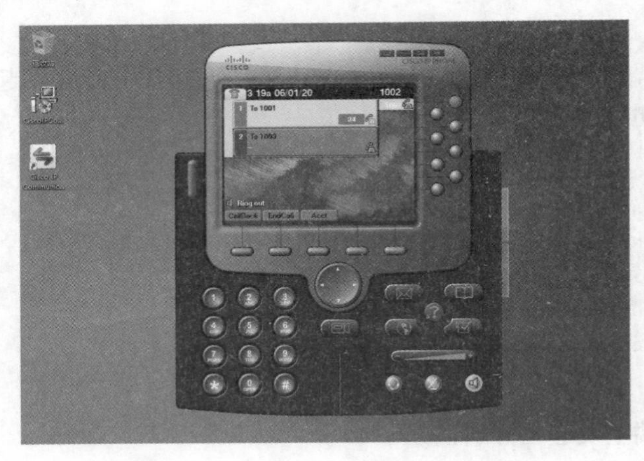

图 6-6-4　1001 号码通话被暂停

(4)PC3 收到来自 PC2 的通话请求，单击“Answer”按钮接通会话，如图 6-6-5 所示。

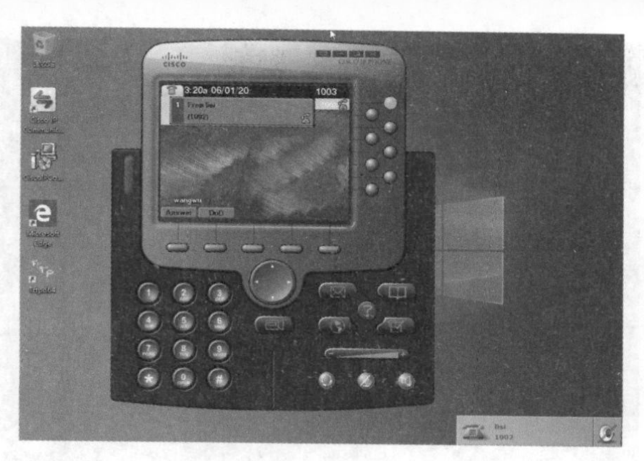

图 6-6-5 PC3 上接收来自 PC2 的来电请求

(5)当 PC3 和 PC1 通话都建立成功后，回到 PC2 软电话页面，再次按下“Confrn”按钮，合并通话，如图 6-6-6 所示。

图 6-6-6 合并通话

(6)合并通话后，会在电话的左下角显示“Conference”，如图 6-6-7 所示。到 PC1 和 PC3 上测试通话，现在 PC1、PC2 和 PC3 能够同时通话，如图 6-6-8 和图 6-6-9 所示。

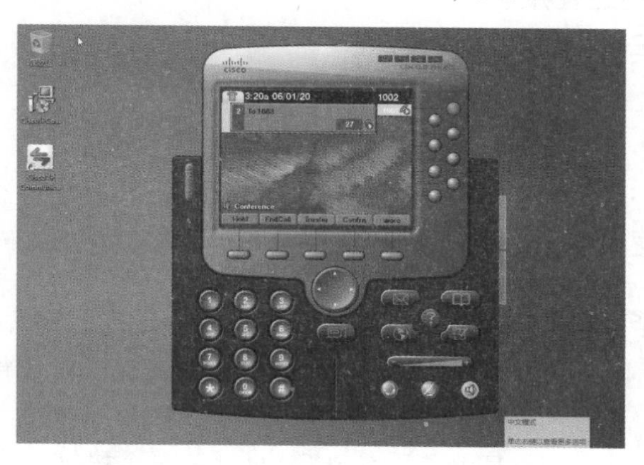

图 6-6-7 左下角显示“Conference”

图 6-6-8　PC3、PC2 和 PC1 处于电话会议中(1)

图 6-6-9　PC3、PC2 和 PC1 处于电话会议中(2)

问题探究

1. 电话会议的类型还有哪些?
2. 是否可以支持三人以上的电话会议?

知识拓展

single-line(单线)：使用一个电话线按钮一次建立一个呼叫连接。单行目录号码具有一个与之关联的电话号码。

dual-line(双线)：具有一个语音端口和两个通道，可以使用一个电话线按钮同时建立两个呼叫连接。双线电话号码具有两个用于单独呼叫连接的通道，可以有一个或两个数字(主要和次要)与其关联。其应用于需要使用一个线路按钮来实现呼叫等待、呼叫转移或会议等功能的目录号码。

octo-line(八线)：octo-line 目录号码在 SCCP 电话的单个按钮上最多支持 8 个活动呼叫，包括传入和传出。与仅在电话之间共享的双线电话簿号码不同(在接听电话后，该电话拥有双线电话簿号码的两个通道)，八线电话簿号码可以将其信道分配给其他共享电话的电话目录号。允许所有电话在共享 octo-line 目录号码的空闲信道上发起或接听电话。因为 octo-line 目录号不需要为每个活动呼叫使用不同的 ephone-dn，所以一个 octo-line 目录号可以处理多个呼叫。八线电话簿号码的多个来电同时响铃，电话接听电话后，该电话上的铃声停止，并且其他来电会听到呼叫等待音。当电话共享一个 octo-line 目录号码时，来电会在没有活动呼叫的电话上振铃，并且这些电话可以接听任何正在振铃的电话。

项目拓展

根据所学知识，完成特定条件下电话会议(三方通话)，实现任何主机都能发起三方通话。